Calculation of Solar Eclipse Phenomena
日食計算の基礎
日食図はどのようにして描くか

Ko Nagasawa
長沢 工 著

地人書館

目 次

本書を読むにあたって 7

第1章 日食について 11
1.1 日食とは 11
1.2 私が見たいくつかの日食 13
1.3 日食の計算：全般的な話 15
☆☆ 太陽を食うもの 20

第2章 日食の起こる日時と条件 21
2.1 日食が起こる状況 21
2.2 サロス周期による予測 22
2.3 基本的な考え方 25
2.4 部分日食の起こる条件 26
2.5 皆既日食の起こる条件 31
2.6 金環日食の起こる条件 35
2.7 太陽，地球，月の半径 38
2.8 月と太陽間の最小角距離 39
2.9 計算実例 45
2.10 判定の目安 48
2.11 2章のまとめ 51

第3章 日食図とその計算の準備 53
3.1 日食図の説明 53
3.1.1 タイプIの日食図 57
3.1.2 タイプIIの日食図 61

	3.1.3	極付近の日食図	63
3.2		日食図を計算するための予備知識	66
	3.2.1	直交座標軸の回転	66
	3.2.2	日食計算に使用する座標系	68
	3.2.3	座標系の変換関係	71
	3.2.4	地球に固定した点の基準座標系における移動速度	73
	3.2.5	各種定数	74
3.3		準備計算	75
	3.3.1	日食計算を始めるデータ	75
	3.3.2	月の位置の補正	77
	3.3.3	ベッセル要素	82
	3.3.4	ベッセル要素の計算例	87
	3.3.5	ベッセル要素の平滑化	87
	☆☆	日食は1年に何回起こるか	94

第4章 日食の判定と基本時刻，基本点　　95

4.1		日食が起こるかどうかの判定	95
	4.1.1	地球外周楕円	95
	4.1.2	逐次近似法 (1), ニュートン法	98
	4.1.3	月影軸が地球中心に最接近する時刻と日食のタイプ	99
	4.1.4	逐次近似法 (2), 繰り返し代入法	104
	4.1.5	4点を通る3次式から極小値を求める	107
	4.1.6	日食が起こるかどうかの判定	109
4.2		基本時刻	113
	4.2.1	基本時刻の定義	113
	4.2.2	月影軸に関する基本時刻，基本点	113
	4.2.3	月の半影に関する基本時刻，基本点	115
	4.2.4	南北限界線に関する基本時刻，基本点	116
	4.2.5	日の出，日の入りに関する基本時刻，基本点	116
	4.2.6	地球外周楕円に曲線が交わる条件	118
4.3		基本時刻，基本点の計算	121
	4.3.1	月影軸に関する基本時刻，基本点の計算	121

         4.3.2　月の半影に対する基本時刻，基本点の計算 125
         4.3.3　南北限界線に関する基本時刻，基本点の計算 131
         4.3.4　日の出，日の入りの境界に対する基本時刻の計算 . . . 138

第 5 章　日食図の線の描画　　　　　　　　　　　　　　　　　　147
   5.1　基準座標から経緯度への換算 147
   5.2　中心線 152
   5.3　日の出，日の入りに欠け始める線，食が終わる線 155
   5.4　日の出，日の入りに食が最大になる線 163
         5.4.1　食分の定義 163
         5.4.2　日の出，日の入りに食が最大になる線 166
         5.4.3　最大食線 167
         5.4.4　日の出，日の入りに食が最大になる線上の点の計算 . 170
         5.4.5　q_1, q_4 の存在 174
         5.4.6　q_1, q_4 の計算 176
   5.5　南北限界線 180
         5.5.1　半影の南北限界線，その条件と補助ベッセル要素 . . . 182
         5.5.2　南北限界線上の点の位置計算 185
         5.5.3　本影の南北限界線 189
         5.5.4　本影南北限界線の端点 192
   5.6　食分に関係する線 197
         5.6.1　等食分線 197
         5.6.2　等食分線の端点 203
         5.6.3　最大食同時線 206
   5.7　本影の輪郭線 214

第 6 章　特定の観測点で見る日食　　　　　　　　　　　　　　　　219
   6.1　日食の欠け始め，食の終わりの時刻 219
   6.2　食分が最大になる時刻と最大食分 225
   6.3　皆既あるいは金環の開始，終了時刻 232
   6.4　太陽の欠けぐあい 238
   6.5　太陽と月の視半径の比 248

    6.6   太陽の見える向き 253

付録 259
    A   章動の計算 259
    B   日食図の線の位置 264
    C ΔTの推定 268
    D   計算試用データ 270

参考文献 271

あとがき 273

索 引 275

本書を読むにあたって

　本書は，日食に関係する種々の計算法を解説したものである．たとえば，日食はいつ起こるのか，ある特定の日食はどこで見られるか．それは何時に始まり，何時に終わるか．太陽はどのくらい欠けるのかといった内容の計算である．それらの中で，特に，日食の見られる範囲を地図に示す「日食図」の描き方に重点を置いた．それは，日本語によるその種の解説が，現在ほとんど手に入らないからである．

　日食計算は天文計算の中でも特に複雑な内容をもつと思われていて，それは確かに一面の真実を伝えている．天文学科の学生だったとき，実習で，私は初めて日食計算に取り組んだ．対象にしたのは1962年2月5日の日食で，ニューギニアのラエで皆既日食が見られるものであった．ラエには，確か日本からの観測隊も出張したように記憶している．私は，ラエにおける日食の状況を知ろうと，その日の一か月以上前から計算を始めたが，あれこれ手間取っているうちに日食の日がきてしまった．やっと計算が終わったのは，その三週間くらいあとであった．

　こういう話から，皆さんは「さぞ大変な計算だったろう」と思われるかもしれない．しかし，当時と現在とは計算の環境がまるで違っている．当時は，パソコンはおろか，電卓さえ使えない時代であり，手回し計算機だけを頼りに計算を進めなくてはならなかった．平方根もひとつひとつ自分で計算しなければならず，三角関数の値もすべて関数表から引き出す必要があった．その面倒と手間は，実際に計算をした人間でなければ到底わからないであろう．しかし現在は，そういう手順のほとんどをコンピュータが容易に遂行してくれる．だから，はるかに気楽に計算に立ち向かうことができる．日食計算が大仕事だということは，今ではかなり割り引いて考えてよい．

　では，本書を読むのに，つまり日食の計算をするのに，どの程度の予備知

識があればいいのだろうか．ごくおおざっぱにいうと，高校卒業程度の数学の知識が必要であろう．三角関数がわかり，初歩の微分学を学んだというレベルである．位置天文学についても，基礎知識があったほうがよい．高校で学ぶ機会はあまりないと思われるが，赤道座標系 (赤経，赤緯)，黄道座標系 (黄経，黄緯) がわかる程度である．この種の知識は，適当な天文書などで自分で勉強する必要があろう．でも，前提として「これだけの知識が必要」などと書くと，それだけで怖気づく人がいるかもしれない．関心があるなら，そんなことをあまり気にせず，とにかく読んでみて，あれこれ考え，自分の手で計算をしてみることをお勧めする．興味をもつことが前提条件として何よりも必要である．内容がすぐにわからなくても，その経験を通して少しずつ理解できるだろう．私自身，そういう方法でいろいろの計算法を身につけた覚えがある．たとえば，方程式の近似解を求めるのに，本書では逐次近似法を多用している．この解き方は高校では通常扱わない．初めは理解しにくいかもしれないが，そんなにむずかしいものではない．既成の知識に頼るより，むしろ柔軟な考えのできる頭をもつほうがこの種の計算には適しているのかもしれない．

　本書の内容に沿って現実に計算を進めるには，まず，計算しようとする日食に対する太陽，月の位置情報が必要になる．本書ではジェット推進研究所 (JPL) の暦のデータを利用したが，そのほかにも利用できる暦がある．これについては参考文献を参照してほしい．

　本書の中では，同じ文字を，あるいは似た表現の文字を，意味の異なる変数として使っている場合がいくつかある．たとえば第3章では，ベッセル要素を計算する3次式の係数として A, B, C, D の文字を使っているが，一方で J2000.0 からの経過日数を計算する際には $(2000+Y)$ 年 M 月 D 日として D を使っている．さらに第5章では，食分を表わす変数として D を使い，$A + B\sin Q + C\cos Q = 0$ の形の方程式の係数として A, B, C を使っている．このような使われ方をしている文字は他にもある．また第5章で，食分 D を定義する際に，観測者面上で，月影軸から観測者までの距離を Δ としているが，この Δ の文字は，地球自転の遅れを表わす ΔT (Δ と T の積ではなく，ΔT でひとつの変数) や，小さい変化量を示す $\Delta x_2, \Delta y_2$ などの変数にも使われ，誤解されやすい．別の例を挙げれば，第4章で，月影軸の赤緯

を d で表わしているが，第 2 章では，地球楕円体の長半径，太陽，月の半径をそれぞれ $d_\mathrm{e}, d_\mathrm{s}, d_\mathrm{m}$ としていて，これも紛らわしい．特に d は一般に円や球の直径に対して使われることの多い文字であるが，本書では半径に対して $d_\mathrm{e}, d_\mathrm{s}, d_\mathrm{m}$ を使っている．前後の状況から判断すればそうそう誤解されることはないと思うが，念のためお断りしておく．

第1章　日食について

1.1　日食とは

　太陽は人類に大きな関わりをもつ天体である．太陽はその出没によって昼と夜をつかさどり，1年を周期とする高度の変化によって春夏秋冬の四季をつくり出す．間断なく送り込まれる太陽の光と熱は天候の変化をもたらし，地上に植物を育て，動物を繁殖させる．そうした絶え間ない営みが，起き臥しをし，食事をし，働くといった人間の日々の生活に本質的な影響を与える．その足場を置いている地球を別にすれば，人間にこれほど深く関わりをもつ天体は太陽の他にはない．太陽は人間生活のエネルギーの源泉といってよい．

　太陽はその完全な円盤像を見せて大空に君臨する．目で直接にしかと確認することは困難でも，日の出直後あるいは日没前に厚い大気を通して見るとき，あるいは静かな水面に反射された像を見るときなど，その鮮やかな円形の姿はだれにでも認められる．月には満ち欠けがあるが，太陽は欠けることがない．これらのことは，原始時代から現在にいたるまで，ほとんどすべての人が常識として知っていることであろう．

　その太陽の全き円盤が，ある日突然に欠けることがある．端からしだいに蝕まれる太陽はどんどんその形を変え，光が薄れ，世界がうす暗くなる．時に太陽はまったくその姿を隠し，星までが見え出す．これが日食である．時間が経てばその欠けはまた小さくなり，太陽はやがて再びもとの姿を取り戻すのではあるが，この現象は確かにひとつの事件である．その原因を知らなかった未開の人々が，これを神の怒りの表われと考えて恐れおののいたとしても不思議ではない．

　その起こる理由がよくわかっている現代の人々にとっても，日食は心を打たれる事件である．特に，太陽が完全に欠けてその姿をすっかり隠してしま

う皆既日食は，めったに体験できない稀で貴重な現象として多くの人に愛され，観望の対象となっている．そのため，皆既日食の起こるたびに，皆既の太陽が見られるところなら世界のどこであっても出かけていく一群の人々がいる．2003年11月24日には，南極圏にまでツアーが企図され，何人もの人が南極大陸に足を踏み入れて，地平線近くで起こる皆既日食を観測した．そこまで熱心ではないごく普通の人でも，太陽の一部が欠ける部分日食の範囲に自分の生活圏が含まれるときは，その時間帯になれば仕事の手を休め，欠けた太陽を見ようと，日食グラスなどを通して空を見上げることが多い．人々の関心を集める点からいって，日食は大きな天文現象のひとつといってよい．

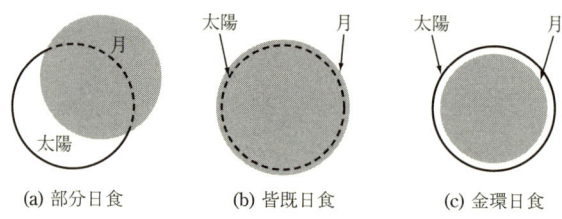

(a) 部分日食　　(b) 皆既日食　　(c) 金環日食

図 1.1　日食の種類

　日食とは，地球の周りを回っている月がちょうど太陽の手前にきて太陽の光を遮り，見かけ上太陽を隠してしまう現象である．太陽の光によってつくられる月の影が地球に落ちるため，その部分に太陽の光が十分には届かなくなる現象といっても同じことである．これによって，見かけ上，太陽の円盤像は月の縁の円弧によって，**図 1.1(a)** のように欠き取られた形になる．太陽がこのように見えるときを**部分日食**という．月の円盤が太陽を完全に覆い隠すと，太陽の光はすべて遮られて，**図 1.1(b)** のような**皆既日食**となる．月の距離が遠い場合には，月の円盤像が太陽の円盤像より見かけ上小さくなり，**図 1.1(c)** のように月の像の周囲に太陽の光がリング状に残る形になる．この場合を**金環日食**という．地球の影の中に入って満月が欠けて見える月食と混同されることがなければ，このそれぞれの場合を，「日」の一字を省略して，**部分食**，**皆既食**，**金環食**ということも多い．

　現実の太陽は月の約400倍の直径をもっているが，地球からの距離がやはり月のおよそ400倍であるという偶然によって，地球から見た場合，月と太

陽の見かけ上の大きさはほとんど同じになる．太陽までの距離 (約 1 億 5000 万 km) はあまり変化しないが，それに比べて月の距離は変動が大きく (35 万 7000〜41 万 6000km)，全体の一割くらい変化する．そのため，主として月の距離の変化により，月の大きさが，見かけ上太陽より大きくなったり小さくなったりする．月の視直径が太陽の視直径より大きいときに日食になれば皆既食になり，小さい時に日食になれば金環食になる．そして，皆既食にしても，金環食にしても，その状況はせいぜい数分間しか続かない．

　皆既食，金環食，部分食の起こる条件を，別の立場から説明しよう．太陽の光を受けて，太陽系内の天体はすべてその背後に影をつくる．もちろん月にも影ができる．影には，太陽の光がまったく届かない**本影**と，太陽の光の一部だけが届く**半影**があり，月の本影は細長い円錐となって 40 万 km 近くも伸びている．太陽，月の中心を含む平面で切断した断面図で見ると，**図 1.2** のようになり，その本影円錐の範囲内に入ると皆既食が見られる．また，**図 1.2** に示したそれぞれの部分では，金環食，部分食が見られる．日食を観察しているとき，われわれは地球に乗ったまま，食の種類によって，この図に示されたそれぞれの範囲に入りこんでいるのである．

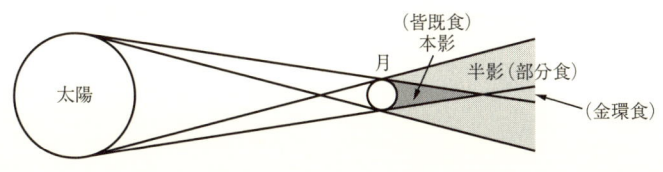

図 1.2　月の本影と半影

1.2　私が見たいくつかの日食

　私が初めて日食を見たのは小学校 3 年のときであった．家の庭に出て，ロウソクのすすで黒くいぶしたガラスを通し，いくぶん欠けた太陽を見ながら，何枚かのスケッチをした記憶がある．親が勧めたのか自分の意思で見ようと

したのかは，いまとなっては思い出せない．調べてみると，これは 1941 年 9 月 21 日の日食で，石垣島で皆既食が見られたものであった．そのしばらくあと，1943 年 2 月 5 日早朝の日食も忘れられない．これは東京武蔵野の小学校の校庭で見た．私がしきりに東の空を気にしていても，大多数の友達は朝礼前の校庭を無関心に走りまわっていた．それに大いに不満を感じたことが印象に残っている．このときは北海道で皆既になったはずである．

　戦後になってからは，新聞などで大きく取り上げられた礼文島の金環食に深い関心をもった．これは栃木県の自宅の畑で，ライ麦の手入れをしながら見た記憶がある．1948 年 5 月 9 日のことである．そのほか，1958 年 4 月 19 日に八丈島で見られた金環食も思い出深い．ただし，これらはみな自宅で観察したので，私はどれも部分的に欠けた太陽を見たにすぎない．大学に入り，天文学を学ぶようになってからは，1963 年 7 月 21 日の皆既食が記憶にある．これは早朝に北海道の網走で皆既が見られるものであり，大学院の友人らは北海道へ出かけていった．私は別の観測のため東京天文台岡山天体物理観測所に滞在していて，テレビを通して皆既の状態を見ただけだった．

　それ以外にもいくつも日食を観察した．しかし，どれも半欠け状態の太陽を見ただけである．日食を見るためにどこかへ出かけたということは，これまでにない．そのため，皆既食の情景も，金環になった瞬間も，自分の目で直接に見たことはない．いつか一度は見てみたい光景ではあるが．

　比較的最近では，2009 年 7 月 22 日に鹿児島県トカラ列島や奄美大島で皆既日食が見られるとのことで，それを見ようと大勢の人が島へ渡った．日本では 46 年ぶりの皆既食なので天文マニアは湧き立ったが，残念ながら天候が悪く，奄美大島で辛うじて皆既を見ることができたにとどまった．硫黄島方面へまわった船からの観測では，見事な皆既食が見られたとのことであった．これは記憶している方も多いことであろう．

　そして，本書の出版後まもなくと思われるが，2012 年 5 月 21 日の朝には，7 時すぎに，日本の南半分で金環食が見られる．珍しいことに，鹿児島，高知，大阪，名古屋，東京，水戸などの主要都市で金環となる太陽が見えるのだから，大いに期待できる．良い天候に恵まれるよう祈るとしよう．

　こうして書いてきたことからもわかるように，実のところ，日食そのものはそれほど稀な現象ではない．世界的に見れば，部分日食を含めて 1 年に数

回は必ず日食が起こっている．先に述べたことと矛盾するようであるが，日食はどちらかといえばごく当たり前の現象であり，それに関心を寄せる一部の人を除けば，大きく騒ぎ立てるほどのことではない．テレビや新聞などで一時的に小さく報道されることはあっても，それはそのときだけで，すぐに忘れられてしまう程度の事件である．一般の人にとって，日食はありふれた小さな出来事のひとつといってもいいであろう．

1.3　日食の計算：全般的な話

　一般の人にとっては小さな事件であっても，専門家にとっては必ずしもそうではない．何か特別の天文現象が起こるとすれば，それがいつ起こるか，どの場所で見られるか，どんな起こり方をするかなど，その現象に関する情報をあらかじめ知りたいと思うのは専門家として当然のことであろう．でも，前もっての予測がほとんど不可能な天文現象はたくさんある．たとえば，太陽フレアの発生，新彗星の出現，新星，超新星の爆発，ガンマ線バーストの発生などは，いまのところ，いつ起こるか見当がつかない．そのため，それらの発生を捕らえようと多くの観測者が天空を見張り，種々の観測装置が怠ることなく監視を続けている．

　しかし，幸いなことに，日食，月食，星食などの食現象は予測ができる．これは，天体力学の進歩によって，太陽，月，惑星などの位置が将来にわたって精密に計算できるようになったからである．日食に関しては，数百年先であっても，いつ，どのように起こるかを知ることができるし，事実，それらの計算がおこなわれている．そして，その日食の期日が近付くと，だれにもわかるように天体暦にその情報が掲載される．皆既日食のマニアたちは，その情報にしたがって計画を立て，日食の起こるのが世界のどこであっても，条件のよさそうな場所を探して観測に出かける．このような状況は今後も続くことであろう．このとき観測者は，「予報が間違っていて，せっかく出かけたのに日食が起こらないのではないか」などと心配することはまったくないらしい．それくらい日食の予報は信頼されている．

　では，その日食の予報はどのようになされるのであろうか．それを説明しようとしているのが本書である．しかし，天文学に関心をもち，日食が何よ

り好きだという人であっても，ほとんど大部分の方が「専門家が計算してくれるのだからそれを信じればよい．自分で計算をすることはない」と考えておられるであろう．それはそれで差し支えない．しかし，少数であっても，「どのような方法で日食の予測がなされるのか」と疑問を感じている方があるかもしれない．また，計算マニアといってもいい「天文計算好き」も世の中には存在する．そういう方々に対して，日食計算法の基礎を示すのが本書の狙いである．

図 1.3 皆既日食の日食図 (2035 年 9 月 2 日)

現在，だれでもパソコンを計算に利用できるので，昔の手計算の時代に比べると，はるかに大量の計算をやすやすと実行できるようになった．したがって，その筋道さえ理解すれば，日食の予報計算はそれほど困難なものではない．そこから，世界のどの地域でどのように日食が起こるか，皆既食，ある

いは金環食はいつどこで見られるかがわかる．また，緯度，経度さえわかれば，どんな地点に対しても，それが自宅の庭先でも，いつ日食が始まり，どの方向で太陽がどのくらい欠け，いつ終わるかの計算ができる．このように自分で選んだ特定地点に対する日食情報は，自分で計算しない限り，通常は手に入らないものである．

日食計算では，その過程に，ニュートン法，はさみうち法，繰り返し代入法などによる方程式の数値解法や，最小二乗法による平滑化，コンピュータ作画など，応用数学のさまざまな技法が適用される．だから，その過程で変化に富んだ数値計算の醍醐味を味わうこともできる．日食計算は，天文計算の極致を体験するものだといってもよい．

日食計算といっても，そこにはいろいろの内容がある．大きく見れば，それはつぎの三つに分けることができよう．

(a) 日食が起こる日時の計算

これは，将来の何年何月何日に日食が起こるか、その日時をあらかじめ求める計算である．このときは，月の半影のほんの一部でも地球にかかるなら日食が起こると考える．また，それぞれの日食が皆既食であるか金環食であるか，それとも部分食であるかの判定もおこなう．この場合には，地球上のどこかで皆既食が見られるならその日食全体を皆既日食と呼び，どこかで金環食が見られるならその日食全体を金環日食と呼ぶ．稀には，ひとつの日食で金環，皆既の両方の現象が見られる**金環皆既食**と呼ばれる現象も起こる．皆既，金環どちらかの現象がどこにも見られない日食を部分日食と呼ぶ．

(b) 特定の日食の全体像の計算

これは，日時の決まったあるひとつの日食に対し，地球全体で考えて，その日食がいつどこで始まり，どの範囲でどのような日食が見られ，いつどこで終わるかを求める計算である．この結果は，皆既あるいは金環食が見られる範囲，部分食が見られる範囲，その時刻などを地図上に表わした**日食図**として表示される．極端ないい方をすれば，この日食図を描くことが本書の計算の目的である．日食図の例として，ここでは2035年9月2日に日本で見られる皆既日食の日食図を**図1.3**に，2032年11月3日に同じく日本で見ら

れる部分日食の日食図を **図 1.4** に示す．これらの図を見ることにより，皆既日食がどこで見られるか，どの地点でどのくらい太陽が欠けるかなどがすぐにわかる．

(c) 特定の地点に対する日食状況の計算

上と同様，あるひとつの日食に対し，たとえば東京といった特定の観測地点を決め，その地点に対し，日食の開始，終了の時刻，その間の各時刻に対する太陽の見える方向 (高度，方位角)，太陽の欠けている割合 (**食分**)，欠けている向き (位置角) などを求める計算である．その地点で皆既食あるいは金環食が見られるのなら，その開始，終了時刻も計算する．

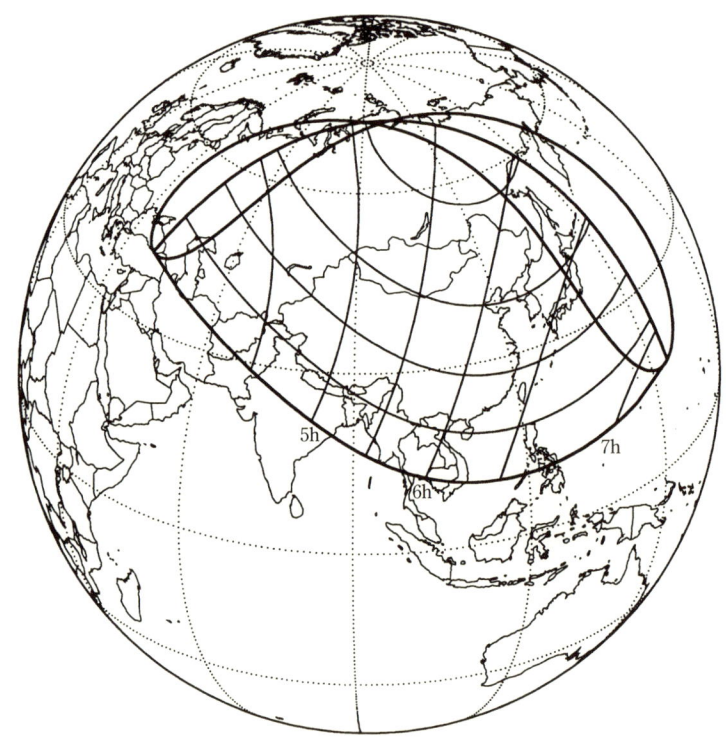

図 **1.4**　部分日食の日食図 (2032 年 11 月 3 日)

1.3 日食の計算：全般的な話

　上記のどの種の計算をする場合でも，太陽と月の正確な暦が必要になる．つまり，日食中の各時刻に対する太陽，月の位置(視赤経，視赤緯)，および地球からの距離を知っていなければならない．ただ，この種の暦計算は，天文学において日食計算とは別の分野に属する．太陽，月の精密位置を計算する方法はいくつか発表され，そのソフトも出回っているので，パソコンを使って計算ができないわけではないが，本書では暦そのものの計算をすることを避け，すでに計算されている暦を利用して日食に関する計算を進めることを考える．

☆☆ 太陽を食うもの

「日食」は,以前は「日蝕」という文字で書かれていた.「蝕」はそのつくりに虫という文字が入っていることからわかるように,虫が食む(はむ)という意味で,「むしばむ」という読みを当てる.したがって,日蝕という文字からは,太陽がむしばまれて欠けるという感覚がある.確かに,少し欠けた太陽の形は,虫に食われた葉を連想させる.詳しくはわからないが,1956年に国語審議会が「当用漢字表にない漢字を含む言葉を同音の別字で書き換えてよい」ことを決めている.「日蝕」が「日食」に変わったのはその時かもしれない.

太陽を食うと考えられているものは虫ばかりではない.古代のインドでは,天球上に「羅(ら)ごう(目偏に候に似たつくりをもつむずかしい字)」,「計都」(けいと)という魔物がいて,それらが太陽をむさぼり食うために日食が起きると考えられていた.現代的な言い方をすれば,「羅ごう」は月の軌道の降交点,「計都」はその昇交点を意味し,それぞれの魔物はそのあたりに住むとされていた.そこはまさに天球上で日食の起きる場所であるから,太陽がむさぼり食われるのも当然なのかもしれない.

まったく関係のない話であるが,日本では年に14回の「国民の祝日」が定められていて,その日には行政機関や学校は休みになる.これは皆さんよくご存知であろう.その国民の祝日が日曜日に重なることがある.以前には,その場合,せっかくの休日がなくなってしまい,一日休みを損したような気分になった.学生たちはこれを「日食」と呼んで残念がった.日曜が休日を食ってしまうという感じを言い表し得て妙であった.

しかし,1973年に祝日法が改正され,日曜に重なった祝日は,休みがそのあとの日に振り換えられることになった.これによって,この意味での「日食」は死語になってしまった.

第2章　日食の起こる日時と条件

2.1　日食が起こる状況

　すでに述べたように，日食は，地球から見たとき，月が太陽の手前にきて太陽の光を遮ることで起こる．ここでは，天球上の月と太陽の動きから，日食の起こる状況を考えてみよう．

　天球上の太陽の通り道は**黄道**と呼ばれる．黄道は「うお座」，「おひつじ座」，「おうし座」，「ふたご座」などの，いわゆる黄道十二星座を通って天球を1周する大円であり，その位置は天球に固定して(恒星との相対位置が一定で)変わらない．太陽はこの黄道上をゆっくり東向きに移動して，1年に1回の割合で天球を1周する．一方，天球上の月の通り道は**白道**と呼ばれる．白道は黄道にほぼ並行しているが，黄道とは約5度の傾きをもち，2か所で黄道と交わる．月が黄道を南から北へ横切る交点を**昇交点**，北から南へ横切る交点を**降交点**という (40ページ図2.14参照)．

　太陽と同様に天球上を東向きに移動していても，月は天球を1周するのに平均27.3日しかかからず，その速さは太陽の約13.4倍にもなる．そのため，ほぼ1か月に1回，月は太陽を追い越す．この追い越しのときが**新月**である．厳密な定義では，地球の中心から見て，月，太陽の2天体の中心の黄経が一致する**合** (ごう) の瞬間を，あるいはこの瞬間の月を，新月という．

　しかし，太陽の経路である黄道に対し，月の経路の白道が5度の傾きをもっているため，その経路はやや離れていることが多く，追い越しのとき，一般に月は太陽の北側を通ったり，南側を通ったりする．このときは日食が起こらない．しかし，たまたま黄道と白道の交点近くで追い越しをする場合，月の一部が太陽と重なると，日食が起こる．したがって，日食が起こるのは新月の前後の期間に限られる．そこで，ある特定の新月を考えたとき，その前

後1日くらいの間に日食が起きるかどうかを判定する必要が生じる.

　ここでいっておかなければならないのは，現実に日食が起こる日時は，数百年後にいたるまで，すべて，すでに計算されている事実である。したがってその範囲では，どんな方法で判定するにせよ新しい日食は発見できず，せいぜい過去の計算結果を再確認するにすぎない。その点からいうと，日食が起こるかどうかを判定することにはあまり意味がないと考えられる。

　そこで2章では，まず日食を予測する手がかりとなるサロス周期について述べ，ついで，地球の形を球と考え，月，太陽の視半径，視差を使って，日食が起こる一般的な条件を導くことにする。この条件は日食が起こるかどうかの判定に利用できる。ここでは，新月から1か月以内くらいの二つの時刻に対し，太陽，月それぞれの位置（赤経，赤緯）がわかっている場合に，日食が起こるかどうかの判定をする方法だけを示しておく。

2.2　サロス周期による予測

　現在のように月と太陽の正確な暦のなかった時代には，日食(や月食)の予報は困難なものであった．比較的近代になっても，起こると予報した食が起こらなかったり，反対に予想していなかった食が起こったりすることもあった．したがって，予報した日食や月食の起こる起こらないは，その時代に使っていた太陽や月の暦の精度を知るひとつの目安にもなった．そして，歴史的に見ると，日食の予測はサロス周期を知ることから始まったらしい．

　はるかな昔でも，日食の予報が出され，それが適中することがあったらしい．たとえば，西暦紀元前6世紀に活躍したギリシャの哲学者タレスはBC585年5月28日に起こった日食を予報したと伝えられている．ただし，現在この話が真実とは信じられていない．話の真偽はどちらであれ，この当時，食を予報する方法が一応あったらしい．それは**サロス周期**に基づく方法であったと推測されている．サロス周期とはどんなものであろうか．

　天球上には，太陽の通り道である黄道と，月の通り道である白道があり，これらは，昇交点と降交点の2か所で交わっている．先に述べたように，この交点の近くで月が太陽を追い越すときに日食が起こる．これらの交点は天球上に固定しているのではなく，黄道上をゆっくりと東向きに移動し，約18.6

2.2 サロス周期による予測

年で天球上を1周する.そして,サロス周期とは,この交点に対し,月と太陽の天球上の相対位置がほぼ同じになる周期であり,約6585日と1/3の期間である.うるう年の入り方によって違うが,これは18年と10日または11日になる.この間に月は223回の朔望(月が新月から満月になり,また新月に戻るまでの期間)を繰り返す.したがって,仮にひとつの日食が昇交点の近くで起こったとすれば,それから1サロスの期間が経過すると,またその昇交点の近くにほぼ同じ位置関係で月と太陽がやってきて,また日食が起きる.つまり,サロス周期を知っていれば,あるひとつの日食に対して,1サロス後の日食を予報できることになる.このサロス周期の存在は,BC600年頃にバビロニアで発見されたといわれている.記録と経験の積み重ねの結果であろうが,すばらしい発見である.

1サロス経過すると,地球と月の距離も前とおよそ同じになるので,前回と状況のよく似た日食が起こる.しかし,サロス周期には1/3日の端数がついているので,つぎの日食は地球上の経度にしておよそ120度ほど西にずれる.3サロス経過すると,地球上のほぼ同じ位置で,似たような日食が起こる.ご記憶であろうか,1999年8月11日に,ヨーロッパを横断する皆既日食があった.ルクセンブルク,ブカレストでは皆既日食が見られ,パリ,ウィーン,ブダペストでもほとんど皆既になるといった日食で,ヨーロッパは湧き立った.欠けた太陽が凱旋門とともに写されている写真が新聞に載ったりもした.その1サロス後が2017年8月21日になり,このとき,オレゴン州からノースカロライナ州にかけてアメリカ合衆国を横切る皆既日食が起こる.そして,さらにその1サロス後が2035年9月2日で,新潟県から茨城県にかけて日本を通過する皆既日食が起こる.このときの日食図は,すでに**図1.3**に示してある.

昔に遡り,このヨーロッパ皆既日食の1サロス前はどうだっただろうか.当然,日本付近で見られたはずである.これは1981年7月31日の皆既日食であった.日本では部分食だけが見られ,札幌では太陽の8割が欠けた.皆既の観測にシベリアまで出かけた人の話や,国内では「欠けた太陽が雲間に見え隠れする」といった記事が当時の新聞に見られる.

サロスごとに繰り返される日食は,この一組だけが存在するのではない.サロスごとに日食を起こすシリーズがその他にいくつもあり,現在40シリー

表 2.1 進行中のサロス・シリーズ

番号	前回日時				次回日時				総数と回数 (次回)
	年	月	日	時	年	月	日	時	
128	1994	5	10	17	2012	5	21	0	58/73
133	〃	11	3	14	〃	11	13	22	45/72
138	1995	4	29	18	2013	5	10	0	31/70
143	〃	10	24	5	〃	11	3	13	24/73
148	1996	4	17	23	2014	4	29	6	21/75
153	〃	10	12	14	〃	10	23	22	9/70
120	1997	3	9	1	2015	3	20	10	61/71
125	〃	9	2	0	〃	9	13	7	54/73
130	1998	2	26	17	2016	3	9	2	52/73
135	〃	8	22	2	〃	9	1	9	39/71
140	1999	2	16	7	2017	2	26	15	29/71
145	〃	8	11	11	〃	8	21	18	22/77
150	2000	2	5	13	2018	2	15	21	17/71
117	〃	7	1	20	〃	7	13	3	69/71
155	〃	7	31	2	〃	8	11	10	6/71
122	〃	12	25	18	2019	1	6	2	58/70
127	2001	6	21	12	〃	7	2	19	58/82
132	〃	12	14	21	〃	12	26	5	46/71
137	2002	6	11	0	2020	6	21	7	36/70
142	〃	12	4	8	〃	12	14	16	23/72
147	2003	5	31	4	2021	6	10	11	23/80
152	〃	11	23	23	〃	12	4	8	13/70
119	2004	4	19	14	2022	4	30	21	66/71
124	〃	10	14	3	〃	10	25	11	55/73
129	2005	4	8	21	2023	4	20	4	52/80
134	〃	10	3	11	〃	10	14	18	44/71
139	2006	3	29	10	2024	4	8	18	30/71
144	〃	9	22	12	〃	10	2	19	17/70
149	2007	3	19	3	2025	3	29	11	21/71
154	〃	9	11	13	〃	9	21	20	7/71
121	2008	2	7	4	2026	2	17	12	61/71
126	〃	8	1	10	〃	8	12	18	48/72
131	2009	1	26	8	2027	2	6	16	52/71
136	〃	7	22	3	〃	8	2	10	38/71
141	2010	1	15	7	2028	1	26	15	24/70
146	〃	7	11	20	〃	7	22	3	28/76
151	2011	1	4	9	2029	1	14	17	15/72
118	〃	6	1	21	〃	6	12	4	69/72
156	〃	7	1	9	〃	7	11	16	2/69
123	〃	11	25	6	〃	12	5	15	54/70

ズが進行中である．各シリーズの前回の日食，次回の日食の日時を**表 2.1**に示しておく．この表の時刻は UT(世界時) である．それぞれのシリーズに番号がついていて，上で説明した日食シリーズは 145 番である．ただし，それ

それのシリーズが永遠に続くわけではない．70回から80回くらいの日食を繰り返すと，ひとつのシリーズは終わりになる．上記145番のシリーズは77回の日食が繰り返されるはずで，1999年8月11日のヨーロッパ皆既日食はその21回目に当たっている．表では次回の日食に対し，これを22/77という形で示している．この**表2.1**に載せられているように，2011年7月1日に，新しいシリーズ156番の第1回の部分食が南極大陸近くで始まっている．

　日食シリーズの消長をもう少し詳しく説明しよう．いま述べた145番のシリーズの日食が初めて地上に現われたのは1639年1月4日のことである．これは北極近くだけで見られる小さな部分食であった．その後サロスごとに日食は繰り返され，欠ける割合がしだいに大きくなり，やがて，地球の広い範囲で見られる皆既食に成長した．皆既食が数十回繰り返されたのち，また部分食しか見られない状態になるはずで，その後しだいに南半球だけで見られる小さい部分食になる．そして，77回目，3009年4月17日の部分食を最後として，このシリーズの日食は見られなくなる．ひとつのサロス・シリーズの日食は1400年近くも続くのである．

　いま説明したシリーズは北半球の日食に始まり，南半球の日食に終わるが，すべてのシリーズがそうなるわけではない．南から北へと移っていくシリーズもある．白道の昇交点付近で日食が起こる場合は北から南へと日食が移り，降交点付近で起こる場合は南から北へと移動していく．

　以上の説明からわかるように，サロス周期をもとにしてある程度日食の予測はできる．しかし，皆既食，金環食，部分食を確実に区別するのはむずかしいし，そのシリーズがいつ終わるかも推定が困難である．新しいシリーズがいつ始まるかはまったくわからない．そこで，現在のように，月と太陽の正確な暦に基づく予報がおこなわれるようになったのである．その方法はこのあとに述べる．なお，食の周期として19年のメトン周期などサロス以外のものもいくつかあるが，予報にはあまり有用ではないので，ここでは説明を省略した．

2.3　基本的な考え方

　日食の起こる日時は，どうしたらわかるか．

将来のある期間に対し，月と太陽の正確な暦が存在するか，あるいはその暦の計算がすぐにできる状態にあったとしよう．このとき，原理的に，その期間に日食が起こる日時は容易に計算できる．それには，たとえば 1 時間ごとに月と太陽の位置 (視赤経, 視赤緯) と視半径を計算し，それぞれの時刻に対し，日食の起こる条件が成り立つかどうかを確かめればよい (日食の起こる条件は以下の節で述べる)．でも 1 時間ごとの計算では，その計算時刻の中間に月の影がほんのちょっとだけ地球に触れていくわずかな日食を見落とす心配がある．それなら，計算間隔を 10 分でもいい，1 分でもいいから，短く詰めればいい．

しかし，実をいうと，そんな面倒なことをしなくてもよい．皆さんすでにお気付きのことと思うが，日食は月がほぼ新月のときにだけ起こる．それなら，日食が起こるかどうかを調べる計算は，新月を含むその前後の期間に対してだけおこなえばよいではないか．

新月はほぼ 1 か月に 1 回の割合でやってくるが，すでに述べたように，新月のたびに日食が起こるわけではない．では，日食の起こる新月と，日食の起こらない新月とでは，状況にどのような違いがあるのか．その違いを考えよう．そのためには，まず，日食が起こる条件をはっきりさせる必要がある．

2.4 部分日食の起こる条件

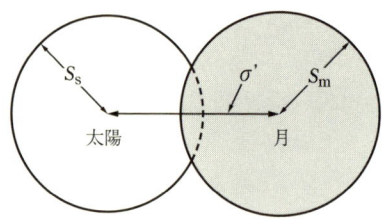

図 2.1 部分日食の起こる条件

日食が起こるのは，月と太陽の円盤像が重なり合うときである．したがって，図 2.1 のように，天球上で，月と太陽それぞれの中心間の距離角 σ' が，両者の視半径の和より小さくなるときに日食が起こると考えてよい．月，太

陽の視半径をそれぞれ $s_\mathrm{m}, s_\mathrm{s}$ とすると，この条件は，

$$\sigma' < s_\mathrm{m} + s_\mathrm{s}, \tag{2.1}$$

と書くことができる．そして，**月，太陽の実半径**をそれぞれ $d_\mathrm{m}, d_\mathrm{s}$，地球から**月，太陽までの距離**をそれぞれ $r_\mathrm{m}, r_\mathrm{s}$ とすると $s_\mathrm{m}, s_\mathrm{s}$ は，

$$\begin{aligned} r_\mathrm{m} \sin s_\mathrm{m} &= d_\mathrm{m}, \\ r_\mathrm{s} \sin s_\mathrm{s} &= d_\mathrm{s}, \end{aligned} \tag{2.2}$$

の関係から計算できる．$d_\mathrm{m}, d_\mathrm{s}$ はわかっている定数 (具体的数値はあとから示す) であり，$r_\mathrm{m}, r_\mathrm{s}$ の値は暦から得られるから，$s_\mathrm{m}, s_\mathrm{s}$ はすぐに求められる．

では，σ' はどのように計算すればいいか．ちょっと考えると，暦に与えられている月と太陽の位置 (赤経，赤緯) から計算できると思われるかもしれない．たとえば，**月の視赤経，視赤緯**をそれぞれ $(\alpha_\mathrm{m}, \delta_\mathrm{m})$，**太陽の視赤経，視赤緯**をそれぞれ $(\alpha_\mathrm{s}, \delta_\mathrm{s})$ とすると，球面三角法によって，

$$\cos \sigma' = \sin \delta_\mathrm{m} \sin \delta_\mathrm{s} + \cos \delta_\mathrm{m} \cos \delta_\mathrm{s} \cos(\alpha_\mathrm{m} - \alpha_\mathrm{s}),$$

の関係式で計算できるのではないか．

これは一見正しそうであるが，実は十分ではない．暦に与えられている月や太陽の位置は，地球中心から見たものとして計算されている．しかし，人は地球の中心から月や太陽を見るわけではない．その地点が昼であり太陽が見えさえすれば，地球表面のあらゆる点から太陽を見る可能性がある．日食は新月の時期近くに起こるので，そのとき現実に月の姿を見ることはできないにしても，そのあたりに月が存在することはまぎれもない事実である．月は太陽に比べてはるかに地球に近いので視差が大きく，暦計算で求めた位置と，現実に見える位置とのずれが大きい．そのため，暦計算で求めた位置が日食の条件を満たしていなくても，現実には日食が起こる可能性がある．日食の起こる条件を求めるには，月の視差を考慮に入れなくてはならない．ここでは，ある時点を考え，その瞬間に地球のどこかで日食が起こっている条件を考える．地球を球と仮定し，**月の地平視差**を π_m，**太陽の地平視差**を π_s とする．地平視差とは，図 **2.2** に示すように，その天体の中心から地球を見

たと考えたとき，地球半径を見込む角度のことである．

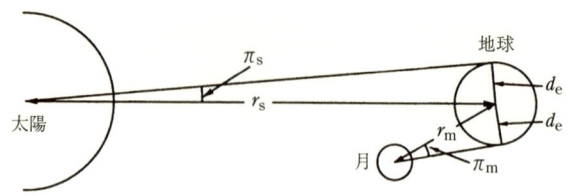

図 2.2 地平視差

地球半径を d_e とすると，地球中心から月，太陽の中心までのそれぞれの距離 r_m, r_s を使って，

$$r_m \sin \pi_m = d_e,$$
$$r_s \sin \pi_s = d_e, \tag{2.3}$$

の関係で π_m, π_s を定めることができる．月，太陽までの距離によって π_m, π_s は異なるが，およそ，

$$\pi_m \sim 57' \quad (53'.91 - 61'.53),$$
$$\pi_s \sim 8''.8 \quad (8''.65 - 8''.94),$$

程度の角度である．月，太陽の視差をこのように定め，また，暦に与えられた月，太陽の視位置による天球上の両者の中心間の角距離 σ を，

$$\cos \sigma = \sin \delta_m \sin \delta_s + \cos \delta_m \cos \delta_s \cos(\alpha_m - \alpha_s), \tag{2.4}$$

で計算したとき，少なくともどこかで部分日食の起こる条件は，

$$\sigma < s_m + s_s + \pi_m - \pi_s, \tag{2.5}$$

で表わすことができる．

この条件は，つぎのようにして導くことができる．太陽と地球の距離 r_s が定まっているとき，日食が起こらないで σ が最小になるのは，月の半影が地

2.4 部分日食の起こる条件

球表面に接するときである．このときの状況を図 **2.3** に示す (相対的な位置や天体の大きさは現実のものではなく，わかりやすいように変えてある)．太陽，地球，月それぞれの中心が S,E,M である．直線 TNO はこの 3 天体への共通接線であり，NO が月の半影の境界線で，地表の点 O で地球に接している．O 点での天頂方向が Z である．そして，$\sigma = \angle\text{MES}$ である．

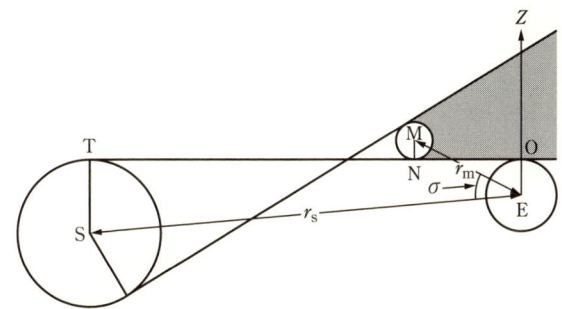

図 **2.3** 部分食の起こる限界状況

この σ を書き直すと，

$$\sigma = \angle\text{MES} = \angle\text{ZES} - \angle\text{ZEM}, \tag{2.6}$$

である．ここでまず $\angle\text{ZES}$ を考え，関係する太陽と地球の部分だけを図 **2.4** に抜き出して示す．TO と平行に SP をとると，

$$\angle\text{ZES} = 90° + \angle\text{ESP}, \tag{2.7}$$

である．

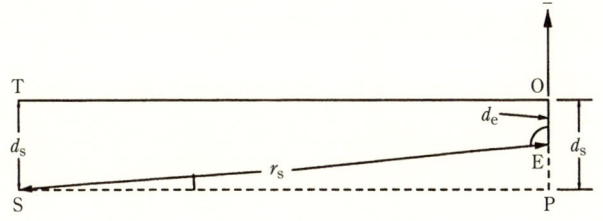

図 **2.4** 部分食のときの太陽と地球との関係

ここで，太陽と地球の距離 r_s を使うと，

$$r_s \sin(\angle\text{ESP}) = d_s - d_e, \tag{2.8}$$

であるから，(2.2),(2.3) 式により，

$$\sin(\angle \mathrm{ESP}) = \frac{d_\mathrm{s}}{r_\mathrm{s}} - \frac{d_\mathrm{e}}{r_\mathrm{s}} = \sin s_\mathrm{s} - \sin \pi_\mathrm{s} \tag{2.9}$$

である．したがって，

$$\angle \mathrm{ESP} = \sin^{-1}(\sin s_\mathrm{s} - \sin \pi_\mathrm{s}) \tag{2.10}$$

となる．つぎに ∠ZEM を考え，関係する月と地球の部分だけを抜き出して図 2.5 に示す．NO と平行に MQ をとると，

$$\angle \mathrm{ZEM} = 90° - \angle \mathrm{EMQ}, \tag{2.11}$$

である．

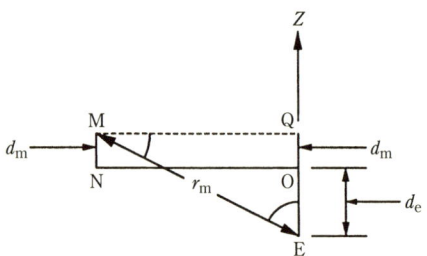

図 2.5　部分食のときの月と地球との関係

ここで，月と地球の距離 r_m を使うと，

$$r_\mathrm{m} \sin(\angle \mathrm{EMQ}) = d_\mathrm{m} + d_\mathrm{e}, \tag{2.12}$$

であるから，(2.2),(2.3) 式により，

$$\sin(\angle \mathrm{EMQ}) = \frac{d_\mathrm{m}}{r_\mathrm{m}} + \frac{d_\mathrm{e}}{r_\mathrm{m}} = \sin s_\mathrm{m} + \sin \pi_\mathrm{m}, \tag{2.13}$$

である．したがって，

$$\angle \mathrm{EMQ} = \sin^{-1}(\sin s_\mathrm{m} + \sin \pi_\mathrm{m}), \tag{2.14}$$

となる．

(2.7),(2.10),(2.11),(2.14) 式の関係を (2.6) 式に代入することで，

$$
\begin{aligned}
\sigma &= 90° + \sin^{-1}(\sin s_{\mathrm{s}} - \sin \pi_{\mathrm{s}}) - 90° + \sin^{-1}(\sin s_{\mathrm{m}} + \sin \pi_{\mathrm{m}},), \\
&= \sin^{-1}(\sin s_{\mathrm{s}} - \sin \pi_{\mathrm{s}}) + \sin^{-1}(\sin s_{\mathrm{m}} + \sin \pi_{\mathrm{m}}), \quad (2.15)
\end{aligned}
$$

となる．この σ は日食が起こらない最小角であるから，日食が起こる条件は，

$$
\sigma < \sin^{-1}(\sin s_{\mathrm{s}} - \sin \pi_{\mathrm{s}}) + \sin^{-1}(\sin s_{\mathrm{m}} + \sin \pi_{\mathrm{m}}), \quad (2.16)
$$

となる．これは厳密な条件式であるが，この形ではいかにも使いにくい．$s_{\mathrm{s}}, \pi_{\mathrm{s}}$, $s_{\mathrm{m}}, \pi_{\mathrm{m}}$ がどれも小さい角であることを考え，また一般に x が小さいときには，

$$
\begin{aligned}
&\sin x \sim x, \\
&\sin^{-1} x \sim x, \quad (2.17)
\end{aligned}
$$

であることを利用して (2.16) 式を書き直すと，

$$
\sigma < s_{\mathrm{m}} + s_{\mathrm{s}} + \pi_{\mathrm{m}} - \pi_{\mathrm{s}}, \quad (2.18)
$$

となる．これが (2.5) 式で述べた，通常用いられている日食の起こる条件式である．与えられた時刻にこの条件が満たされていれば，地球上のどこかで日食が起こっている．

2.5　皆既日食の起こる条件

ここでもうひとつ，地球上のどこかに皆既日食が起こる条件を考えよう．

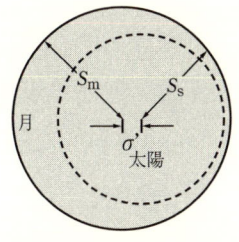

図 **2.6**　皆既食の起こる状況

ある時点に,与えられた地球上の観測点で皆既食が起こるためには,その観測点における月,太陽,両者の見かけの像で,図 2.6 のように,月の円盤像の内部に太陽の円盤像が完全に入りこむ必要がある.つまり,まず何よりも,月の視半径 s_m が太陽の視半径 s_s に等しいかそれよりも大きく,また,天球上の月と太陽の中心間の角距離 σ' が,それらの視半径の差より小さくなければならない.すなわち,

$$\begin{aligned} s_m &\geq s_s, \\ \sigma' &< s_m - s_s, \end{aligned} \tag{2.19}$$

の成り立つことが必要である.

これは与えられた地点での条件であるが,地球上のどこかで皆既食が起こっている条件を知るには,ここでも月,太陽の視差を考慮しなければならない.地球中心から見たときの月,太陽の中心間の角距離を σ とし,$s_m \geq s_s$ とする.皆既食が起こらずに σ が最小になるのは,図 2.7 のように,本影円錐の頂点 V より月に近いところで,地球が月の本影に外側から接したときである(ここでも,天体相互の位置や大きさは現実を反映したものではない).記号は図 2.3 と同じである.これが皆既食の起こらない最小の σ であり,σ がこれより小さければ,地球上のどこかで,必ず皆既食が起きていると考えてよい.

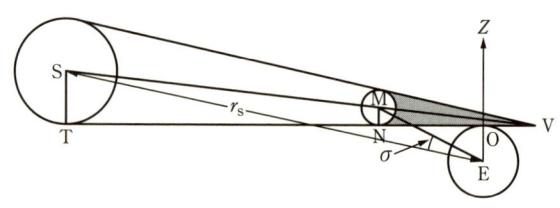

図 2.7 皆既食の起こる限界状況

図 2.7 から,この条件の σ は,

$$\sigma = \angle \mathrm{MES} = \angle \mathrm{ZES} - \angle \mathrm{ZEM}, \tag{2.20}$$

2.5 皆既日食の起こる条件

である．

ここでまず ∠ZES を考える．関係する太陽と地球の部分だけを図 2.8 に抜き出し，TO と平行に SP を引くと，

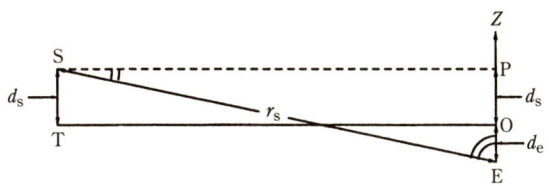

図 2.8　皆既食に関する太陽と地球の関係

$$\angle\text{ZES} = 90° - \angle\text{ESP}, \tag{2.21}$$

である．ここで，

$$r_s \sin(\angle\text{ESP}) = d_s + d_e, \tag{2.22}$$

であるから，

$$\sin(\angle\text{ESP}) = \frac{d_s}{r_s} + \frac{d_e}{r_s} = \sin s_s + \sin \pi_s, \tag{2.23}$$

であり，

$$\angle\text{ESP} = \sin^{-1}(\sin s_s + \sin \pi_s) \tag{2.24}$$

となる．つぎに ∠ZEM を考える．関係する月と地球の部分だけを抜き出して図 2.9 に示す．ON と平行に EQ を引くと，

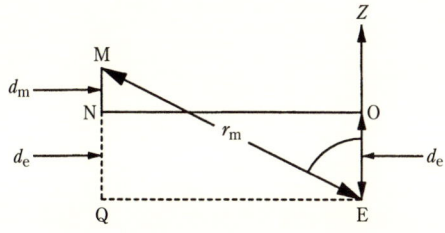

図 2.9　皆既食に関する月と地球の関係

$$\angle \text{ZEM} = 90° - \angle \text{MEQ}, \tag{2.25}$$

である．これも同様に，

$$r_\mathrm{m} \sin(\angle \text{MEQ}) = d_\mathrm{e} + d_\mathrm{m}, \tag{2.26}$$

であり，

$$\sin(\angle \text{MEQ}) = \frac{d_\mathrm{e}}{r_\mathrm{m}} + \frac{d_\mathrm{m}}{r_\mathrm{m}} = \sin\pi_\mathrm{m} + \sin s_\mathrm{m}, \tag{2.27}$$

であるから，

$$\angle \text{MEQ} = \sin^{-1}(\sin\pi_\mathrm{m} + \sin s_\mathrm{m}), \tag{2.28}$$

となる．(2.21),(2.24),(2.25),(2.28) 式を (2.20) 式に代入することで，

$$\begin{aligned}\sigma &= 90° - \sin^{-1}(\sin s_\mathrm{s} + \sin\pi_\mathrm{s}) - 90° + \sin^{-1}(\sin\pi_\mathrm{m} + \sin s_\mathrm{m}) \\ &= -\sin^{-1}(\sin s_\mathrm{s} + \sin\pi_\mathrm{s}) + \sin^{-1}(\sin\pi_\mathrm{m} + \sin s_\mathrm{m}),\end{aligned} \tag{2.29}$$

となる．これが上記の限界状況に対する σ の厳密な表現式である．(2.17) 式の関係を使い，前と同様に近似をすることで，これは，

$$\sigma = s_\mathrm{m} - s_\mathrm{s} + \pi_\mathrm{m} - \pi_\mathrm{s}, \tag{2.30}$$

と書き直すことができる．そして，その時刻に $s_\mathrm{m} > s_\mathrm{s}$ が成り立っていさえすれば，地球上のどこかで皆既食が起こるためには σ が $s_\mathrm{m} - s_\mathrm{s} + \pi_\mathrm{m} - \pi_\mathrm{s}$ に等しいか，あるいは小さければよく，

$$\sigma \leq s_\mathrm{m} - s_\mathrm{s} + \pi_\mathrm{m} - \pi_\mathrm{s}, \tag{2.31}$$

が条件になる．

2.6　金環日食の起こる条件

条件を求める最後のものとして，地球上のどこかで金環日食の起こる条件を考えよう．

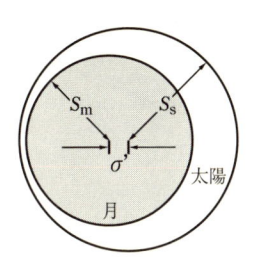

図 2.10　金環食の状況

ある時点に，与えられた地球上の観測点で金環食が起こるためには，その観測点における月，太陽，両者の見かけの像で，**図 2.10** のように，太陽の円盤像の内部に月の円盤像が完全に入りこむ必要がある．つまり，まず何よりも太陽の視半径 s_s が月の視半径 s_m より大きく，また，天球上での月と太陽の中心間の角距離 σ' が，視半径の差より小さくなければならない．すなわち，

$$\begin{aligned} s_\mathrm{s} &> s_\mathrm{m}, \\ \sigma' &< s_\mathrm{s} - s_\mathrm{m}, \end{aligned} \tag{2.32}$$

の成り立つことが必要である．

これは与えられた地点での条件であるが，地球上のどこかで金環食が起こっている条件を知るには，やはり月，太陽の視差を考慮しなければならない．地球中心から見たときの月，太陽の中心間の角距離を σ とし，$s_\mathrm{s} > s_\mathrm{m}$ とする．このとき，皆既食が起こらずに σ が最小になるのは，**図 2.11** のように，本影円錐の頂点 V より月に遠いところで，地球が月の本影円錐の延長部分に外側から接したときである（ここでも，天体相互の位置や大きさは現実を反映したものではない）．記号は**図 2.7** と同じである．これが金環食の起こらない最

小の σ であり，σ がこれより小さければ，地球上のどこかで，必ず金環食が起きていると考えてよい．

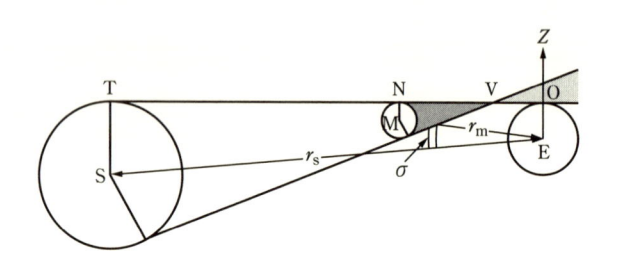

図 2.11　金環食の起こる限界状況

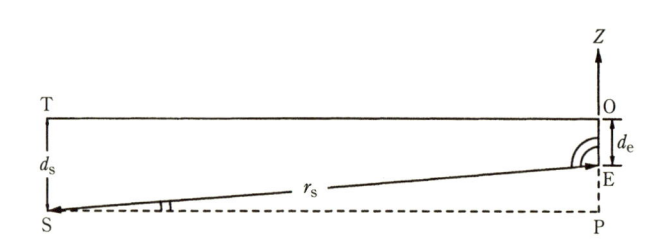

図 2.12　金環食に関する太陽と地球の関係

図 2.11 から，この条件の σ は，

$$\sigma = \angle \text{MES} = \angle \text{ZES} - \angle \text{ZEM}, \tag{2.33}$$

である．

ここでまず $\angle \text{ZES}$ を考える．関係する太陽と地球の部分だけを図 2.12 に抜き出し，TO と平行に SP を引くと，

$$\angle \text{ZES} = 90° + \angle \text{ESP}, \tag{2.34}$$

である．ここで，

$$r_s \sin(\angle \text{ESP}) = d_s - d_e, \tag{2.35}$$

2.6 金環日食の起こる条件

であるから，

$$\sin(\angle \mathrm{ESP}) = \frac{d_\mathrm{s}}{r_\mathrm{s}} - \frac{d_\mathrm{e}}{r_\mathrm{s}} = \sin s_\mathrm{s} - \sin \pi_\mathrm{s}, \tag{2.36}$$

であり，

$$\angle \mathrm{ESP} = \sin^{-1}(\sin s_\mathrm{s} - \sin \pi_\mathrm{s}) \tag{2.37}$$

である．つぎに ∠ZEM を考える．関係する月と地球の部分だけを抜き出して図 2.13 に示す．ON と平行に EQ を引くと，

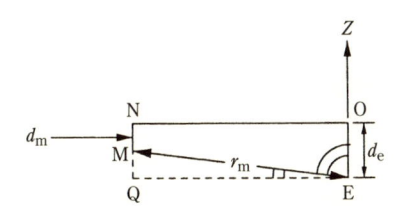

図 2.13 金環食に関する月と地球の関係

$$\angle \mathrm{ZEM} = 90° - \angle \mathrm{MEQ}, \tag{2.38}$$

である．これも同様に，

$$r_\mathrm{m} \sin(\angle \mathrm{MEQ}) = d_\mathrm{e} - d_\mathrm{m}, \tag{2.39}$$

であり，

$$\sin(\angle \mathrm{MEQ}) = \frac{d_\mathrm{e}}{r_\mathrm{m}} - \frac{d_\mathrm{m}}{r_\mathrm{m}} = \sin \pi_\mathrm{m} - \sin s_\mathrm{m}, \tag{2.40}$$

であるから，

$$\angle \mathrm{MEQ} = \sin^{-1}(\sin \pi_\mathrm{m} - \sin s_\mathrm{m}), \tag{2.41}$$

となる．(2.34),(2.37),(2.38),(2.41) 式を (2.33) 式に代入することで，

$$\begin{aligned}\sigma &= 90° + \sin^{-1}(\sin s_\mathrm{s} - \sin \pi_\mathrm{s}) - 90° + \sin^{-1}(\sin \pi_\mathrm{m} - \sin s_\mathrm{m}) \\ &= \sin^{-1}(\sin s_\mathrm{s} - \sin \pi_\mathrm{s}) + \sin^{-1}(\sin \pi_\mathrm{m} - \sin s_\mathrm{m}),\end{aligned} \tag{2.42}$$

となる．これが上記の限界状況に対する σ の厳密な表現式である．(2.17) 式の関係を使い，前と同様な近似をすることで，これは，

$$\sigma = s_{\mathrm{s}} - s_{\mathrm{m}} + \pi_{\mathrm{m}} - \pi_{\mathrm{s}}, \tag{2.43}$$

と書き直すことができる．そして，その時刻に $s_{\mathrm{s}} > s_{\mathrm{m}}$ が成り立っていさえすれば，地球上のどこかで金環食が起こるためには σ が $s_{\mathrm{s}} - s_{\mathrm{m}} + \pi_{\mathrm{m}} - \pi_{\mathrm{s}}$ より小さければよく，

$$\sigma < s_{\mathrm{s}} - s_{\mathrm{m}} + \pi_{\mathrm{m}} - \pi_{\mathrm{s}}, \tag{2.44}$$

が条件になる．

　部分食，皆既食，金環食の条件すべてについていえることであるが，これらの条件は地球を球と考えて導いている．そして，地球の赤道半径を長さの単位にとることが多い．しかし，赤道半径より極半径の短い回転楕円体として地球を考える場合には，それらの条件を満たしていても，該当する日食が起こっていない可能性もわずかながらあり得る．このような場合，日食が起こるかどうかを最終的に判断するには，3 章以降に述べる精密計算をおこなう必要がある．

2.7　太陽，地球，月の半径

　ここまで，いろいろと日食の起こる条件を求めてきたが，これらを適用するには，$s_{\mathrm{m}}, s_{\mathrm{s}}, \pi_{\mathrm{m}}, \pi_{\mathrm{s}}$ の値が必要であり，これらは，

$$\begin{aligned}
\sin s_{\mathrm{m}} &= \frac{d_{\mathrm{m}}}{r_{\mathrm{m}}}, \quad \sin s_{\mathrm{s}} = \frac{d_{\mathrm{s}}}{r_{\mathrm{s}}}, \\
\sin \pi_{\mathrm{m}} &= \frac{d_{\mathrm{e}}}{r_{\mathrm{m}}}, \quad \sin \pi_{\mathrm{s}} = \frac{d_{\mathrm{e}}}{r_{\mathrm{s}}},
\end{aligned} \tag{2.45}$$

の関係で計算できる．しかしこの計算には，太陽，地球，月の半径 $d_{\mathrm{s}}, d_{\mathrm{e}}, d_{\mathrm{m}}$ の具体的な数値が必要である．これらの値をつぎの天文定数などから計算すると，**表 2.2** のようになる．ここでは，あとで使いやすいように，長さの単位として，天文単位 (AU)，地球半径 (d_{e}) をとった数値も示してある．

$$\text{天文単位の長さ } 1\mathrm{AU} \;=\; 1.49597870 \times 10^{8} \mathrm{km},$$

平均距離における太陽の視半径 s_0 = $15'59''.63 = 959''.63$,
地球赤道半径 d_e = 6378.140 km,
地球半径に対する月半径の比 k = 0.2725076,

表 2.2　さまざまな単位による太陽, 地球月半径

単位	km	地球半径 (d_e)	天文単位 (AU)
太陽半径 (d_s)	695989.2	109.1210	4.652401×10^{-3}
地球半径 (d_e)	6378.140	1.0	4.263523×10^{-5}
月半径 (d_m)	1738.092	0.2725076	1.161842×10^{-5}

なお，太陽，月の半径に現実にこれだけの精度があるわけではない．ここの数値は日食計算だけに使われるものである．

2.8　月と太陽間の最小角距離

ここまでの節の説明で日食の起こる条件が明らかになった．新月を含むその前後の時間帯に対しその条件が成り立つかどうかを調べることで，そのときに日食が起こるかどうかを知ることができる．そして，これはすぐに気付くことだが，その時間帯を，たとえば1分おきというようにしらみつぶしに調べる必要はない．地球中心から見たときの月と太陽の角距離の最小値さえ知ることができれば，日食が起こるか，起こるとすればそれがどんな日食かすぐにわかるからである．この節では，厳密な数値ではないが一応の判定には役立つ程度で，月と太陽がもっとも近付くときの角距離と，その時刻とを求める方法を導く．

まず，天球上で月が太陽を追い越す前後の状況を，**図 2.14** をもとに考える．黄道上を移動する太陽 S が時刻 T_1 に S_1，時刻 T_2 に S_2 の位置にあり，同様に白道上を移動する月 M が時刻 t_1 に M_1，時刻 t_2 に M_2 にあるとする．ただし $T_1 < T_2, t_1 < t_2$ とする．つまり太陽は S_1 から S_2 へ向けて移動し，月は M_1 から M_2 へ向けて移動する．また，S_1S_2 の角距離，M_1M_2 の角距離は 90° に比べてかなり小さく，1° ないし 10° 程度にとるものとする．ここでいう月，太陽の位置とは，それぞれの天体の中心の位置のことである．S_1, S_2, M_1, M_2 の位置は赤道座標 (赤経，赤緯) で与えられていて，また，白道は C で黄道と交わっているものとする．天球上で月と太陽間の角距

離は常に変化しているが，知りたいのは，この前後しばらくの時間帯の中で月と太陽がどこまで近付くか，また，もっとも近付く時刻はいつかということである．

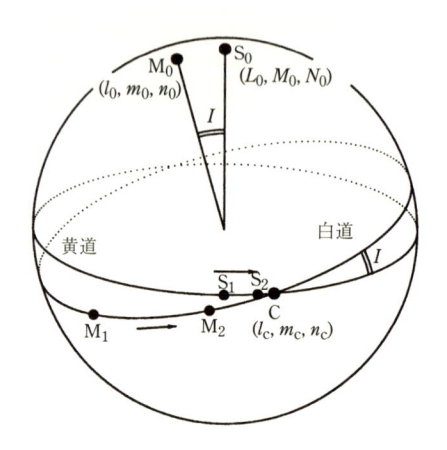

図 2.14 天球上の月と太陽の位置関係

そのためには，つぎの量を知る必要がある．

月の平均角速度: v_m,

太陽の平均角速度: v_s,

C の位置: (方向余弦 $(l_\mathrm{c}, m_\mathrm{c}, n_\mathrm{c})$),

月 M が交点 C を通過する推定時刻: t_m,

太陽 S が交点 C を通過する推定時刻: t_s,

黄道と白道の交角: I.

これらは，以下の手順で求めることができる．

太陽の位置 S_1, S_2 それぞれの視赤経，視赤緯を $(A_1, D_1), (A_2, D_2)$，月の位置 M_1, M_2 それぞれの視赤経，視赤緯を $(\alpha_1, \delta_1), (\alpha_2, \delta_2)$ とするとき，これら 4 点の赤道座標による方向余弦をつぎの関係で計算する．

$$l_1 = \cos\delta_1 \cos\alpha_1,$$

2.8 月と太陽間の最小角距離

$$\begin{aligned}
\mathrm{M}_1 : m_1 &= \cos\delta_1 \sin\alpha_1, \\
n_1 &= \sin\delta_1, \\
l_2 &= \cos\delta_2 \cos\alpha_2, \\
\mathrm{M}_2 : m_2 &= \cos\delta_2 \sin\alpha_2, \\
n_2 &= \sin\delta_2, \\
L_1 &= \cos D_1 \cos A_1, \\
\mathrm{S}_1 : M_1 &= \cos D_1 \sin A_1, \\
N_1 &= \sin D_1, \\
L_2 &= \cos D_2 \cos A_2, \\
\mathrm{S}_2 : M_2 &= \cos D_2 \sin A_2, \\
N_2 &= \sin D_2,
\end{aligned} \qquad (2.46)$$

つぎに，$\mathrm{M}_1\mathrm{M}_2$ 間の距離角 θ_m および $\mathrm{S}_1\mathrm{S}_2$ 間の距離角 θ_s を，つぎの関係式で計算する．

$$\begin{aligned}
\sin^2\theta_\mathrm{m} &= (m_1 n_2 - n_1 m_2)^2 + (n_1 l_2 - l_1 n_2)^2 + (l_1 m_2 - m_1 l_2)^2, \\
\sin^2\theta_\mathrm{s} &= (M_1 N_2 - N_1 M_2)^2 + (N_1 L_2 - L_1 N_2)^2 \\
&\quad + (L_1 M_2 - M_1 L_2)^2,
\end{aligned} \qquad (2.47)$$

これらの角は一般に，

$$\begin{aligned}
\cos\theta_\mathrm{m} &= l_1 l_2 + m_1 m_2 + n_1 n_2, \\
\cos\theta_\mathrm{s} &= L_1 L_2 + M_1 M_2 + N_1 N_2,
\end{aligned} \qquad (2.48)$$

の式で計算する方が簡単であるが，$\theta_\mathrm{m}, \theta_\mathrm{s}$ が小さい角のときは，$\sin\theta_\mathrm{m}, \sin\theta_\mathrm{s}$ を計算する方が精度がよい．$\theta_\mathrm{m}, \theta_\mathrm{s}$ が得られたら，その間の月，太陽の平均角速度 $v_\mathrm{m}, v_\mathrm{s}$ は，

$$\begin{aligned}
v_\mathrm{m} &= \frac{\theta_\mathrm{m}}{t_2 - t_1}, \\
v_\mathrm{s} &= \frac{\theta_\mathrm{s}}{T_2 - T_1},
\end{aligned} \qquad (2.49)$$

で計算できる．

つづいて月，太陽が C を通過する時刻を求めたいが，そのためには S_2C および M_2C の角距離がわかっていなければならない．したがって，C の位置を知ることが必要になる．C の位置を求めるには，以下の多少面倒な手順を踏まなければならない．まず，M_1, M_2 を通る白道の極 M_0 の方向余弦 (l_0, m_0, n_0) および，S_1, S_2 を通る黄道の極 S_0 の方向余弦 (L_0, M_0, N_0) を求める．大円の極は二つあるが，ここで計算するのは，図 **2.14** のように天球を外側から見たとき，天体の進行方向の左側に存在する極である．これは，

$$
\begin{aligned}
& & l_0 &= (m_1 n_2 - n_1 m_2)/\sin\theta_{\mathrm{m}}, \\
M_0 &: & m_0 &= (n_1 l_2 - l_1 n_2)/\sin\theta_{\mathrm{m}}, \\
& & n_0 &= (l_1 m_2 - m_1 l_2)/\sin\theta_{\mathrm{m}}, \\
& & L_0 &= (M_1 N_2 - N_1 M_2)/\sin\theta_{\mathrm{s}}, \\
S_0 &: & M_0 &= (N_1 L_2 - L_1 N_2)/\sin\theta_{\mathrm{s}}, \\
& & N_0 &= (L_1 M_2 - M_1 L_2)/\sin\theta_{\mathrm{s}},
\end{aligned}
\tag{2.50}
$$

で得られる．ついで，$S_0 M_0$ 間の角距離を計算する．これは黄道と白道の交角 I に等しく，

$$
\begin{aligned}
\cos I &= L_0 l_0 + M_0 m_0 + N_0 n_0, \\
\sin^2 I &= (M_0 n_0 - N_0 m_0)^2 + (N_0 l_0 - L_0 n_0)^2 + (L_0 m_0 - M_0 l_0)^2,
\end{aligned}
\tag{2.51}
$$

である．I は正の角で，$\sin I > 0$ である．この結果を使って，黄道と白道の交点 C の方向余弦 $(l_{\mathrm{c}}, m_{\mathrm{c}}, n_{\mathrm{c}})$ は，

$$
\begin{aligned}
& & l_{\mathrm{c}} &= \pm(M_0 n_0 - N_0 m_0)/\sin I, \\
C &: & m_{\mathrm{c}} &= \pm(N_0 l_0 - L_0 n_0)/\sin I, \\
& & n_{\mathrm{c}} &= \pm(L_0 m_0 - M_0 l_0)/\sin I,
\end{aligned}
\tag{2.52}
$$

で計算できる．C が白道の昇交点のとき複号はプラス，降交点のとき複号はマイナスをとる．図 **2.14** は昇交点の場合を示している．その判別をするために，M_1 の黄緯を β_1，M_2 の黄緯を β_2 とおくと，

$$
\begin{aligned}
\sin\beta_1 &= l_1 L_0 + m_1 M_0 + n_1 N_0, \\
\sin\beta_2 &= l_2 L_0 + m_2 M_0 + n_2 N_0,
\end{aligned}
\tag{2.53}
$$

2.8 月と太陽間の最小角距離

である．したがって，

$$\sin\beta_2 - \sin\beta_1 > 0, \tag{2.54}$$

なら，C は昇交点であり，

$$\sin\beta_1 - \sin\beta_2 < 0, \tag{2.55}$$

なら，C は降交点である．

こうして，C の方向余弦が得られたから，M_1C と M_2C それぞれの角距離 η_1, η_2，また，S_1C と S_2C それぞれの角距離，ζ_1, ζ_2 を，

$$\begin{aligned}
\sin^2\eta_1 &= (m_1 n_c - n_1 m_c)^2 + (n_1 l_c - l_1 n_c)^2 + (l_1 m_c - m_1 l_c)^2, \\
\sin^2\eta_2 &= (m_2 n_c - n_2 m_c)^2 + (n_2 l_c - l_2 n_c)^2 + (l_2 m_c - m_2 l_c)^2, \\
\sin^2\zeta_1 &= (M_1 n_c - N_1 m_c)^2 + (N_1 l_c - L_1 n_c)^2 + (L_1 m_c - M_1 l_c)^2, \\
\sin^2\zeta_2 &= (M_2 n_c - N_2 m_c)^2 + (N_2 l_c - L_2 n_c)^2 + (L_2 m_c - M_2 l_c)^2,
\end{aligned} \tag{2.56}$$

で計算できる．η_1, η_2 および ζ_1, ζ_2 を，月，太陽が移動する向きにプラスの符号をつけて考えることにする．C は $M_1 M_2$ や $S_1 S_2$ の延長上にあると限ったわけではなく，それらの間にあることも，反対側にあることもある．したがって η_1, η_2 および ζ_1, ζ_2 がマイナスの値をとることもある．η_2, ζ_2 の符号はつぎの手順で決めるとよい．

case 1. $\sin^2\eta_1 < \sin^2\eta_2$ のとき $\eta_2 < 0$，
case 2. $\sin^2\eta_1 \geq \sin^2\eta_2$ でも $\sin^2\eta_1 < \sin^2\theta_m$ なら $\eta_2 < 0$，
case 3. 上記以外はすべて $\eta_2 \geq 0$ ，

である．

ζ_2 の符号については，上記の関係で η_1 を ζ_1 に，η_2 を ζ_2 に，そして θ_m を θ_s に置き換えれば，そのまま成立する．

すでに計算した平均角速度で月，太陽が移動を続けると仮定すれば，月が C を通過する時刻 t_m，太陽が C を通過する時刻 t_s は，このように符号をつけた η_2, ζ_2 を使って，

$$\begin{aligned}
t_m &= t_2 + \eta_2/v_m, \\
t_s &= T_2 + \zeta_2/v_s,
\end{aligned} \tag{2.57}$$

で求められる．以上の計算で，予定していた月，太陽の平均角速度 v_m, v_s，Cを通過する推定時刻 t_m, t_s，黄道と白道の交角 I がすべて得られた．

これらのデータをもとに，月と太陽がもっとも接近する時刻と，そのときの距離角を計算する．ただし，これを球面上で計算すると複雑になり困難が生ずるので，便宜上平面で近似することにする．考えているのは黄道と白道が近い部分であるから，平面近似でもかなりの精度がある．

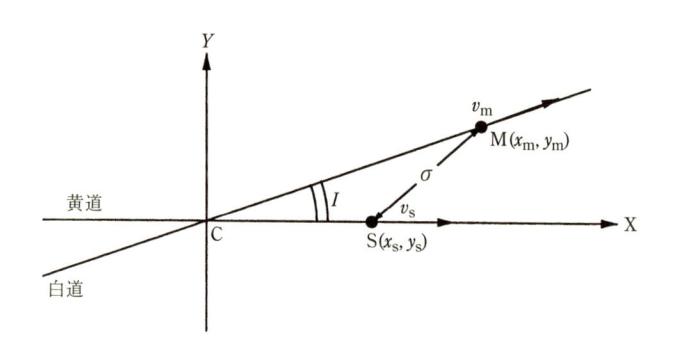

図 2.15 平面近似による月，太陽間の最短距離

図 2.15 のように，交角 I でC点で交わる二直線を平面上で考える．ひとつの直線上を月 M が速度 v_m で移動し，時刻 t_m にCを通過する．もうひとつの直線上を太陽 S が速度 v_s で移動し，時刻 t_s にCを通過するものとする．Cを原点に，黄道を x 軸にとると，時刻 t における月 M の座標 (x_m, y_m) および太陽 S の座標 (x_s, y_s) は，

$$\begin{aligned} x_m &= (t - t_m) v_m \cos I, \\ y_m &= (t - t_m) v_m \sin I, \\ x_s &= (t - t_s) v_s, \\ y_s &= 0, \end{aligned} \quad (2.58)$$

である．このとき，月 M と太陽 S 間の距離 σ は，

$$\begin{aligned} \sigma^2 &= (x_m - x_s)^2 + (y_m - y_s)^2 \\ &= \{t(v_m \cos I - v_s) - (t_m v_m \cos I - t_s v_s)\}^2 \end{aligned} \quad (2.59)$$

$$+(tv_{\rm m}\sin I - t_{\rm m}v_{\rm m}\sin I)^2,$$

である．σ^2 の極値を求めるためには t で微分してゼロとおけばよい．まず，

$$\begin{aligned}\frac{d\sigma^2}{dt} &= 2\{(v_{\rm m}\cos I - v_{\rm s})t - (t_{\rm m}v_{\rm m}\cos I - t_{\rm s}v_{\rm s})\}(v_{\rm m}\cos I - v_{\rm s}) \\ &\quad + 2\{(v_{\rm m}\sin I)^2 t - (t_{\rm m}v_{\rm m}^2\sin^2 I)\},\end{aligned} \qquad (2.60)$$

である．これをゼロとおくことで，σ^2 の最小を与える時刻，

$$t_{\min} = \frac{t_{\rm m}v_{\rm m}^2 + t_{\rm s}v_{\rm s}^2 - (t_{\rm m}+t_{\rm s})v_{\rm m}v_{\rm s}\cos I}{v_m^2 + v_s^2 - 2v_m v_s \cos I} \qquad (2.61)$$

が得られる．これを (2.59) 式に代入することで，σ の最小値 $\sigma_{\min}$ が，

$$\sigma_{\min}^2 = \frac{(t_{\rm m}-t_{\rm s})^2 v_{\rm m}^2 v_{\rm s}^2 \sin^2 I}{v_{\rm m}^2 + v_{\rm s}^2 - 2v_{\rm m}v_{\rm s}\cos I}, \qquad (2.62)$$

すなわち，

$$\sigma_{\min} = \frac{|t_{\rm m}-t_{\rm s}|v_{\rm m}v_{\rm s}\sin I}{\sqrt{v_{\rm m}^2 + v_{\rm s}^2 - 2v_{\rm m}v_{\rm s}\cos I}} \qquad (2.63)$$

として得られる．以上，多少面倒な手順ではあったが，新月に近い時期の月の位置 M_1, M_2 の 2 点，および太陽の位置 S_1, S_2 の 2 点から，月と太陽の最接近時刻 $t_{\min}$ と最接近距離 $\sigma_{\min}$ を求めることができた．ただし，ここでは月，太陽の移動速度に対し，2 点間の平均角速度を使ったこと，球面の問題を平面近似したことなどにより，多少の誤差が入りこんでいる．そのため，$\sigma_{\min}, t_{\min}$ は，厳密に正確な値ではない．

2.9 計算実例

前節の内容を実際の計算で確かめてみよう．先に述べた 2035 年 9 月 2 日の皆既日食の場合を例にとる．新月の表 (たとえば *Astronomical Tables of the Sun, Moon, and Planets*; Jean Meeus, 1983) によると，このときは 9 月 2 日 2 時 00 分 44 秒 (ET) が新月である (それほど詳しい必要はなく，およその時刻がわかればよい)．そこで，月に対してはこの時刻をはさんで 2 時間離れた 2 時と 4 時を t_1, t_2 にとり，太陽に対してはこの時刻をはさんで 1 日離れた 9

月2日0時を T_1 に,9月3日0時を T_2 にとることにする.時刻はすべて力学時 (ET) である.時刻の原点はこの近くならどこをとってもいいが,ここでは9月2日0時を $t=0$ にとることにし,時刻の単位としては時間をとることにしよう.そうすると,JPL の暦 DE405 から得られる月,太陽の視位置はつぎのようになる.

$$t_1 = 2.0, \quad \alpha_1 = 10^\mathrm{h}44^\mathrm{m}39^\mathrm{s}.829, \quad \delta_1 = 8°21'41''.51,$$
$$t_2 = 4.0, \quad \alpha_2 = 10^\mathrm{h}49^\mathrm{m}13^\mathrm{s}.836, \quad \delta_2 = 8°01'03''.96,$$
$$T_1 = 0.0, \quad A_1 = 10^\mathrm{h}43^\mathrm{m}49^\mathrm{s}.700, \quad D_1 = 8°02'55''.99,$$
$$T_2 = 24.0, \quad A_2 = 10^\mathrm{h}47^\mathrm{m}26^\mathrm{s}.973, \quad D_2 = 7°41'02''.43,$$

これらの値をもとに前節の計算を実行した結果が**表 2.3** である.この結果を見ると,**図 2.16** のように,白道の昇交点を過ぎたところで月と太陽の合になることがわかる.ここで得られた月と太陽の最接近時刻 $t_\mathrm{min} = 1^\mathrm{h}.946245$ に対して,JPL 暦から求めた月,太陽までの距離 $r_\mathrm{m}, r_\mathrm{s}$ は,表に示されているようにそれぞれ,

$$r_\mathrm{m} = 0.0024795 (\mathrm{AU}),$$
$$r_\mathrm{s} = 1.0092249 (\mathrm{AU}),$$

である.これらを使って,(2.45) 式から,月,太陽の視半径 $s_\mathrm{m}, s_\mathrm{s}$ および月,太陽の地平視差 $\pi_\mathrm{m}, \pi_\mathrm{s}$ が計算できる.たとえば,

$$\sin s_\mathrm{m} = d_\mathrm{m}/r_\mathrm{m} = 1.161842 \times 10^{-5}/0.0024795 = 4.6858 \times 10^{-3},$$
$$s_\mathrm{m} = 16'.109,$$
$$\sin \pi_\mathrm{m} = d_\mathrm{e}/r_\mathrm{m} = 4.263523 \times 10^{-5}/0.0024795 = 1.7195 \times 0^2,$$
$$\pi_\mathrm{m} = 59'.115,$$

である.

2.9 計算実例

表 2.3 月，太陽の最接近距離と時刻 (2035 年 9 月 2 日)

	月		太陽	
i	1	2	1	2
t_i, T_i	2^{h}	4^{h}	0^{h}	24^{h}
α_i, A_i	$161°.1659542$	$162°.3076500$	$160°.9570833$	$161°.8623917$
δ_i, D_i	$8°.3615306$	$8°.0177667$	$8°.0488861$	$7°.6840083$
l_i, L_i	-0.9363969	-0.9433893	-0.9359625	-0.9417783
m_i, M_i	0.3193966	0.3009351	0.3230621	0.3085050
n_i, N_i	0.1454188	0.1394802	0.1400180	0.1337096
$\theta_{\mathrm{m}}, \theta_{\mathrm{s}}$	1.1811808		0.9681753	
l_0, L_0	0.0382197		0.0000157	
m_0, M_0	-0.3190894		-0.3976274	
n_0, N_0	0.9469536		0.9175470	
$\cos I$	0.9957538			
$\sin I$	0.0920569			
$\sin\beta_1 - \sin\beta_2$	0.0018917			
l_{c}	0.9098194			
m_{c}	-0.3807803			
n_{c}	-0.1650302			
η_i, ζ_i	$-3°.9946714$	$-5°.1758522$	$-3°.9037948$	$-4°.8719701$
$v_{\mathrm{m}}, v_{\mathrm{s}}$	$0°.5905904/h$		$0°.0403406/h$	
$t_{\mathrm{m}}, t_{\mathrm{s}}$	$-4^h.7638612$		$-96^h.7707734$	
$t_{\min}$	$1^h.9462450$			
$\sigma_{\min}$	$0°.3666074 = 21'.996$			
$r_{\mathrm{m}}, r_{\mathrm{s}}$	0.0024795 AU		1.0092249 AU	
$s_{\mathrm{m}}, s_{\mathrm{s}}$	$16'.109$		$15'.848$	
$\pi_{\mathrm{m}}, \pi_{\mathrm{s}}$	$59'.115$		$0'.145$	

同様にして $s_{\mathrm{s}} = 15'.848, \pi_{\mathrm{s}} = 0'.145$ が得られる．これらによって部分日食の条件を調べると，$\sigma_{\min} = 21'.996$ および (2.18) 式から，

$$\sigma_{\min} < s_{\mathrm{m}} + s_{\mathrm{s}} + \pi_{\mathrm{m}} - \pi_{\mathrm{s}} = 90'.927,$$

が成り立っている．したがって，このときにどこかで日食の起きていることがわかる．また，$s_{\mathrm{m}} > s_{\mathrm{s}}$ であるから，皆既日食の起こる条件を調べると，(2.31) 式の，

$$\sigma_{\min} < s_{\mathrm{s}} - s_{\mathrm{m}} + \pi_{\mathrm{m}} - \pi_{\mathrm{s}} = 59'.231,$$

が成り立っている．したがって，地球上のどこかで皆既日食の起きているこ

とがわかる.

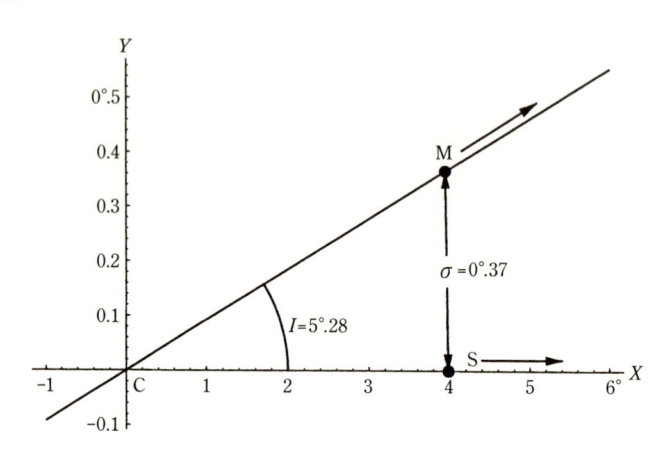

図 2.16 昇交点と月，太陽の位置関係

2.10 判定の目安

ここで，日食が起こるかどうかを簡単に知る目安として，月と太陽が黄道と白道の交点 (昇交点または降交点) を通過する時刻差，$|t_\mathrm{m} - t_\mathrm{s}|$ を考えてみよう．もし月と太陽が同時に交点を通過するなら，つまり $t_\mathrm{m} = t_\mathrm{s}$ であるなら，そのとき日食が起こるのは明らかである．その差がかなり小さければ，やはり日食が起こるに違いない．しかし，月と太陽の交点を通過する時刻差が十分大きければ，日食は起こらないと思われる．では，日食が起こるには，どのくらいの時刻差まで許されるのであろうか．それを知るためには，(2.63) 式に含まれる関数 $v_\mathrm{m} v_\mathrm{s} \sin I / \sqrt{v_\mathrm{m}^2 + v_\mathrm{s}^2 - 2 v_\mathrm{m} v_\mathrm{s} \cos I}$ がどのくらいの値であり，どの範囲で変化する量であるか，また，日食が起こるための (2.18) の条件式の右辺がどのくらいの数値で，どのくらいの範囲で変化するかを知らなくてはならない．

まず，

$$\Phi(v_\mathrm{m}, v_\mathrm{s}, I) = \frac{v_\mathrm{m} v_\mathrm{s} \sin I}{\sqrt{v_\mathrm{m}^2 + v_\mathrm{s}^2 - 2 v_\mathrm{m} v_\mathrm{s} \cos I}} \tag{2.64}$$

2.10 判定の目安

とおいて，Φ の値の変化を考えよう．この中の変数 $v_\mathrm{m}, v_\mathrm{s}, I$ は，およそ，

$$10°.921/\mathrm{day} < v_\mathrm{m} < 16°.198/\mathrm{day},$$
$$0°.9533/\mathrm{day} < v_\mathrm{s} < 1°.0193/\mathrm{day},$$
$$4°.9687 < I < 5°.3447,$$

の範囲で変化する量である．この範囲では，v_m に最小値を，v_s, I に最大値を代入することで Φ の最大値が計算できるし，また，v_m に最大値を，v_s, I に最小値を代入することで Φ の最小値が計算できる．その計算を実行して，Φ は，

$$0°.08771/\mathrm{day} < \Phi(v_m, v_s, I) < 0°.10467/\mathrm{day}, \tag{2.65}$$

であることがわかる．

一方，(2.63),(2.18) 式を考えると，部分日食の起こる条件は，

$$\sigma_{\min} = |t_\mathrm{m} - t_\mathrm{s}|\Phi < s_\mathrm{m} + s_\mathrm{s} + \pi_\mathrm{m} - \pi_\mathrm{s}, \tag{2.66}$$

である．この右辺の $s_\mathrm{m} + \pi_\mathrm{m}$ は月と地球の距離 r_m によって定まり，r_m が最大のとき最小値，r_m が最小のとき最大値をとる．また，$s_\mathrm{s} - \pi_\mathrm{s}$ は太陽と地球の距離 r_s によって定まり，r_s が最大のとき最小値，r_s が最小のとき最大値をとる．一方 $r_\mathrm{m}, r_\mathrm{s}$ はおよそ，

$$3.5637 \times 10^5 \mathrm{km} < r_\mathrm{m} < 4.0672 \times 10^5 \mathrm{km},$$
$$1.4710 \times 10^8 \mathrm{km} < r_\mathrm{s} < 1.5210 \times 10^8 \mathrm{km},$$

の範囲で変化することがわかっている．ここから，(2.45) 式によって計算すると，

$$1°.4032 < s_\mathrm{m} + s_\mathrm{s} + \pi_\mathrm{m} - \pi_\mathrm{s} < 1°.5735 \tag{2.67}$$

である．

(2.65),(2.67) 式が成り立つことを考慮し，また (2.18),(2.63) 式の関係を考えると，日食がもっとも起こりにくい条件 ($s_\mathrm{m} + s_\mathrm{s} + \pi_\mathrm{m} - \pi_\mathrm{s}$ が最小) で，Φ がどんなに大きい値をとったとしても，

$$|t_\mathrm{m} - t_\mathrm{s}| < 13.40\,\mathrm{day}, \tag{2.68}$$

であれば，つまり月と太陽が交点を通過する時刻差が 13.40 日以下であれば，どこかで必ず日食が起こることがわかる．また，日食がもっとも起こりやすい条件 ($s_\mathrm{m} + s_\mathrm{s} + \pi_\mathrm{m} - \pi_\mathrm{s}$ が最大) で，Φ がどんなに小さい値をとったとしても，

$$|t_\mathrm{m} - t_\mathrm{s}| > 17.98\,\mathrm{day}, \tag{2.69}$$

であれば，つまり時刻差が 17.98 日以上であれば，その前後の交点通過のときには絶対に日食が起きないこともわかる．この間にはさまれた，

$$13.40\,\mathrm{day} < |t_\mathrm{m} - t_\mathrm{s}| < 17.98\,\mathrm{day}, \tag{2.70}$$

の場合には，2.8 節で説明した方法にしたがって，より詳しく検討する必要がある．

新月における月，太陽の位置が交点から大きく外れているときには，交点に達するまでに月，太陽の角速度が変化するので，求めた平均角速度によって計算した交点到達時刻 $t_\mathrm{m}, t_\mathrm{s}$ はあまり正確ではない．しかし，そのような場合には，その前後に月が交点を通過するときに日食の起こらないことが確実なので，交点通過時刻の不正確さを気にする必要は特にない．日食が起こるのは，新月のときの月，太陽の位置が交点に近いときに限られ，この場合には角速度があまり変化しないうちに月，太陽が交点に到達するので，$t_\mathrm{m}, t_\mathrm{s}$ に大きな誤差は生じない．

部分食の場合とほとんど同様に推論を進めることで，皆既食または金環食に関し，類似の条件を導くことができる．(2.31) の皆既食の条件式の右辺は，

$$0°.9924 < s_\mathrm{m} - s_\mathrm{s} + \pi_\mathrm{m} - \pi_\mathrm{s} < 1°.0404, \tag{2.71}$$

の範囲の値をとり，また (2.44) の金環食の条件式の右辺は，

$$0°.9135 < s_\mathrm{s} - s_\mathrm{m} + \pi_\mathrm{m} - \pi_\mathrm{s} < 0°.9924, \tag{2.72}$$

の範囲の値をとることから，

$$|t_\mathrm{m} - t_\mathrm{s}| < 9.475\,\mathrm{day}, \tag{2.73}$$

なら，必ず皆既食または金環食のどちらかが起こり，

$$|t_\mathrm{m} - t_\mathrm{s}| > 11.89\,\mathrm{day}, \tag{2.74}$$

なら，皆既食も金環食も決して起こらないことがわかる．

2.11 2章のまとめ

ここで，ある新月に対し，日食が起こるかどうかを判定する手順をまとめておく．まず，日食が起こる条件式は，

$$\sigma < s_m + s_s + \pi_m - \pi_s, \text{(部分食)}$$
$$\sigma \leq s_m - s_s + \pi_m - \pi_s, \text{(皆既食)}$$
$$\sigma < s_s - s_m + \pi_m - \pi_s, \text{(金環食)}$$

である．以下の計算でこれを利用すればよい．

(1) 2.8節の説明にしたがい，天球上で，新月の時刻付近の位置から，月については M_1, M_2 の2点，太陽については S_1, S_2 の2点を選び，その時刻，位置(視赤経，視赤緯)を拾い出す．それらを，

$$M_1(t_1, \alpha_1, \delta_1), \quad M_2(t_2, \alpha_2, \delta_2),$$
$$S_1(T_1, A_1, D_1), \quad S_2(T_2, A_2, D_2),$$

とする．ただし，M_1, M_2 間，S_1, S_2 間は，それぞれ角度で 1° ないし 10° くらいあることが望ましい．

(2) M_1M_2 の角距離，S_1S_2 間の角距離を計算し，その間の月，太陽それぞれの平均角速度 v_m, v_s を算出する．… (2,47),(2,49) 式

(3) その付近の交点(昇交点または降交点)Cの位置 (l_c, m_c, n_c) と，黄道と白道の交角 I を計算する．… (2,51),(2,52) 式

(4) M_2C および S_2C の角距離 η_2, ζ_2 を計算し，その間を月，太陽がそれぞれの平均角速度 v_m, v_s で移動すると仮定して，その通過時間を求める．

(5) 求めた通過時間を T_2, t_2 に加えて，月，太陽が交点を通過する時刻 t_m, t_s を求める．… (2,57) 式

(6) t_m と t_s の差 $|t_m - t_s|$ を計算し，(2.68),(2.69) の目安の式と比較して，日食が起こるかどうかの判定をする．日食が起こると推定された場合は，2.8節の計算をさらに進めて，月と太陽が見かけ上もっとも接近する時刻 $t_{\min}$ と，その角距離 $\sigma_{\min}$ を求め，日食の種類を判定する．

(7) 上記の目安による方法では，日食が起こるかどうかはっきり判定ができない場合も，同様に2.8節の計算を最後まで進めて，日食が起こるかどうか，起こるとすればどんな日食であるかを調べる．

(8) それでもなお，はっきりした結論が得られない場合には，つぎの3章で説明する精密計算を実行し，最終的な判定をおこなえばよい．

第3章 日食図とその計算の準備

　3章では，日食の全般的状況を知るための日食図について説明し，それを計算するための準備をする．全般的状況とは，局地的な1点に関するものではなく，その日食が起こるすべての地域に関する状況のことである．具体的には，その日食が見られるのは地球上のどの範囲であるか，そのそれぞれの場所で太陽がどの程度欠けるか，その日食が地球上のどの点で何時に始まり，どの点で何時に終わるか，日食が皆既食または金環食であるなら，その皆既，金環はどこで何時に見られるかなどといった，総合的な情報のことである．

　その内容で，たとえば日食の起こる範囲を示す場合，その境界線を緯度，経度を羅列した表の形式で示すのもひとつの方法である．しかし，それよりは地図上に境界線を描いてその範囲を表示する方がはるかにわかりやすい．その他の情報についても同じであり，日食の全般的状況は日食図として地図上に示すのが普通である．その例が，すでに**図 1.3**，**図 1.4**に示した日食図である．

　なお，3章からは，地球を赤道半径 d_e，離心率 e の回転楕円体と考えて話を進める．

3.1　日食図の説明

　図 3.1に見るように，太陽光によって生ずる月の本影円錐の頂点は地球表面すれすれの位置にある．月が地球にやや近付いて本影が地球表面に届けば，そこでは皆既日食が見られる．月が地球からいくらか遠ざかって本影が地表に届かないときは，本影円錐の延長部分で金環食が見られる．

第3章　日食図とその計算の準備

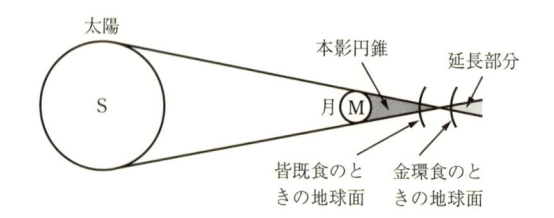

図3.1　皆既食，金環食のときの地表の位置

　いま，太陽の方向から地球を見て，月の影が地球にかかる状況を観察するとしよう．これはひとつの思考実験であるから，中間で視野を妨げる月は見えないものとし，ただ地球の半面と月の影だけが見えるものとする．地球の距離における月の半影は円形で，その平均的な直径はおよそ7000kmになる．これは地球半径よりやや大きい程度である．したがって，月の半影が地球全体を覆うことはない．その影がほぼ時速3400kmくらいの速さで地球を西側から東側へと通過する．このとき，たとえば図3.2に示すような状況が見えるはずである．

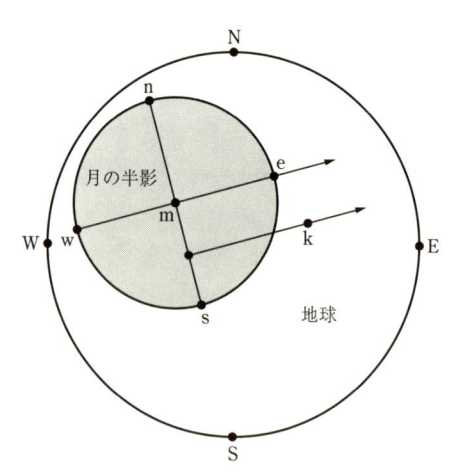

図3.2　地球上の月の影

　このように考えて日食の起こる状況を概観してみる．ここでは，地球に対し月の半影が図に示したe点の矢印の向きに進行するとしよう．進行の向き

3.1 日食図の説明

に直交する半影の直径の両端を図のように n, s とする．このとき，半影円周の半分 nes の部分が月影の前縁となる．月影の前縁は，それまで影で覆われていなかった地上部分をつぎつぎに影で覆っていく．この前縁が地上を進むとき，その地上の点では日食が始まる．つまり前縁 nes は食の始まる瞬間を決める．また，残りの半円周 nws は月影の後縁である．この後縁からは，これまで月の影に覆われていた地上部分が影から出ていく．すなわち，後縁 nws は日食の終わる瞬間を決める．

　一般的にいって，地球表面はその半分が太陽に照らされている昼の部分で，残り半分が夜の部分である．太陽の方向から見ると，地球はその昼の部分だけが見え，昼と夜の境界線は**図 3.2** に示された地球の外周とほぼ一致する．太陽の視半径や大気の屈折の影響などの細かいことをいわなければ，この地球外周上の点からは太陽が地平線の方向に見えると考えてよい．つまり外周はすべて，日の出か日の入りを迎える点である．太陽から見てほぼ円形に見える地球像の中心，および地球の北極，南極を通る南北の線で地球の東側，西側を分けてみよう．そして，この東側の縁を地球の東縁，西側の縁を地球の西縁ということにする．この西縁は，地球の自転によってそれまで見えなかった地表の点が新たに表側に出てくる場所である．したがって，西縁は日の出を迎える点になる．また東縁は，これまで見えていた点が裏側へ隠れていく場所であり，日の入りの点になる．

　概略の説明ではあったが，ここで述べたことを整理すると，

　　月影の前縁 nes：日食の始まる瞬間を定める
　　月影の後縁 nws：日食の終わる瞬間を定める
　　地球の東縁：日の入りの瞬間を迎えている
　　地球の西縁：日の出の瞬間を迎えている

となる．これらのことを頭に入れて，日食図の成り立ちを考えていこう．

　当然のことであるが，日食図はそれぞれの日食によって異なる．細かい点を別とすれば，それらは大きくいくつかのタイプに分類できる．その中から，ここでは典型的な二つのタイプだけを説明する．日食図に現われる重要な線だけを取り上げると，ひとつは**図 3.3** に模式的に示した形のもので，便宜上この形の日食図をタイプ I と呼ぶ．これは月の半影がすべて地球にかかる場合に現われる形であり，この種の日食そのものもタイプ I の日食という．比

べてみればすぐにわかるが，先に**図 1.3** に示した皆既食はこのタイプ I に属する．

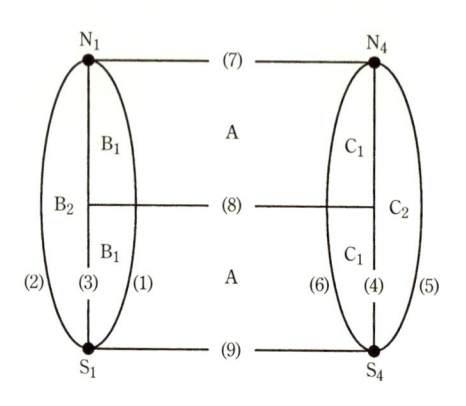

図 3.3 タイプ I の日食

また，**図 3.4** に模式的に示した形の日食図をタイプ II と呼ぶ．これは，月の半影のすべてが地球にかかる瞬間がないままに日食が終わる場合に現われる形であり，この種の日食をタイプ II の日食と呼ぶことにする．**図 1.4** に示した部分食は，このタイプ II に属する．

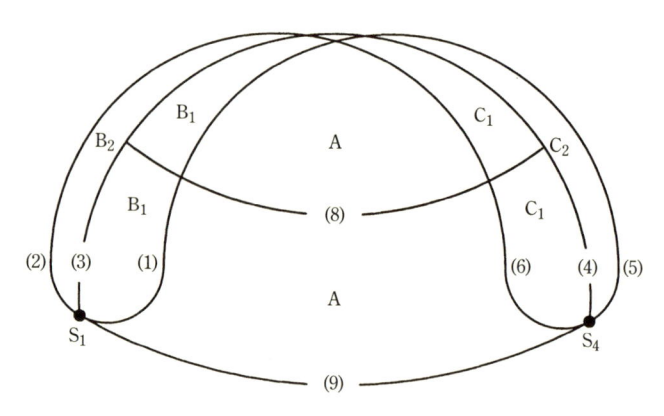

図 3.4 タイプ II の日食

3.1.1　タイプIの日食図

タイプIの日食図では，図 **3.3** に描かれ，番号のつけられているそれぞれの線に対し，つぎの名がつけられている．
(1)　日の出に欠け始める線 (日出初き線)
(2)　日の出に食が終わる線 (日出復円線)
(3)　日の出に食が最大になる線 (日出食甚線)
(4)　日の入りに食が最大になる線 (日没食甚線)
(5)　日の入りに欠け始める線 (日没初き線)
(6)　日の入りに食が終わる線 (日没復円線)
(7)　北限界線
(8)　中心線
(9)　南限界線

括弧内に書かれているのは古い呼び方であり，［初き線］の「き」には欠けるという意味の「虧」というひどくむずかしい漢字が当てられていた．でも，この名前からそれぞれの線の意味はほぼ想像できるであろう．これらの線で囲まれたそれぞれの範囲に図 **3.3** のように記号をつけると，見られる日食の状況は以下のようになる．

A：開始から終了まで日食のすべてを見ることができる．つまり，日の出より後に日食が始まり，日食が終わってから日が沈む．

B：日の出のときはすでに日食が始まっているので，日食の開始を見ることはできない．しかし食の終了を見ることはできる．そして B_1 の区域では食が最大となる前に日の出となるので，最大食を見ることができるが，B_2 の区域では，食が最大を過ぎてから日の出になり，最大食を見ることができない．

C：日食の開始を見ることはできるが，終了前に日が沈むので，その終了を見届けることはできない．そして，C_1 の区域では食が最大となった後で日没となり，最大食を見ることができるが，C_2 の区域では食が最大となる前に日の入りになり，最大食を見ることができない．

ここで，日食がどのように進行するかを，あるモデルについて考えることにしよう．このモデルでは，地球に対して月影の中心がやや北に移動しながら，西から東へと北半球を通過するものとする．そして，図 **3.2** に示したよ

うに，太陽の方向から地球にかかる月の半影を見ることにする．ただし，地球にかからない部分の月影を見ることができるように，視線に直交して地球の中心を通るスクリーンが地球の外側の領域に張ってあるものと仮に考える．このとき，太陽の方向から見た日食は，**図 3.5** に示すように，ほぼ以下に述べる順序で進行する．

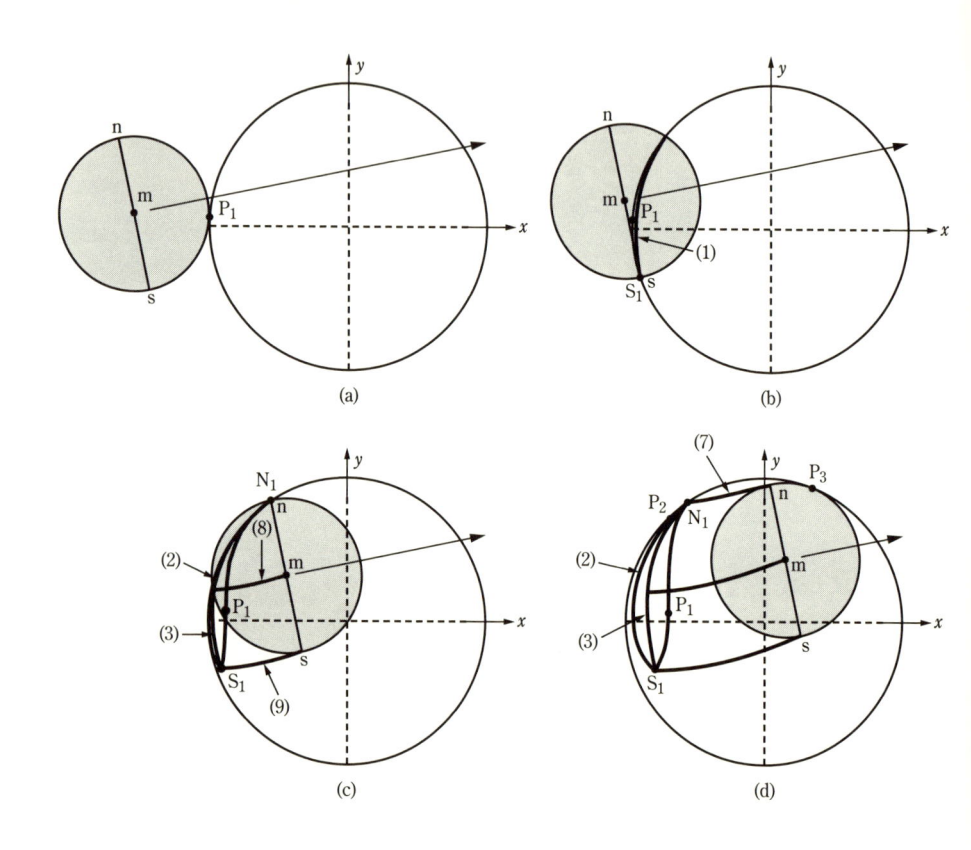

図 3.5 タイプ I の日食の進行

(a) 月の半影が西側から地球に近付き，その前縁が地上の点 P_1 で接する．これが月の半影と地球外周との**第一接触**であり，P_1 は地球上でこの日食をもっとも早く観測できる点である．この点は地球の西縁であるから，P_1 は日の出に欠け始める線上の点になる．

3.1 日食図の説明

(b) 時間が経ち，月の半影が東に進むと，その間に月影の前縁と地球の西縁が交わる地上の点でつぎつぎに食が始まる．これらはすべて日の出に欠け始める線上の点になる．これらの点は地球の自転によって東に進み，そのつながりが，(1) の**日の出に欠け始める線**を地表に描き出す．ただし (b) 図では，この線が地球の外周とほとんど重なっている．月の半影が東に進む速度は 3000km/h 以上であるから，半影の速度は地球の自転によって P_1 などの点が東に進む速度より速い．なお，半影のかかっている範囲で，(1) の線より東側は日の出の後に太陽が欠け始める領域であり，西側は日の出の時にはもう食が始まっている領域である．

日の出に欠け始める (1) の線は，月の半影の進行方向に直交する直径の端 n および s がそれぞれ地球の西縁に交わるまで南と北の両方向に伸びる．半影直径の南端 s が地球の西縁と交わると，これに対応する地上の点が S_1 になる．南に伸びてきた (1) の線は S_1 で終わる．

(c) その後，月影の後縁と地球の西縁との交点のつながりの描く線が S_1 から北に伸び始める．これが，(2) の**日の出に食が終わる線**になる．日の出と同時に食が終わるので，この線上の点で日食を見ることは，事実上不可能である．月影直径の北端 n が地球の西縁に交わると，これに対応する地上の点が N_1 になる．北に伸びてきた (1) の線はこの点で終わる．また，月影直径の南端 s の地上に投影される点が，S_1 から東に向けて，(9) の**南限界線**を描き始める．一方，月影の中心 m が地球西縁に接すると，これに対応する地上の点が (図には記入していないが) C_1 になる．その後，m が投影される地上の点は，東に向けて (8) の**中心線**を描いていく．さらに，月影の直径 nms が地球外周と交わる点がつながって，地上に (3) の**日の出に食が最大になる線**を描く．食が最大になる線をこのように説明するのはいささか厳密性に欠けるが，ここではとりあえずこれで話を進める．

(d) そのあと，月影の後縁と地球の西縁との交点のつながりは，地上に N_1 から南へ伸びる線を描き始め，これも (2) の**日の出に食が終わる線**になる．月の半影がすべて地球上にかかり，地上の点 P_2 で半影が地球の西縁に内接するときが**第二接触**である．南から北に伸びてきた (2) の線と，北から南に伸びる (2) の線が，この P_2 でつながる．これで (1), (2), (3) の線はすべて描かれる．また，月の直径の北端 n が地表に投影される点のつながりが，

(7) の**北限界線**を描いていく．(d) 図は月影の前縁が P_3 で地球の東縁に内接した**第三接触**の瞬間を示している．

これで，日食の前半に地上に描かれる日食線について説明した．後半は，「日の出」が「日の入り」に代わるが，ほぼこれまでの経過を逆にたどる形になるので，説明はここまでとする．

このモデルは，月影の中心が地球の北半球にかかる場合である．月影の中心が南半球にかかるときは，日食図が南北を反転した形になる．月影の中心が南北の両半球にかかる日食ももちろん存在する．これらについて特に説明する必要はないであろう．

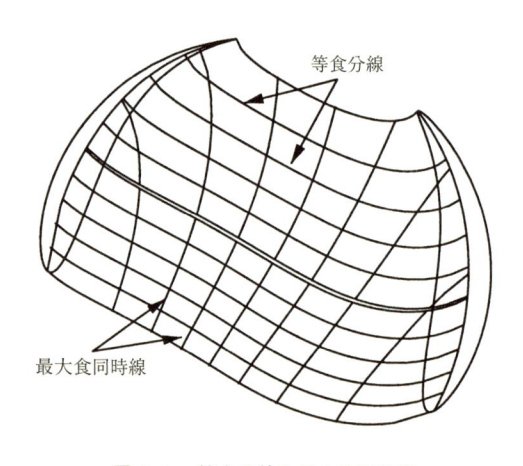

図 3.6 　等食分線と最大食同時線

月影の中心が地球にかかる中心食の日食では，皆既食または金環食を見ることのできる範囲が，中心線を含んだ細い幅をもつ帯状の形で存在する．日食図には，その帯状部分の南北限界線が中心線に代わって描かれる場合も多い．さらに，最大食になったとき太陽の欠ける割合 (食分) が等しい**等食分線**が，**図 3.6** のように，中心線と並行する形で両側に何本か描かれる．20%，40%，60%，80%の等食分線が引かれることが多い．この等食分線に対する位置を見ることで，ある特定の地上点が最大で何%欠けるのか，そのおよその様子を知ることができる．この等食分線に直交する形で，最大食になる時刻の等し

い点を連ねた**最大食同時線**も 1 時間間隔程度で描かれる．これによって，特定の点が何時に最大食になるかを知ることもできる．

3.1.2 タイプ II の日食図

タイプ II の日食図は，地球に月の半影の一部だけしかかからない場合に生ずる．すでに，月の半影が地球の北側に偏った場合の状況を，模式的に図 **3.4** に示してある．それぞれの線の番号は，タイプ I の図 **3.3** の説明に対応している．月影の中心が地球の南側に偏ったときは，ここに示した図の南北を逆転した形になる．

注目することは，ここでは (1) の日の出に欠け始める線と (5) の日の入りに欠け始める線とが，北側でつながっていることであり，同様に，(2) の日の出に食が終わる線と (6) の日の入りに食が終わる線がつながり，また (3) の日の出に食が最大になる線と (4) の日の入りに食が最大になる線とがつながっている．どうしてこのようになるのかを，またモデルを使い，太陽の方向から見る思考実験によって考えてみよう．ここで考えるモデルはタイプ I の日食を考えたときのモデルをやや北にずらしたもので，月影が地球の北端にかかって通過していく．ここでは図 **3.7** を参照しながら，タイプ I と特に異なるところだけを詳しく説明する．

(a),(b)　月の半影が P_1 で地球外周に接触してから，(1) の**日の出に欠け始める線**，(2) の**日の出に食が終わる線**，(3) の**日の出に食が最大になる線**を描き始めるまで，タイプ I の場合と本質的な違いはない．

(c)　月影の中心 m が地球外周に達してから (8) の**中心線**を描き始める．南に伸びてきた (1) の線が S_1 で終わり，そこから (2) の線となって北に伸び出すところ，また，S_1 から (9) の**南限界線**を描き始めるところはタイプ I と同様である．ただし，月影の前縁が地球の北端 N に達して (1) の線は終わりになる．

(d)　その後，これまで地球の西縁と交わっていた月影の前縁は地球の東縁と交わるようになる．それによって (1) の線は (5) の線に変わる．しかし，(5) の線はすぐに地球の裏側へ回っていく．この線は，地球外周にほぼ重なった点線で示されている．月影の直径 nms が北端 N に達したところで，(3) の

線も終わる．その後この直径は地球の東縁と交わるようになるので，(3) の線は (4) の線に変わる．(4) もすぐに地球の裏側へ回る．月影の後縁が地球の北端 N に達して，(2) の線も終わる．ざっとこんな形で，(1) の線と (5) の線，(3) の線と (4) の線，(2) の線と (6) の線がつながるのである．タイプ II の日食の進行の説明もここまでにする．

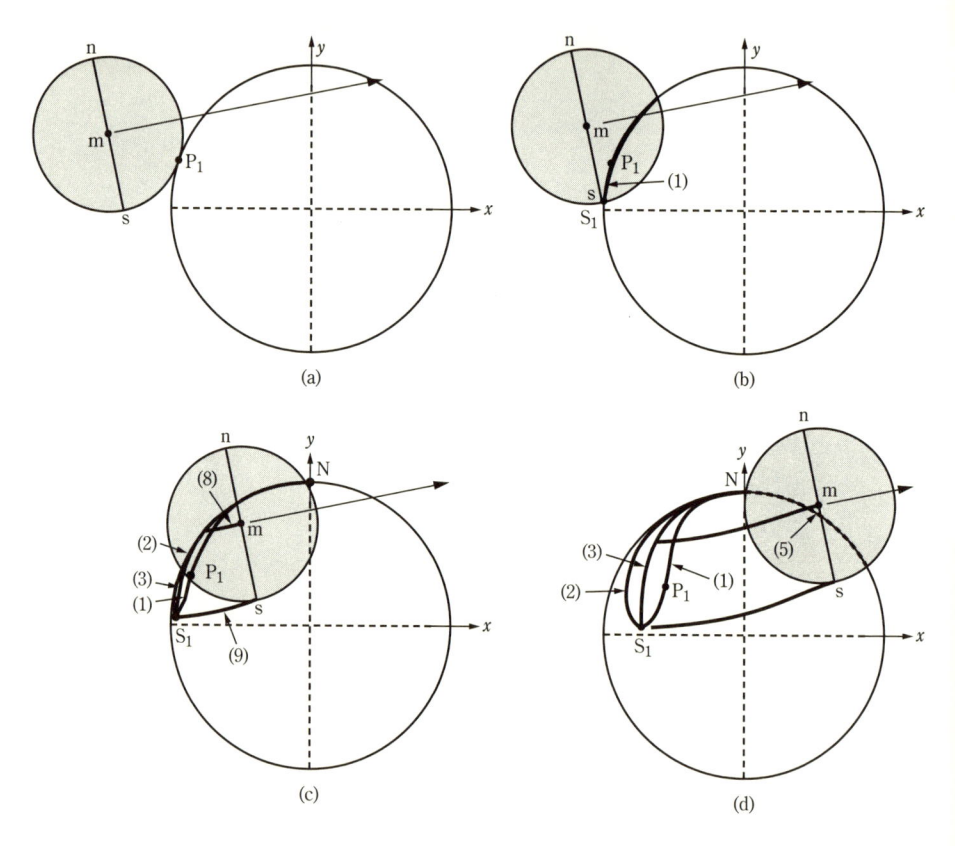

図 3.7　タイプ II の日食の進行

こうして**図 3.4** のような形のタイプ II の日食図が描かれる．あとで詳しく説明するが，地球の北側で起こるタイプ II_N の日食では，北限界線はあったり，なかったりする．同様に，南側で起こるタイプ II_S の日食でも，南限界線はあることも，ないこともある．ここの説明では月影の中心が地球にかかっ

たので (9) の**中心線**があるが，月影の中心が地球を外れる場合には中心線がなくなる．また，地球の北端 N で 3 本の線が交わるように見えるが，一般には，**図 3.4** のように，これらの交点が互いにちょっとずれているのが普通である．この付近の詳細は次節で説明する．タイプ I の日食図と同様に，タイプ II の日食図にも，皆既食，金環食の南北限界線や，等食分線，最大食同時線の描かれるのが普通である．

より細かく分類すれば，ここに示したタイプ I, タイプ II とは多少異なる，さらにいくつかの日食図の形がある．しかしそれらは，ここに述べた二つのタイプから派生したものであり，ここでは説明を省略する．

3.1.3　極付近の日食図

ここで，タイプ II の日食図に対し，地球の極付近の状況を少しきちんと説明しておこう．

図 3.4 では，北極付近で 3 本の線が交わっている．これらは，

(1) の**日の出に欠け始める線**と (5) の**日の入りに欠け始める線**とがつながったもの

(2) の**日の出に食が終わる線**と (6) の**日の入りに食が終わる線**とがつながったもの

(3) の**日の出に食が最大になる線**と (4) の**日の入りに食が最大になる線**とがつながったもの

である．太陽から見て，地球の北極 N, 南極 S が地球の外周に位置する場合には，この 3 本の線は 1 点で交わるが，一般的に，これらは 1 点で交わるのではない．その交わり方には二つの型がある．ひとつは極点に太陽の光が当たっている場合の夏型であり，もうひとつは，極点に太陽の光が当たらない場合の冬型である．ここでは，月影が地球の北半球にかかる場合を例にとって，両方の型を説明する．

まず，冬型を考えよう．冬型の場合，交点付近を拡大して描くと，**図 3.8** のようになっている．そして，この 3 本の線に接する形に北限界線が存在する．この北限界線はほぼ地球の等緯度線であり，これより北側は，その日にはまったく日が昇ることのない領域である．この北限界線に接するところで，

(1) と (5) の線, (2) と (6) の線, (3) と (4) の線がそれぞれ切り替わっている.

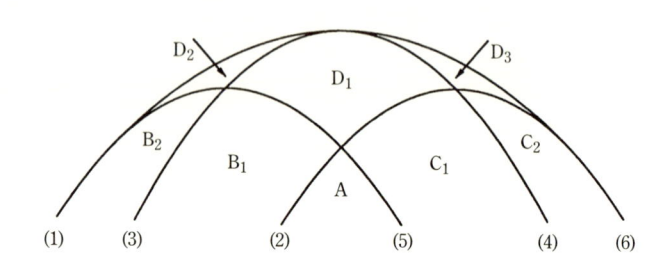

図 3.8 タイプ II, 冬型の日食図

いままでの説明から, 図 3.8 のそれぞれの領域の日食の状況は,
A：日の出後に食が始まり, 日の入り前に食が終わる. 最大食は見られる
B_1：日の出のときすでに食が始まっているが, 日の入り前に食が終わる. 最大食は見られる
B_2：日の出のときすでに食は始まっていて, 最大食も過ぎている. 日の入り前に食は終わる
C_1：日の出後に食が始まるが, 食の終わる前に日の入りになる. 最大食は見られる
C_2：日の出後に食が始まるが, 最大食に達する前に日の入りになる.
であることがわかっている. 問題は $D_i(i=1,2,3)$ の領域である. ここではどんな日食が見られるのであろうか.

端的にいえば, D_i の領域では, 日の出にはすでに食が始まっていて, 日の入りのとき, その食がまだ続いている. つまりここは, 日の出から日の入りまでずっと日食の続く領域なのである.「そんなことがあるのか」と思われるかもしれないが, 冬季の極付近の地点は, 太陽が昇っても昼はごく短く, 日の出になってもすぐに日の入りになる. したがって, このような状態が可能なのである. それぞれの領域での状況をより厳密に表現すれば, つぎのようになる.

D_1：日の出のときすでに食が始まっていて, 最大食を迎え, その後, 欠け方がしだいに小さくなりながら日の入りになる

3.1 日食図の説明

D_2：日の出のときすでに食が始まっていて，もう最大食を過ぎている．欠け方がしだいに小さくなりながら日の入りになる

D_3：日の出のときすでに食が始まっていて，最大食に達する前に日の入りになる．

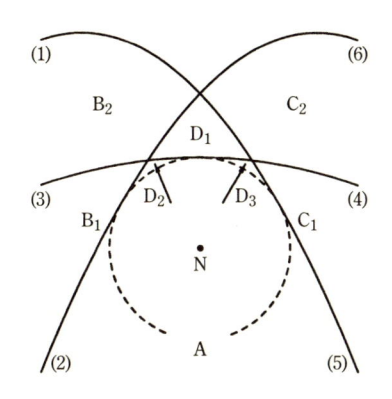

図 3.9 タイプ II，夏型の日食図

一方，夏型の場合の状況はやや異なる．交点付近の拡大図には地球の北極 N が入って**図 3.9** のようになる．

冬型と違って，この図に北限界線は存在しない．北極 N を囲む点線はほぼ等緯度線であり，その等緯度線に接するところが，それぞれ (1) と (5) の線，(2) と (6) の線，(3) と (4) の線の移り替わりの点になっている．これは冬型と同様である．A, B_1, B_2, C_1, C_2 の各領域の状況の説明も冬型と同じであるから，省略する．

ここで $D_i (i = 1, 2, 3)$ の領域ではどのような日食になるのかを考えよう．

D_1：ここは B_2 の延長部分で，欠けが小さくなりながら日の出を迎えるところであり，かつ C_2 の延長部分で，欠け進みながら日の入りになるところである．こんな状況が両立するのかと思われるかもしれないが，ちゃんと両立する．つまりこの領域では，日の入り前に食が始まり，しだいに欠け進みながら日の入りになる．その太陽がつぎに昇るときにもまだ日食は続いていて，やがて食が終わる．最大食を見ることはできない．なんと欠けた太陽が沈んで，翌日の日の出のときも，まだ食が続いているのである．これも，夏

の北極は夜が短く，日が沈んだ後すぐにつぎの日の出になるからである．同様に考えて，D_2, D_3 の領域の状況は，つぎのようになることがわかる．

D_2：日の入り前に食が始まり，しだいに欠け進みながら日の入りになる．つぎの日の出のときもまだ食は進んでいて，最大食を迎えてから食が終わる．

D_3：日の入り前に食が始まり，最大食を迎えてから日の入りになる．つぎの日の出のときもまだ太陽は欠けているが，やがて食が終わる．

なお，北極 N を囲む点線の内側は，その日にはまったく太陽が沈まない領域である．

3.2 日食図を計算するための予備知識

ここから，前節で説明した日食図を描くための計算法を説明する．ここで述べるのは，その大筋はベッセル (Bessel) 法といわれる赤道座標系に基づく計算手順で，1891 年にショービネ (Chauvenet) が展開した方法によっている．しかし，その当時から考えると，計算法が対数計算から真数計算に進化し，計算手段も手計算からコンピュータ利用へと大きく変わったため，細部にはかなりの変更が加えられている．

現実の計算をするには，ある程度の予備知識が必要である．まず，座標変換法と座標系について概説をする．

3.2.1 直交座標軸の回転

ここでは，直交座標系の回転による一般の変換関係を説明する．ここで考える変換は平行移動を含まず，座標系の原点はすべて一致しているものであるから，回転行列 $\mathbf{R}_1(\theta), \mathbf{R}_2(\theta), \mathbf{R}_3(\theta)$ だけを定義する．

3 次元のある直交座標系 (x, y, z) に対して固定した点 K の座標を K(x, y, z) とする．ここで，たとえばその x 軸を軸とし (x 軸を正から負の方向に見て)，原点を動かさず，y 軸，z 軸の座標軸を角度 θ だけ反時計回りに回転したとする (図 **3.10**)．回転後の座標軸を (x', y', z') とし，この座標系に対する K 点の座標を K(x', y', z') とすると，この (x', y', z') は，

$$x' = x,$$

3.2 日食図を計算するための予備知識

$$\begin{align}
y' &= y\cos\theta + x\sin\theta, \tag{3.1}\\
z' &= -y\sin\theta + z\cos\theta,
\end{align}$$

の関係で書き表わすことができる．この関係は行列を使って，

$$\begin{pmatrix} x' \\ y' \\ z' \end{pmatrix} = \begin{pmatrix} 1 & 0 & 0 \\ 0 & \cos\theta & \sin\theta \\ 0 & -\sin\theta & \cos\theta \end{pmatrix} \begin{pmatrix} x \\ y \\ z \end{pmatrix}, \tag{3.2}$$

と書くこともできる．このとき，

$$\mathbf{R}_1(\theta) = \begin{pmatrix} 1 & 0 & 0 \\ 0 & \cos\theta & \sin\theta \\ 0 & -\sin\theta & \cos\theta \end{pmatrix}, \tag{3.3}$$

と書いて $\mathbf{R}_1(\theta)$ を定義し，この $\mathbf{R}_1(\theta)$ を x 軸に関する回転行列という．任意の点 K の回転前の座標 K(x, y, z) は，

$$\begin{pmatrix} x' \\ y' \\ z' \end{pmatrix} = \mathbf{R}_1(\theta) \begin{pmatrix} x \\ y \\ z \end{pmatrix}, \tag{3.4}$$

の関係で回転後の新座標 K(x', y', z') に変換できる．

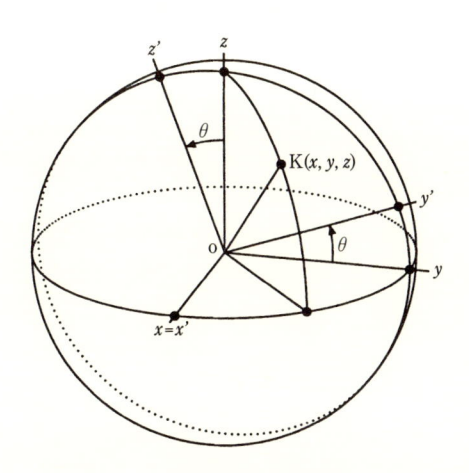

図 3.10 x 軸を軸とした座標系の回転

いま述べたのは，x 軸を軸として座標系を回転した場合の座標間の変換関係であった．同様に y 軸を軸として反時計回りに角度 θ だけ x 軸，z 軸を回転した場合の回転行列は，

$$\mathbf{R}_2(\theta) = \begin{pmatrix} \cos\theta & 0 & -\sin\theta \\ 0 & 1 & 0 \\ \sin\theta & 0 & \cos\theta \end{pmatrix}, \tag{3.5}$$

で定義できて，任意の点 K の回転前の座標 $K(x, y, z)$ は，

$$\begin{pmatrix} x' \\ y' \\ z' \end{pmatrix} = \mathbf{R}_2(\theta) \begin{pmatrix} x \\ y \\ z \end{pmatrix}, \tag{3.6}$$

の関係で回転後の新座標 $K(x', y', z')$ に変換できる．また，z 軸を軸として x 軸，y 軸を反時計回りに角度 θ だけ回転した場合の回転行列は，

$$\mathbf{R}_3(\theta) = \begin{pmatrix} \cos\theta & \sin\theta & 0 \\ -\sin\theta & \cos\theta & 0 \\ 0 & 0 & 1 \end{pmatrix}, \tag{3.7}$$

で定義され，任意の点 K の回転前の座標 $K(x, y, z)$ は，

$$\begin{pmatrix} x' \\ y' \\ z' \end{pmatrix} = \mathbf{R}_3(\theta) \begin{pmatrix} x \\ y \\ z \end{pmatrix}, \tag{3.8}$$

の関係で回転後の新座標 $K(x', y', z')$ に変換できる．

こうして，各軸回りに座標系を回転することにより生ずる座標間の関係が得られた．原点を共有するなら，これらの回転を組み合わせることで，どんな直交座標系の間でもその座標の変換関係を書き表わすことができる．

3.2.2　日食計算に使用する座標系

ここでは，日食計算に使用する 3 種の直交座標系について説明する．

(a) 地心赤道直交座標系

　天球上の位置を，赤経，赤緯 (α, δ) で表わすのが赤道座標系である．これは前章ですでに使われているし，読者の皆さんはよくご存知と思われるので，詳しい説明は省略する．地球の自転軸を南北に延長した天球上の点をそれぞれ**天の北極**，**天の南極**とし，地球の赤道面を延長した天球上の大円を**天の赤道**とする．天の赤道上には**春分点**が決められている．この天の赤道と春分点を基準として天球上に定めた球面座標が**赤道座標系**である．上記のように，赤経，赤緯を与えれば，天球上の点が定まる．天球上の太陽，月の位置は，一般的にこの赤道座標系で表わされる．

　地球中心を原点として，天の赤道面を XY 面にとり，春分点方向に X 軸の正の向きを，また天の北極方向に Z 軸の正の向きをとった**右手系**の直交座標系が，**地心赤道直交座標系** (X, Y, Z) である．右手系とは，x 軸，y 軸，z 軸の正の向きの相対位置が，それぞれ右手の親指，人差し指，中指の指す向きと同じ関係となる座標系を意味する．そして，地心からの距離が r，地心から見た赤経，赤緯が (α, δ) である天体 (r, α, δ) の地心赤道直交座標値 (X, Y, Z) は，

$$\begin{align}
X &= r\cos\delta\cos\alpha, \\
Y &= r\cos\delta\sin\alpha, \\
Z &= r\sin\delta,
\end{align} \tag{3.9}$$

で与えられる．

(b) 地心 (測地) 直交座標系

　地球上の位置を，経度 λ，緯度 ϕ，地球楕円体表面からの高さ h で表わす座標系が測地座標系である．よく知られているように，経度 0 度は地球の北極，南極，グリニジを通る子午線によって定められる．厳密にいうと，地球表面はいろいろ複雑な形状をしているが，地軸を軸とする回転楕円体でかなりよく近似できる．そこで，測地座標系では，地球の形を赤道半径 d_e，離心率 e の回転楕円体として地球上の位置を表わす．このとき，地球の赤道面を uv 面として u 軸を経度 0 度の向きにとり，地球の自転軸の北極方向を w 軸の正の向きにとった右手系の直交座標系が**地心 (測地) 直交座標系**である．

この座標系に対して地上の観測点の位置は固定していると考えてよい.「測地」の語を取って，単に地心直交座標系という場合でも，この地心測地直交座標系を表わすものとする．地球楕円体表面からの高さをゼロとして，経緯度が (λ, ϕ) で表わされる地球楕円体上の点 K の地心直交座標値 $\mathrm{K}(u, v, w)$ は，

$$
\begin{aligned}
u &= N \cos\phi \cos\lambda, \\
v &= N \cos\phi \sin\lambda, \\
w &= N(1 - e^2) \sin\phi,
\end{aligned}
\tag{3.10}
$$

で与えられる．ただし，N は**東西線曲率半径**といわれる量で，

$$
N = \frac{d_\mathrm{e}}{\sqrt{1 - e^2 \sin^2\phi}},
\tag{3.11}
$$

である．地球上の観測点の位置は，通常この測地座標系，あるいは地心直交座標系によって表わされる．

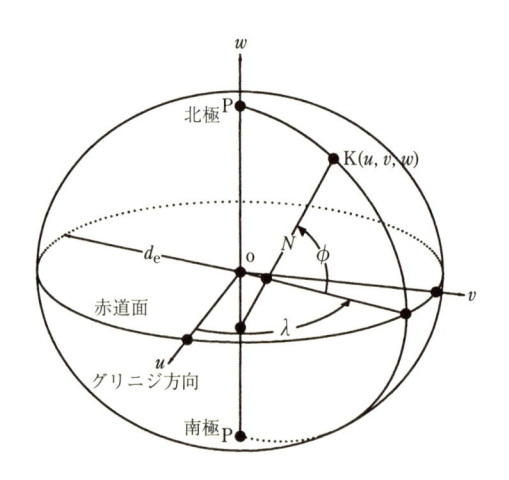

図 3.11 測地座標系と地心直交座標系

(c) **基準座標系**

日食計算で中心として使われる座標系が，この**基準座標系**である．

この座標系を理解するには，まず，太陽の中心と月の中心を結ぶ直線，すなわち月影軸を考えるとよい．この月影の軸に直交しかつ地球の中心を通る

3.2 日食図を計算するための予備知識　　　　　71

平面を考え，これを**基準面**という．地球中心を原点とし，この基準面を xy 面にとり，基準面と赤道面の交線を x 軸にとる．この x 軸は東を正の向きとする．xy 面上で原点を通って x 軸に直交する直線が y 軸になる．y 軸は北を正の向きとする．さらに，月影の軸と平行で原点を通る直線を z 軸とする．z 軸は月の方向を正の向きとする．こうして定めた直交座標が基準座標系 (x, y, z) である．地球上に固定した点は，地球の自転にともない，この基準座標系に対して時々刻々その位置を変える．

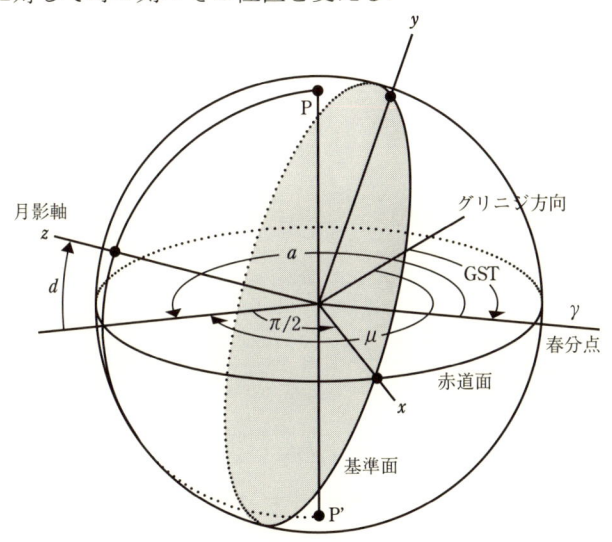

図 3.12 基準座標系

3.2.3 座標系の変換関係

ここで，赤道直交座標系 (X, Y, Z) を基準座標系 (x, y, z) に変換することを考えよう．**図 3.12** を参照し，月影軸方向の赤経，赤緯が (a, d) であることを考慮すると，つぎの順序で座標系を 2 回回転すれば，両者の座標軸を一致させることができる．

(1) 赤道直交座標系の Z 軸を軸として，X, Y 軸を反時計回りに $a + \pi/2$ だけ回転する (X 軸が基準座標系の x 軸に一致する)
(2) 移動してきた X 軸 ($= x$ 軸) を軸として，他の軸を反時計回りに

$\pi/2 - d$ だけ回転する (Z 軸が基準座標系の z 軸に一致する)

したがって，赤道直交座標系 (X, Y, Z) を基準座標系 (x, y, z) へ変換する関係式は，

$$\begin{pmatrix} x \\ y \\ z \end{pmatrix} = \mathbf{R}_1 \left(\frac{\pi}{2} - d \right) \mathbf{R}_3 \left(a + \frac{\pi}{2} \right) \begin{pmatrix} X \\ Y \\ Z \end{pmatrix}, \tag{3.12}$$

になる．

つぎに，地心直交座標系 (u, v, w) を基準座標系 (x, y, z) に変換することを考えよう．考えている時点のグリニジ恒星時を Θ_G とし，**図 3.11** を参照すると，これは，つぎの順序で座標系の回転を 2 回おこなえば，両者の座標軸を一致させることができる．

(1) 地心直交座標系の w 軸を軸として，反時計回りに $a - \Theta_G + \pi/2$ の回転をする (u 軸が x 軸に一致する)

(2) 移動してきた u 軸 ($= x$ 軸) を軸として，反時計回りに $\pi/2 - d$ の回転をする (w 軸が z 軸に一致する)

したがって，この変換関係は，

$$\begin{pmatrix} x \\ y \\ z \end{pmatrix} = \mathbf{R}_1 \left(\frac{\pi}{2} - d \right) \mathbf{R}_3 \left(a - \Theta_G + \frac{\pi}{2} \right) \begin{pmatrix} u \\ v \\ w \end{pmatrix}, \tag{3.13}$$

と書くことができる．月影軸方向のグリニジ時角を μ で表わすことにすると，

$$\mu = \Theta_G - \alpha, \tag{3.14}$$

であるから，

$$\begin{pmatrix} x \\ y \\ z \end{pmatrix} = \mathbf{R}_1 \left(\frac{\pi}{2} - d \right) \mathbf{R}_3 \left(\frac{\pi}{2} - \mu \right) \begin{pmatrix} u \\ v \\ w \end{pmatrix}, \tag{3.15}$$

と書くことができる．この関係を行列を使わずに書けば，

$$\begin{aligned} x &= u \sin \mu + v \cos \mu, \\ y &= -u \cos \mu \sin d + v \sin \mu \sin d + w \cos d, \\ z &= u \cos \mu \cos d - v \sin \mu \cos d + w \sin d, \end{aligned} \tag{3.16}$$

となる．この (3.12),(3.13),(3,15),(3,16) 式が，先に示した座標系を相互に変換する関係である．

3.2.4 地球に固定した点の基準座標系における移動速度

のちに必要になるので，ここで，観測点など地球に固定した点が基準座標系の中で移動する速度成分を求めておく．

地球に固定した点は，(3.15) 式では (u,v,w) の値の定まった点である．しかし，変換式中の μ, d は時刻の経過によって変化する量であるから，基準座標系の (x,y,z) は時刻の関数となる．したがって時刻 t で微分することができる．時刻で微分した変数は，変数の上にドットを打って表示する．(3.16) 式を時刻で微分すると，

$$\begin{aligned}
\dot{x} &= \dot{\mu}(u\cos\mu - v\sin\mu), \\
\dot{y} &= \dot{\mu}(u\sin\mu + v\cos\mu)\sin d \\
&\quad - \dot{d}(u\cos\mu\cos d - v\sin\mu\cos d + w\sin d), \\
\dot{z} &= -\dot{\mu}(u\sin\mu + v\cos\mu)\cos d \\
&\quad + \dot{d}(-u\cos\mu\sin d + v\sin\mu\sin d + w\cos d),
\end{aligned} \tag{3.17}$$

となる．これが座標 (u,v,w) で地球に固定した点の基準座標系における速度成分である．これはさらに，

$$\begin{aligned}
\dot{x} &= -\dot{\mu}(y\sin d - z\cos d), \\
\dot{y} &= \dot{\mu}x\sin d - \dot{d}z, \\
\dot{z} &= -\dot{\mu}x\cos d + \dot{d}y,
\end{aligned} \tag{3.18}$$

と書き直すことができる．これは，基準座標系の点 (x,y,z) が，地球上に固定した点である場合の速度成分である．

3.2.5 各種定数

その一部をすでに 2.7 節で示したが，日食計算をおこなう際に必要となる各種定数をここで与えておこう．

$$\pi = 3.141592653589793, \quad (円周率)$$
$$A_\mathrm{u} = 1.49597870 \times 10^8 \text{ km}, \quad (天文単位距離)$$
$$d_\mathrm{e} = 6378.140 \text{ km}, \quad (地球赤道半径)$$
$$e^2 = 0.006694385, \quad (地球楕円体の離心率の二乗)$$
$$k = d_\mathrm{m}/d_\mathrm{e} = 0.2725076, \quad (月半径の地球半径に対する比)$$
$$d_\mathrm{s} = A_\mathrm{u} \sin(959''.63) = 695989.24 \text{ km} = \mathbf{109.1210} d_\mathrm{e}, \quad (太陽半径)$$
$$d_\mathrm{m} = d_\mathrm{e} k = 1738.092 \text{ km} = \mathbf{0.2725076} d_\mathrm{e}, \quad (月半径)$$

これらに少し説明を加えておこう．π はいうまでもなく円周率である．A_u は太陽-地球間の平均距離で，通常 1 天文単位と呼ばれる長さである．

d_e は地球楕円体の赤道半径であり，ここに示したのは天文定数として定められている IAU 楕円体 (1976) の数値である．測地基準系 1980 ではこの値を 6378.137km としていて，ここに与えた数値より少し短い．本書では IAU 楕円体の数値を使うことにする．e^2 は地球楕円体の離心率の 2 乗の数値で，これも IAU 楕円体 (1976) による．計算には e の値そのものよりも，e^2 のままで使ったほうが都合がよい．

ここの太陽半径 d_s は，平均距離における太陽の視半径 $959''.63$ から計算したものであり，この数値は日食計算に対してだけ使用される．現実の太陽半径がこれだけの精度で定められているわけではない．k は地球の赤道半径に対する月半径の比で，1982 年に国際天文学連合 (IAU) が採択した数値である．月半径 d_m はここから計算した数値である．現実の日食計算では，太陽半径，月半径は，ほとんどの場合地球赤道半径単位で表わした数値を使用することが多い．この場合に使う数値は，

$$d_\mathrm{s} = 109.1210,$$
$$d_\mathrm{m} = 0.2725076,$$

である．

3.3 準備計算

3.3.1 日食計算を始めるデータ

ここから，日食計算の具体的な説明に入る．

日食を計算するには，まず，どの日食を計算するかを決めなくてはならない．2章で述べたように，日食の起こる日時，少なくとも日食の起こる可能性のある日時はあらかじめ計算できるから，そのどれかを対象に選ぶ必要がある．しかし，計算する立場からいえば，対象とする日食ははじめから定まっている場合が多い．

表 3.1 2035年9月2日の皆既日食のデータ ($\Delta T = 81^\mathrm{s}$)

日　時 (UT)	太陽 α_s	δ_s	r_s(AU)
$1^\mathrm{d}21^\mathrm{h}$	$10^\mathrm{h}43^\mathrm{m}22^\mathrm{s}.725$	$8°05'38''.42$	1.009273555
22	31 .785	04 43 .88	63681
23	40 .845	03 49 .33	53800
$2^\mathrm{d}\ 0^\mathrm{h}$	49 .904	02 54 .76	43911
1	58 .963	02 00 .19	34015
2	44　08 .021	01 05 .59	24112
3	17 .079	00 10 .99	14201
4	26 .136	7 59 16 .37	04283
5	35 .193	58 21 .73	9194357
6	44 .249	57 27 .09	84425
7	53 .305	56 32 .43	74484

日　時 (UT)	月 α_c	δ_c	r_m(AU)
$1^\mathrm{d}21^\mathrm{h}$	$10^\mathrm{h}33^\mathrm{m}13^\mathrm{s}.860$	$9°12'17''.41$	0.002474745
22	35　32 .139	02 12 .84	75690
23	37　50 .184	8 52 05 .50	76647
$2^\mathrm{d}\ 0^\mathrm{h}$	40　07 .994	41 55 .47	77617
1	42　25 .571	31 42 .82	78600
2	44　42 .917	21 27 .64	79595
3	47　00 .030	11 10 .00	80602
4	49　16 .914	00 49 .99	81622
5	51　33 .568	7 50 27 .66	82653
6	53　49 .993	40 03 .11	83697
7	56　06 .191	29 36 .41	84752

扱う日食が決まっているとき，その計算にはどんなデータが必要か．さぞたくさんのデータが要ると思うかもしれないが，必要なものは多くはない．その時刻前後に対する月と太陽の位置，そして ΔT の値だけである．より

正確ないい方をするなら，月，太陽の位置とは，地球中心から見た場合の月，太陽の視赤経，視赤緯と地心距離のことである．これらは天体暦から得られる．本書では表 3.1 に示すように，それらの値を 1 時間おきの表で与えられたものとして計算を進めている．1 時間おきというのは本質的なことではなく，必要な時刻に対してそれらの値がわかりさえすればよい．太陽，月の位置ももちろん計算によって求めるものであるが，その計算は天文学の別の分野に属するので，日食計算には含めない．なお，表 3.1 は，JPL(Jet Propulsion Laboratory; ジェット推進研究所) による，DE405 の暦によるデータである．

表 3.2 度単位で表わした皆既日食のデータ ($\Delta T = 81^\mathrm{s}$)

日　時 (UT)	太　　陽		
	α_s	δ_s	r_s(AU)
$1^\mathrm{d}21^\mathrm{h}$	$160°.8446875$	$8°.0940056$	1.009273555
22	8824375	0788556	63681
23	9201875	0637028	53800
$2^\mathrm{d}\ 0^\mathrm{h}$	9579333	0485444	43911
1	9956792	0333861	34015
2	161 .0334208	0182194	24112
3	0711625	0030528	14201
4	1089000	7 .9878806	04283
5	1466375	9727028	9194357
6	1843708	9575250	84425
7	2221042	9423417	74484

日　時 (UT)	月		
	α_c	δ_c	r_m(AU)
$1^\mathrm{d}21^\mathrm{h}$	$158°.3077500$	$9°.2048361$	0.002474745
22	8839125	0369000	75690
23	159 .4591000	8 .8681944	76647
$2^\mathrm{d}\ 0^\mathrm{h}$	160 .0333083	6987417	77617
1	6065458	5285611	78600
2	161 .1788208	3576778	79595
3	7501250	1861111	80602
4	162 .3204750	0138861	81622
5	8898667	7 .8410167	82653
6	163 .4583042	6675306	83697
7	164 .0257958	4934472	84752

一方 ΔT は，地球自転の遅れの推定値で，力学時 (TD) と世界時 (UT) の差であり，$\Delta T =$ TD − UT である．表に示した時刻は $\Delta T = 81^\mathrm{s}$ と仮定した場合の世界時である．時間が経過するにつれて一般に地球の自転はしだいに遅れ，ΔT は増加する．しかしどのくらい遅れるかははっきりしない．ここでとった $\Delta T = 81^\mathrm{s}$ は単なる推定値である．日食計算には，ΔT に対して

何らかの推定値を使う必要がある．推定値を使うのを止め，$\Delta T = 0$ としてすべての計算を力学時でおこなっても計算はできる．その場合，現実の日食を世界時で観測すると，細かい点を別にすれば，力学時で計算した時刻に対し，すべての現象が ΔT だけ遅れて起こるように見える．

この表 3.1 に示した赤経，赤緯を，あとの計算に都合のよいように角度の度単位に書き直しておこう．その換算関係は，

$$
\begin{aligned}
1^{\mathrm{h}} &= 15°, \quad 1^{\mathrm{m}} = 0°.25, \quad 1^{\mathrm{s}} = (1/240)°, \\
1' &= (1/60)°, \quad 1'' = (1/3600)°,
\end{aligned} \tag{3.19}
$$

である．これによって，表 3.1 は表 3.2 に書き換えられる．

なお，度は小数点以下 6 桁まであれば表 3.1 の精度を表示できるが，表 3.2 では念のため小数点以下 7 桁までを示している．

3.3.2 月の位置の補正

計算を始める前に，月の位置に対する補正について述べる．

月の位置は天体力学の理論に基づいて計算される．そこで計算されるのは，月の重心の位置である．前述の表 3.1 に示した月の赤経，赤緯 $(\alpha_{\mathrm{c}}, \delta_{\mathrm{c}})$ も重心の位置である．しかし，月内部の質量分布が必ずしも球対称になっているわけではないので，地球から見た月の円盤の中心 (形状中心) の方向は月の重心の方向と一致せず，わずかにずれがある．日食を起こす月の影は見かけの月の形によって定まるから，日食計算で採用する月の位置は形状中心でなくてはならない．重心と形状中心の差を補正するため，現在の計算法では，月の重心に対し，黄経で $\Delta\lambda = 0''.5$，黄緯で $\Delta\beta = -0''.25$ の補正をしたものを月の形状中心としている．いつも同じ量の修正をするなら $\Delta\lambda \cos\beta$ の修正を定めるべきであり，黄緯に無関係に $\Delta\lambda$ を決めているのはちょっと不自然に思われるが，とにかく今はそのように決められている．

月の重心の黄経，黄緯を $(\lambda_{\mathrm{c}}, \beta_{\mathrm{c}})$，同じく形状中心の黄経，黄緯を (λ, β) とすると，

$$
\begin{aligned}
\lambda &= \lambda_{\mathrm{c}} + \Delta\lambda, \\
\beta &= \beta_{\mathrm{c}} + \Delta\beta,
\end{aligned} \tag{3.20}
$$

である.

　この補正は月の黄経，黄緯に対して定められているが，以下の計算で使用するのは月の赤経，赤緯である．したがって，上記の補正値 $\Delta\lambda, \Delta\beta$ を，赤経，赤緯の補正値 $\Delta\alpha, \Delta\delta$ に換算しなくてはならない．原理的にもっともわかりやすいその換算法は，月の重心として与えられた赤経，赤緯 (α_c, β_c) をその黄経，黄緯 (λ_c, β_c) に換算し，それに補正値 $(\Delta\lambda, \Delta\beta)$ を加えて形状中心の黄経，黄緯 (λ, β) を求め，それを再び赤経，赤緯 (α_m, δ_m) に戻すことである．もちろんその方法でもよいが，ここでは別の方法で赤経，赤緯に対する補正値 $(\Delta\alpha, \Delta\delta)$ を直接計算する方法を示しておく．

　まず，観測時点の黄道傾斜角 ε を計算する (この数値はどんな計算法で補正する場合でも必要になる)．最初に計算するのは平均黄道傾斜角 $\bar\varepsilon$ で，これは，

$$\bar\varepsilon = 23°26'21''.448 - 46''.8150 T_s - 0''.00059 T_s^2 + 0''.001813 T_s^3, \quad (3.21)$$

で計算できる．ただし T_s は J2000.0(2000 年 1 月 1 日力学時正午) からの経過時間をユリウス世紀 (36525 日) 単位で表わした数値である．

　真の黄道傾斜角 ε は，平均黄道傾斜角 $\bar\varepsilon$ に，黄道傾斜角の章動 $\Delta\varepsilon$ を加える必要がある．すなわち，

$$\varepsilon = \bar\varepsilon + \Delta\varepsilon, \quad (3.22)$$

である．黄道傾斜角の章動 $\Delta\varepsilon$ を求めるには，やや面倒な章動計算をする必要がある．この章動計算の方法は付録に示してある．しかし，$\Delta\varepsilon$ の数値は絶対値で最大でも角度の $10''$ 程度にすぎないし，黄道傾斜角 ε にそれほど高精度の値を必要とするわけではないので，平均黄道傾斜角 $\bar\varepsilon$ をそのまま ε に代用しても大きな問題は起こらない．

　黄道傾斜角 ε が得られたら，月の重心の赤経，赤緯 (α_c, δ_c) を使って，月の重心の黄緯 β_c に関し，つぎの式で $\sin\beta_c, \cos\beta_c$ を計算する．

$$\begin{aligned}\sin\beta_c &= \cos\varepsilon \sin\delta_c - \sin\varepsilon \cos\delta_c \sin\alpha_c, \\ \cos\beta_c &= \sqrt{1 - \sin^2\beta_c},\end{aligned} \quad (3.23)$$

つづいて，つぎの式で $\cos\tau, \sin\tau$ を計算する．

$$\cos\tau = \frac{\cos\varepsilon - \sin\delta_c \sin\beta_c}{\cos\delta_c \cos\beta_c},$$

3.3 準備計算

$$\sin \tau = \frac{\sin \varepsilon \cos \alpha_c}{\cos \beta_c}, \tag{3.24}$$

τ は**図 3.13** に示したように，月 M の点から見た，黄道の極 E の方向と，天の北極 P の方向とがはさむ角度である．より正確に表現するなら，MP を基線として ME までの角を，M を中心とし，天球の外側から見て，反時計回りの向きに測った角度である．

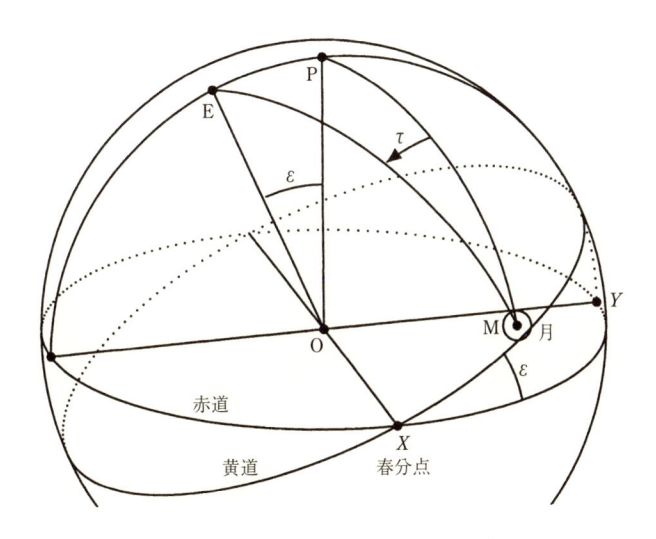

図 3.13 天球上における角度 τ の定義

これによって，補正値 $(\Delta\alpha, \Delta\delta)$ は，

$$\begin{aligned}\Delta\alpha \cos\delta_c &= \Delta\lambda \cos\beta_c \cos\tau - \Delta\beta \sin\tau, \\ \Delta\delta &= \Delta\lambda \cos\beta_c \sin\tau + \Delta\beta \cos\tau,\end{aligned} \tag{3.25}$$

で求められる．角度の秒 ($''$) で表わした $\Delta\lambda, \Delta\beta$ を使うと，$\Delta\alpha, \Delta\delta$ も角度の秒で出てくる．これを角度の度単位に換算するには，

$$\begin{aligned}\Delta\alpha(\text{度単位}) &= \Delta\alpha(\text{秒単位})/3600, \\ \Delta\delta(\text{度単位}) &= \Delta\delta(\text{秒単位})/3600,\end{aligned}$$

と，3600 で割る必要がある．これで，月の形状中心の赤経，赤緯 ($\alpha_\mathrm{m}, \delta_\mathrm{m}$) は，

$$\begin{aligned} \alpha_\mathrm{m} &= \alpha_\mathrm{c} + \Delta\alpha, \\ \delta_\mathrm{m} &= \delta_\mathrm{c} + \Delta\delta, \end{aligned} \quad (3.26)$$

として計算できる．

計算実例

ここでは，表 **3.1** に示した 2035 年 9 月 2 日の皆既日食から計算例を示すことにする．表の中から，2 日 1 時 (UT) のデータを例にとって，月の形状中心の位置を計算してみよう．このときの月の重心の位置は，表 **3.2** から，$\alpha_\mathrm{c} = 160°.6065458, \delta_\mathrm{c} = 8°.5285611$ である．ここで示した計算順序にしたがって計算表をつくると，表 **3.3** のようになる．

表 **3.3** 形状中心へ月の位置の補正

計算時刻	2035 年 9 月 2 日 1 時 (UT)	$=1^\mathrm{h}1^\mathrm{m}21^\mathrm{s}$(TD)
d_u	13027.5^d	
J2000.0 からの力学時による経過	$13027^\mathrm{d}13^\mathrm{h}1^\mathrm{m}21^\mathrm{s}$	13027.54260^d
T_s	0.3566746776	
$\bar{\varepsilon}$	$23°26'04''.750$	
$\Delta\varepsilon$	$-7''.922$	
ε	$23°25'56''.828$	$23°.4324522$
α_c	$160°.6065458$	
δ_c	$8°.5285611$	
$\sin\beta_\mathrm{c}$	0.00548512	
$\cos\beta_\mathrm{c}$	0.99998496	$\beta_\mathrm{c} = 0°.314276$
$\cos\tau$	0.92698036	
$\sin\tau$	-0.37510986	$\tau = -22°.031103$
$\Delta\lambda$	$0''.50$	
$\Delta\beta$	$-0''.25$	
$\Delta\alpha\cos\delta_\mathrm{c}$	$0''.3697$	
$\Delta\alpha$	$0''.3738$	$0°.0001038$
$\Delta\delta$	$-0''.4193$	$-0°.0001165$
α_m	$160°.6066497$	
δ_m	$8°.5284446$	

この計算表に多少の説明を加えておこう．

計算時刻には力学時 (TD) をとる．これは世界時 (UT) に $\Delta T = 81^\mathrm{s}$ を加えたものである．J2000.0 からの経過時間はどんな手段で計算してもよいが，便利な計算法をひとつだけ紹介しておく．計算する日を $(2000+Y)$ 年 M 月 D 日

3.3 準備計算

とする。ここで注意するのは、計算する日が 1 月または 2 月に含まれるときだけは、その月をそれぞれ前年の 13 月，14 月とおき直して考えることである。たとえば 2011 年 1 月は 2010 年 13 月，2032 年 2 月は 2031 年 14 月としなければならない．こうすると，J2000.0 からその日の午前 0 時までの経過日数 d_u は，

$$d_u = 365 \times Y + 30 \times M + D - 33.5 + [3(M+1)/5] + [Y/4], \quad (3.27)$$

で計算できる。ただし，[ ] はいわゆるガウス記号であり，その中の数字の小数以下の端数を切り捨てた整数値を表わす．たとえば [3.72]=3 であり，[2.0]=2 である．d_u は必ず 0.5 の端数のついた日数になる．

2035 年 9 月 2 日に対しては，$Y=35, M=9, D=2$ であるから，

$$\begin{aligned} d_u &= 365 \times 35 + 30 \times 9 + 2 - 33.5 + [3(9+1)/5] + [35/4] \\ &= 13027.5, \end{aligned}$$

となる．すると，J2000.0 からの経過時間はその日の 0 時からの経過時間 (上の例では 1 時間) と ΔT を加えたものになる．平均黄道傾斜角 ε の計算に使う T_s は，それを 36525 日で割った数値である．

黄道傾斜角の章動 $\Delta \varepsilon$ は，付録に示した章動計算による数値である．しかしこれを加えずに，平均黄道傾斜角を黄道傾斜角として使っても，補正の結果に大きな影響はない．

表 **3.4** 補正値と月の形状中心の赤経，赤緯 ($\Delta T = 81^s$)

日 時 (UT)	月			
	$\Delta \alpha$	α_m	$\Delta \delta$	δ_m
$1^d 21^h$	0.0001047	158°.3078547	−0.0001158	9°.2047203
22	1045	8840170	1160	0367840
23	1043	159 .4592043	1162	8 .8680783
$2^d\ 0^h$	1041	160 .0334124	1163	6986253
1	1038	6066497	1165	5284446
2	1036	161 .1789245	1166	3575612
3	1034	7502284	1168	1859944
4	1032	162 .3205782	1169	0137692
5	1030	8899697	1170	7 .8408996
6	1028	163 .4584070	1171	6674134
7	0.0001027	164 .0258985	−0.0001173	4933300

α_c, δ_c は表 3.2 の数値,$\Delta\lambda, \Delta\beta$ は定義された値である.その他のところは,本節に示した式にしたがって順次計算すればよい.表 3.3 では 1^h(UT) に対する補正だけを計算したが,現実の計算では,与えられた月の位置すべてに対して補正計算をする必要がある.この場合,黄道傾斜角はそれぞれの時刻に対して計算するべきであろうが,どこかひとつの時点に対して計算した黄道傾斜角の値を,その日食中のすべての時刻に対して使っても問題は生じない.表 3.2 の月位置のすべての赤経,赤緯に補正を加えた結果は表 3.4 に示した.月の距離には補正を加えなくてよい.

3.3.3 ベッセル要素

日食中および日食前後のある瞬間に対し,つぎの量を考えることにする.

(a, d)	:	月から太陽を見た向きの月影軸方向の赤経,赤緯
g	:	月中心 M から太陽中心 S までの距離
(x_0, y_0, z_0)	:	基準座標系による月中心 M の座標
f_1	:	月の半影円錐の半頂角
f_2	:	月の本影円錐の半頂角
$\bar{c}_1$	:	月の半影円錐の頂点 V_1 の基準座標系による z 座標
$\bar{c}_2$	:	月の本影円錐の頂点 V_2 の基準座標系による z 座標
l_1	:	基準面における月の半影の半径
l_2	:	基準面における月の本影の半径
		(本影が基準面に届くとき負,届かないとき正とする)
μ	:	z 軸正の向きのグリニジ時角 ($\mu = \Theta_G - a$)

上記の量から考えられる,$x_0, y_0, \sin d, \cos d, \mu, l_1, l_2, \tan f_1, \tan f_2, \dot{\mu}, \dot{d}$ の 11 量を**ベッセル要素**と呼び,日食計算の際の重要な量として使用されている.$\dot{\mu}, \dot{d}$ など上にドットをつけた量は,それぞれ μ, d の時間変化を示している.

しかし,本書ではこれを少し変え,$d, x_0, y_0, \tan f_1, \tan f_2, l_1, l_2, \mu$ の 8 量を考える.これらすべてがベッセル要素にそのまま対応しているわけではないが,本書では便宜上これらをベッセル要素と呼ぶことにする.

3.3 準備計算

ある時点に対するこれらのベッセル要素は，太陽の赤道座標 $(\alpha_s, \delta_s, r_s)$ および，形状中心に補正した月の赤道座標 $(\alpha_m, \delta_m, r_m)$ をもとに，3.2.5 節で述べた各種定数を使って，以下の手順で計算できる．これには**図 3.14** を参照するとよい．

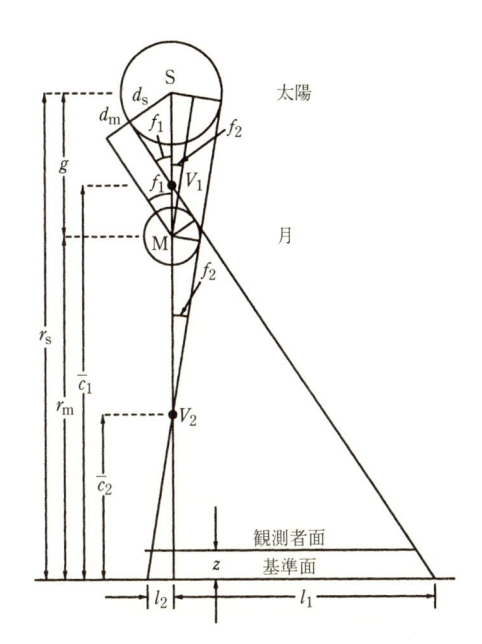

図 3.14 図示によるベッセル要素

最初の段階では r_s, r_m には天文単位 (AU) で表示した数値を使い，以下の座標を天文単位で計算する．太陽の地心赤道直交座標 (X_s, Y_s, Z_s) および月の地心赤道直交座標 (X_m, Y_m, Z_m) は，

$$\begin{align}
X_s &= r_s \cos\delta_s \cos\alpha_s, \\
Y_s &= r_s \cos\delta_s \sin\alpha_s, \\
Z_s &= r_s \sin\delta_s,
\end{align} \tag{3.28}$$

$$\begin{align}
X_m &= r_m \cos\delta_m \cos\alpha_m, \\
Y_m &= r_m \cos\delta_m \sin\alpha_m, \\
Z_m &= r_m \sin\delta_m,
\end{align} \tag{3.29}$$

である．その結果を使って，月から見た太陽の赤道直交座標 (G_X, G_Y, G_Z) は，

$$
\begin{align}
G_X &= X_s - X_m, \\
G_Y &= Y_s - Y_m, \\
G_Z &= Z_s - Z_m,
\end{align} \tag{3.30}
$$

になる．ここから，月影軸方向の赤経，赤緯 (a, d) は，

$$
\begin{align}
\tan a &= \frac{G_Y}{G_X}, \quad (G_X > 0 \text{ で } a \text{ は } 1, 4 \text{ 象限}, G_X < 0 \text{ で } 2, 3 \text{ 象限}) \\
\tan d &= \frac{G_Z}{\sqrt{G_X^2 + G_Y^2}},
\end{align} \tag{3.31}
$$

である．また，月と太陽の距離 g は，

$$
g = \sqrt{G_X^2 + G_Y^2 + G_Z^2}, \tag{3.32}
$$

で計算できる．g は 1 に近い数値になる．

ここで，g および (X_m, Y_m, Z_m) を地球半径単位の数値に換算する．この換算は，天文単位で表わされた数値に，

$$
\frac{A_u}{d_e} = \frac{1.49597870 \times 10^8 \,\text{km}}{6378.140 \,\text{km}} = 23454.7799,
$$

を掛ければよい．以下の計算は，地球半径単位の数値でおこなう．

基準座標系による月の座標 (x_0, y_0, z_0) は，

$$
\begin{pmatrix} x_0 \\ y_0 \\ z_0 \end{pmatrix} = \mathbf{R}_1\left(\frac{\pi}{2} - d\right) \mathbf{R}_3\left(a + \frac{\pi}{2}\right) \begin{pmatrix} X_m \\ Y_m \\ Z_m \end{pmatrix}, \tag{3.33}
$$

で計算できる．

以下，$\tan f_1, \tan f_2, \bar{c}_1, \bar{c}_2, l_1, l_2$ は，つぎの手順で容易に計算できる．

$$
\begin{align}
\tan f_1 &= \frac{d_s + d_m}{\sqrt{g^2 - (d_s + d_m)^2}}, \\
\tan f_2 &= \frac{d_s - d_m}{\sqrt{g^2 - (d_s - d_m)^2}},
\end{align} \tag{3.34}
$$

3.3 準備計算

$$\begin{aligned}
\bar{c}_1 &= z_0 + \frac{gd_\mathrm{m}}{d_\mathrm{s}+d_\mathrm{m}}, \\
\bar{c}_2 &= z_0 - \frac{gd_\mathrm{m}}{d_\mathrm{s}-d_\mathrm{m}}, \\
l_1 &= \bar{c}_1 \tan f_1, \\
l_2 &= \bar{c}_2 \tan f_2,
\end{aligned} \tag{3.35}$$

$$l_2 = \bar{c}_2 \tan f_2, \tag{3.36}$$

ここでは，月の本影が基準面に届くとき $l_2 < 0$，届かないとき $l_2 > 0$ になる．

グリニジ時角 μ の計算はやや面倒である．計算している時刻に対するグリニジ恒星時を Θ_G とすると，

$$\mu = \Theta_\mathrm{G} - a, \tag{3.37}$$

である．月影軸方向の赤経 a はすでに計算されているから，μ を求めるには Θ_G を求めればよい．Θ_G は，その日の世界時 0 時のグリニジ恒星時 Θ_0 と，考えている時刻の世界時 t から，

$$\Theta_\mathrm{G} = \Theta_0 + t \times 1.0027379093, \tag{3.38}$$

の関係で計算できる．1.0027379093 は平均時 (通常の時間) を恒星時に換算する係数である．t を時間単位で与え，$\Theta_\mathrm{G}, \Theta_0$ を角度単位で計算するなら，この式は，

$$\Theta_\mathrm{G}(度) = \Theta_0(度) + 15 \times t(時間) \times 1.0027379093, \tag{3.39}$$

の形になる．

問題は世界時 0 時のグリニジ恒星時 Θ_0 の計算である．これは通常天体暦などに記載があるから，利用できるならそれを使えばよい．しかし，何年も先の日食を計算するときは天体暦を利用できないので，自分で計算する必要がある．それにはまず，世界時 0 時のグリニジ平均恒星時 $\bar{\Theta}_0$ を計算する．これは，

$$\begin{aligned}
\bar{\Theta}_0 =\ & 24110^\mathrm{s}.54841 + 8640184^\mathrm{s}.812866 T_\mathrm{u} \\
& + 0^\mathrm{s}.093104 T_\mathrm{u}^2 - 6.2 \times 10^{-6} T_\mathrm{u}^3,
\end{aligned} \tag{3.40}$$

で求められる.ここで得られるのは時間の秒で表示した $\bar{\Theta}_0$ である.また T_u は,その日の世界時 0 時の時刻の 2000.0 からの世界時による経過時間で,ユリウス世紀 (26525 日) 単位で表示した数値である.端的にいえば,3.2.2 節に出ていた d_u を考えて,

$$T_\mathrm{u} = d_\mathrm{u}/36525,$$

になる.これは ΔT を含まない力学時による経過時間とはちょっと異なることに注意が必要である.Θ_G の数値が大きくなりすぎたときは,86400^s の倍数を差し引いて,86400^s 以下の数値に書き直すとよい.$86400^\mathrm{s} = 360°$ であり,$360°$ の倍数を差し引いても角度は変わらないからである.結果として得られた秒表示の恒星時を角度表示に直すには 240 で割る必要があり,

$$\bar{\Theta}_0(\text{角度表示}) = \bar{\Theta}_0(\text{秒表示})/240,$$

である.念のためつけ加えるが,(3.40) 式は世界時 0 時のグリニジ平均恒星時を計算する場合のみに有効であり,たとえば世界時 1 時とか 2 時などの平均恒星時を計算することはできない.

こうして計算したのはグリニジ恒星時 Θ_0 ではなく,平均グリニジ恒星時 $\bar{\Theta}_0$ である.これをグリニジ恒星時に直すには,分点差 (E_q) と呼ばれる量を加える必要がある.つまり,

$$\Theta_0 = \bar{\Theta}_0 + E_\mathrm{q}, \tag{3.41}$$

である.分点差は地球の章動計算をすることで得られる.章動計算はやや面倒なので付録で説明することにし,ここでは省略する.いずれにしても,分点差は絶対値で 1 秒以下の小さい時間なので,これを無視して平均グリニジ恒星時をそのままグリニジ恒星時と見なしても,結果に大きく影響することはない.

計算実例

ここで,2035 年 9 月 2 日 1 時 UT の恒星時の計算例を**表 3.5** に示しておく.分点差 E_q は別計算の結果である.

表 3.5　恒星時の計算

	t	1
	d_u	13027.5
	$T_u = d_u/35625$	0.3566735113
$\bar{\Theta}_0$	0 次項	$24110^s.54841$
	1 次項	$3081725^s.05543$
	2 次項	$0^s.01184$
	3 次項	$0^s.00000$
	計	$3105835^s.61568$
		$= 81835^s.61568$
		$= 340°.9817317$
	$15 \times t \times 1.0027379093$	$15°.0410686$
	E_q	$-0°.0016423$
	Θ_G	$356°.0211581$

3.3.4　ベッセル要素の計算例

ここでも，計算例として 2035 年 9 月 2 日の皆既日食をとる．世界時 (UT) で考えると，この日食は 9 月 1 日 23 時過ぎに始まり，9 月 2 日 4 時半過ぎに終わる．その間の 9 月 2 日 1 時 UT に対するベッセル要素を計算する．ただし $\Delta T = 81$ 秒を仮定している．**表 3.2**，**表 3.4** および**表 3.5** のデータから，この時刻に対する各ベッセル要素は，(3.28) 式から (3.41) 式までを使って**表 3.6** のように計算される．

3.3.5　ベッセル要素の平滑化

与えられた 1 時間おきの時刻に対する各ベッセル要素は，前節の方式ですべて計算できる．しかし日食計算では，1 時間よりずっと細かい時間間隔でさまざまな計算をしなくてはならない．そのため，中間の任意時刻に対してもベッセル要素を知る必要が生じる．ベッセル要素はあまり激しく変化する量ではないから，それぞれのベッセル要素に対し，日食の時間帯で成り立つように，時刻の関数として近似多項式を作っておくと都合がいい．そうすれば，希望の時刻に対する各要素を簡単に計算できる．

多項式で近似をする利点はそれだけにとどまらない．たとえば，月の赤緯は**表 3.1** に $0''.01$ の精度で示されている．赤経もほぼそれに見合う精度である．したがって，その正弦 (sin) の値はほぼ 5×10^{-8} の精度がある．

表 3.6 ベッセル要素の計算

r_s	1.009234015		
α_s	160°.9956792		
δ_s	8°.0333861		
r_m	0.002478600		
α_m	160°.6066497		
δ_m	8°.5284446		
X_s	-0.944860733		
Y_s	0.325421346		
Z_s	0.141040559		
X_m	-0.002312115	-54.2301442	(地球半径単位)
Y_m	0.000813923	19.0903743	(地球半径単位)
Z_m	0.000367577	8.6214459	(地球半径単位)
G_X	-0.942548619		
G_Y	0.324607423		
G_Z	0.140672981		
$\tan a$	-0.344393294	$a = 160°.9966357$	
$\tan d$	0.141113386	$d = \mathbf{8°.0321669}$	
g	1.006755564	23613.23018	(地球半径単位)
x_0	$\mathbf{-0.3913198}$		
y_0	$\mathbf{0.5037268}$		
z_0	58.1315180		
$\tan f_1$	$\mathbf{0.0046328}$		
$\tan f_2$	$\mathbf{0.0046097}$		
$\bar{c}_1$	116.9538817		
$\bar{c}_2$	-0.9853750		
l_1	$\mathbf{0.5418205}$		
l_2	$\mathbf{-0.0045423}$		
Θ_G	356°.0211580		
μ	195°.0245223		

　一方，月までの距離は地球赤道半径を単位として約 60 程度である．月の座標は月までの距離にその赤経，赤緯の三角関数値を掛けて計算されるから，仮に赤経，赤緯にまったく誤差がないとしても，月の位置精度は，地球赤道半径を単位として $60 \times 5 \times 10^{-8} = 3 \times 10^{-6}$ 程度になる．これは，表 3.6 に計算された x, y などの値が，小数点以下 6 桁目には誤差を含むことを示している．そのほかの誤差によって精度が落ちる可能性もいろいろある．その結果，1 時間おきに計算された数値はなめらかに変化せず，グラフを描くと多少の凹凸が見られる．このような性質をもつ数値に多項式近似をおこなえば，真の値に近付くかどうかは別として，少なくとも時間の経過に対しなめらかに変化する数値が得られる．それぞれの曲線がなめらかに変化する美しい日食図を描くには，このように平滑化したベッセル要素を計算に使うほうがよ

い．そこで，以後の計算では平滑化した値をベッセル要素の正しい値として取り扱うことにする．ここでは，それぞれのベッセル要素を 3 次多項式で近似する．以下に，近似多項式の係数を計算する方法を簡単に説明する．

表 3.7 時刻とベッセル要素

t	x
t_1	x_1
t_2	x_2
...	...
...	...
t_n	x_n

1 時間おきの時刻 t に対し，ベッセル要素が **表 3.7** のように計算されたとしよう．$t_1, t_2, \cdots, t_n$ が 1 時間おきの時刻，$x_1, x_2, \cdots, x_n$ がベッセル要素の数値である．ここでは x がすべてのベッセル要素を代表するものと考える．このベッセル要素を，

$$x = At^3 + Bt^2 + Ct + D, \tag{3.42}$$

と，時刻 t の 3 次多項式で近似する．最小二乗法によると，3 次多項式の係数 A, B, C, D に対し，つぎの正規方程式が成り立つ．

$$\begin{aligned}
A[t^6] + B[t^5] + C[t^4] + D[t^3] &= [xt^3], \\
A[t^5] + B[t^4] + C[t^3] + D[t^2] &= [xt^2], \\
A[t^4] + B[t^3] + C[t^2] + D[t] &= [xt], \\
A[t^3] + B[t^2] + C[t] + Dn &= [x],
\end{aligned} \tag{3.43}$$

ただし，上の式で [ ] に囲まれた数値は，それぞれ，

$$\begin{aligned}
{[t^6]} &= t_1^6 + t_2^6 + \cdots + t_n^6, \\
{[t^5]} &= t_1^5 + t_2^5 + \cdots + t_n^5, \\
{[t^4]} &= t_1^4 + t_2^4 + \cdots + t_n^4, \\
{[t^3]} &= t_1^3 + t_2^3 + \cdots + t_n^3, \\
{[t^2]} &= t_1^2 + t_2^2 + \cdots + t_n^2, \\
{[t]} &= t_1 + t_2 + \cdots + t_n,
\end{aligned} \tag{3.44}$$

$$
\begin{aligned}
{[xt^3]} &= x_1 t_1^3 + x_2 t_2^3 + \cdots + x_n t_n^3, \\
{[xt^2]} &= x_1 t_1^2 + x_2 t_2^2 + \cdots + x_n t_n^2, \\
{[xt]} &= x_1 t_1 + x_2 t_2 + \cdots + x_n t_n, \\
{[x]} &= x_1 + x_2 + \cdots + x_n,
\end{aligned}
$$

で計算されるものとする.

$t_1, t_2, \cdots, t_n$ は，等間隔でありさえすれば必ずしも 1 時間おきである必要はない．しかし，1 時間ごとの通常の時刻の数値をそのまま利用するとわかりやすい．日食が世界時の 0 時を通過して 2 日にわたるとき，前日の 23 時に対しては $t=-1$，22 時に対しては $t=-2$ など，時刻のおき直しをしなければならない．

なお，ひとつの日食に対し，正規方程式の左辺はすべてのベッセル要素に共通になる．したがって，これらは一度計算するだけでよい．ここでは，これまで扱ってきた 2035 年 9 月 2 日の皆既日食から，ベッセル要素のうちの x_0 を例にとって多項式近似の計算をしよう．

計算実例

表 3.6 の計算と同様にして，各時刻に対する x_0, y_0 の値は**表 3.8** のように計算される．

表 3.8 ベッセル要素 x_0, y_0 の各時刻の計算値

t	x_0	y_0
-3	-2.5422745	1.1358875
-2	-2.0046694	0.9780965
-1	-1.4669408	0.8201295
0	-0.9291417	0.6620042
1	-0.3913198	0.5037268
2	0.1464851	0.3453228
3	0.6842080	0.1867958
4	1.2218174	0.0281689
5	1.7592517	-0.1305516
6	2.2964678	-0.2893512
7	2.8334156	-0.4482120

これに対し，まず正規方程式の左辺の係数は，**表 3.9** に示す手順によって計算される．表の最終行の数字が係数になる．

3.3 準備計算

表 3.9 正規方程式の係数

t	t^2	t^3	t^4	t^5	t^6
−3	9	−27	81	−243	729
−2	4	−8	16	−32	64
−1	1	−1	1	−1	1
0	0	0	0	0	0
1	1	1	1	1	1
2	4	8	16	32	64
3	9	27	81	243	729
4	16	64	256	1024	4096
5	25	125	625	3125	15625
6	36	216	1296	7776	46656
7	49	343	2401	16807	117649
22	154	748	4774	28732	185614
$[t]$	$[t^2]$	$[t^3]$	$[t^4]$	$[t^5]$	$[t^6]$

つぎに，ベッセル要素 x_0 に対する正規方程式右辺の定数項は，**表 3.10** を作って計算する．(3.43) 式を参照すると，これらの係数計算からつぎの正規方程式が得られる．

$$185614A + 28732B + 4774C + 748D = 1871.4012470,$$
$$28732A + 4774B + 748C + 154D = 259.0269789,$$
$$4774A + 748B + 154C + 22D = 62.3536213,$$
$$748A + 154B + 22C + 11D = 1.6072994,$$

表 3.10 正規方程式の定数項

t	x_0	$x_0 t$	$x_0 t^2$	$x_0 t^3$
−3	−2.5422745	7.6268234	−22.8804703	68.6414109
−2	−2.0046694	4.0093388	−8.0186777	16.0373554
−1	−1.4669408	1.4669408	−1.4669408	1.4669408
0	−0.9291417	0.0000000	0.0000000	0.0000000
1	−0.3913198	−0.3913198	−0.3913198	−0.3913198
2	0.1464851	0.2929702	0.5859405	1.1718810
3	0.6842080	2.0526239	6.1578717	18.4736150
4	1.2218174	4.8872697	19.5490790	78.1963159
5	1.7592517	8.7962586	43.9812931	219.9064656
6	2.2964678	13.7788067	82.6728400	496.0370297
7	2.8334156	19.8339090	138.8373632	971.8615425
計	1.6072994	62.3536213	259.0269789	1871.4012470
	$[x_0]$	$[x_0 t]$	$[x_0 t^2]$	$[x_0 t^3]$

この正規方程式を解いて A, B, C, D を求めれば，それが x を表わす 3 次多項式の係数になる．このような連立一次方程式にはさまざまな解法があるが，

ここではそれについて深入りすることを避ける．各自もっとも解きやすい方法で解けばよい．この方程式を解いた結果，

$$A = -0.00000812,$$
$$B = 0.00001224,$$
$$C = 0.53782052,$$
$$D = -0.92914207,$$

が得られる．したがって，x_0 を近似する 3 次式は，

$$x_0 = -0.00000812t^3 + 0.00001224t^2 + 0.53782052t - 0.92914207,$$

になる．各時刻に対する x_0 の数値をこの近似多項式で計算し，はじめの直接計算で得られた数値と比較すると**表 3.11** になり，近似がほぼ成り立つことがわかる．

表 3.11 近似多項式による x_0 の数値

t	x_0 (はじめの計算値)	x_0 (近似多項式による値)
-3	-2.5422745	-2.5422742
-2	-2.0046694	-2.0046692
-1	-1.4669408	-1.4669422
0	-0.9291417	-0.9291421
1	-0.3913198	-0.3913174
2	0.1464851	0.1464830
3	0.6842080	0.6842104
4	1.2218174	1.2218162
5	1.7592517	1.7592515
6	2.2964678	2.2964678
7	2.8334156	2.8334162

ここで，計算例として扱っている 2035 年 9 月 2 日の皆既日食の，すべてのベッセル要素に対する 3 次の近似多項式の係数を**表 3.12** に示す．

表 3.12 各ベッセル要素の近似多項式係数

	i	A_i	B_i	C_i	D_i
d	d	-0.00000001	-0.00000169	-0.01477600	8.04694322
x_0	x	-0.00000812	0.00001224	0.53782052	-0.92914207
y_0	y	0.00000232	-0.00007328	-0.15820260	0.66200238
$\tan f_1$	t	0.00000000	0.00000000	0.00000005	0.00463272
$\tan f_2$	T	0.00000000	0.00000000	0.00000005	0.00460964
l_1	l	0.00000000	-0.00001189	0.00015732	0.54167506
l_2	L	0.00000000	-0.00001183	0.00015654	-0.00468701
μ	m	-0.00000002	0.00000102	15.00463763	180.01988426

3.3 準備計算

 以後の計算では，こうして3次式で平滑化したベッセル要素を，正しい数値であると見なして取り扱うことにする．

 なお，ベッセル要素を多項式で近似する利点は，単に数値を平滑化するだけではない．今後，ベッセル要素を時刻微分する必要が生じるが，(3.42)式の形で近似した要素はすべて，

$$\dot{x} = 3At^2 + 2Bt + C, \tag{3.45}$$

の形で，容易に時刻微分した値を得ることができる．なお，ここで計算したベッセル要素の係数は，ベッセル要素そのものを計算するだけでなく，今後，基本時刻の計算などにも使われる．

☆☆ 日食は1年に何回起こるか

いまこの文章を書いている 2011 年 9 月の時点でいうと，来年の 2012 年 5 月 21 日 (日本時) には，東京を含めて日本の南半分で見られる金環食がある．この日食に関してはすでにいろいろの情報が流れている．この金環食は中国で始まり，北太平洋を通ってアメリカ合衆国にいたる広い範囲で見られる．同じく 2012 年の 11 月 13 日 (世界時) には，南太平洋で皆既食がある．これはオーストラリア北部でちょっと陸地にかかるだけで，皆既となる範囲はほとんど洋上である．2012 年の日食はこの 2 回しかない．

世界的に見れば，このように日食は年に何回か起こっている．日本で見えるものだけに限定しても，年に 2 回という場合もある．めったにない現象と思われる日食も意外に頻繁に起こっている．では，いったい日食は年に何回起こるのであろうか．この問題はかなり以前から研究されていて，はっきりその答えが出ている．理由の説明はさし控えて結論だけをいうと，世界中で起こる日食の数は，部分蝕，皆既食，金環食などすべての種類の日食を含めて，1 年に 2 回ないし 5 回である．まったく日食が起こらない年はないし，年に 6 回起こることもない．

調べてみると，1 年に 4 回日食が起こるのはそれほど珍しくはないが，5 回というのはそうざらにあることではない．前回に日食が 5 回あった年は 1935 年で，世界時の日付でいうと、1 月 5 日、2 月 3 日、6 月 30 日、7 月 30 日、12 月 25 日に起こっている．もっとも，この 1 月 5 日の日食は，月の半影が地球の南極付近をわずかにかするだけで，Meeus によると，食分はたった 0.001 であったという．現実にこの日食を観測した人は誰もいなかったらしい．

つぎに 5 回の日食が起こる年は 2206 年である．私の概算によると，この年には，1 月 10 日，6 月 7 日，7 月 7 日，12 月 1 日，12 月 30 日に日食が起こるはずである．

第4章 日食の判定と基本時刻，基本点

第2章で，ある新月の時期に対し，日食が起こるかどうかを判定するおおまかな方法を述べた．しかしそこでは，本当に日食が起こるかどうかを決定できない場合もあった．この第4章では，前章と同様に地球を回転楕円体と考え，日食が起きるかどうかにはっきり結論を出せる精度の高い計算法を述べる．また，以後の日食計算に必要となる基本時刻，基本点について詳述する．それに先立って，いくつかの予備的事項を説明する．

4.1 日食が起こるかどうかの判定

4.1.1 地球外周楕円

ここでは，基準面で切断された地球の形を考える．基準面は地球楕円体の中心を通るから，基準面に描かれる地球外周は原点を中心とした楕円となる．これが地球外周楕円である．地球の赤道半径 d_e を長さの単位にとると，この楕円は半径1の円にごく近く，その形は，時間の経過にともなってわずかずつ変化する．

月影軸の向きの赤緯が d であり，基準面は月影軸に直交するから，地球外周楕円の短半径 B_e は，少し誇張して描いた**図4.1**からわかるように，地球の赤道半径 d_e よりやや短く，極半径よりやや長い．地球楕円体の離心率 e から計算すると，

$$B_e^2 = \frac{d_e^2(1-e^2)}{1-e^2\sin^2 d}, \tag{4.1}$$

であり，地球外周楕円の離心率 E は，

$$E^2 = \frac{e^2 \cos^2 d}{1 - e^2 \sin^2 d}, \tag{4.2}$$

で表わされる．したがって地球外周楕円の方程式は，基準面上で，

$$\frac{x^2}{d_e^2} + \frac{y^2}{B_e^2} = 1, \tag{4.3}$$

である．書き直せば，

$$x^2 + \frac{y^2}{1 - E^2} = d_e^2, \tag{4.4}$$

となる．月影軸方向の赤緯 d は時間によって変化するため，地球外周楕円の離心率 E は変化し，わずかずつではあるが，地球外周楕円の形は変わる．

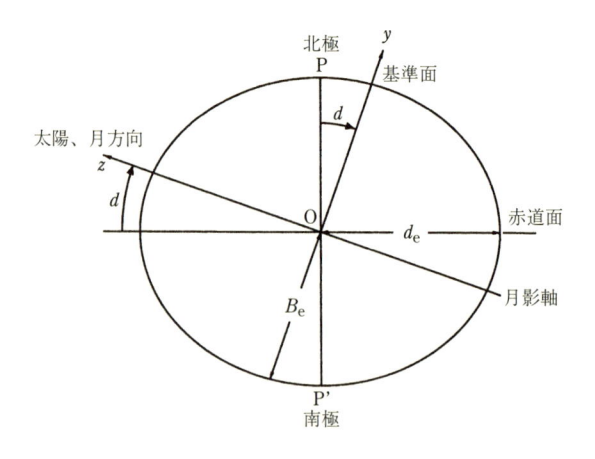

図 4.1 側面から見た地球楕円体

あとで利用するため，ここで，基準面上の任意の点 m から地球外周楕円までの最短距離 s を求めることを考える．

地球外周楕円は，基準面上に長半径 $d_e = 1$，離心率 E で描かれる．ここで任意の点を m(x_0, y_0) とし，この m にもっとも近い楕円周上の点を Q(x_1, y_1) とする．このときは，**図 4.2** のように，Q に立てた楕円の法線が m を通る．

4.1 日食が起こるかどうかの判定

この条件から，m(x_0, y_0) が与えられたとき，それに対応する Q(x_1, y_1) を求める方法を示す．

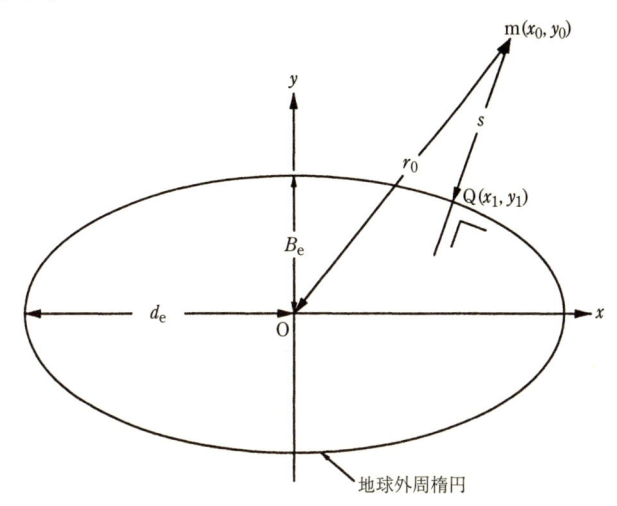

図 4.2 m から楕円までの最短距離

(x_1, y_1) を計算する方法はいくつかあるが，ここでは離心率 E による展開式の形で，E^4 の項まで求めた結果だけを示しておく．$r_0 = \sqrt{x_0^2 + y_0^2}$ と書くことにすると，(x_1, y_1) は，

$$
\begin{aligned}
x_1 &= \frac{d_e x_0}{r_0} + E^2 \Delta x_2 + E^4 \Delta x_4, \\
y_1 &= \frac{d_e y_0}{r_0} + E^2 \Delta y_2 + E^4 \Delta y_4,
\end{aligned}
\qquad (4.5)
$$

の形に書ける．ただし，

$$
\begin{aligned}
\Delta x_2 &= \frac{d_e x_0}{r_0^3}\left(\frac{y_0^2}{2} - \frac{d_e y_0^2}{r_0}\right), \\
\Delta y_2 &= \frac{d_e y_0}{r_0^3}\left(-\frac{r_0^2 + x_0^2}{2} + \frac{d_e x_0^2}{r_0}\right), \\
\Delta x_4 &= \Delta x_2 - \frac{d_e y_0}{r_0^3}(y_0 \Delta x_2 + x_0 \Delta y_2) - \frac{x_0}{2 d_e r_0}\{(\Delta x_2)^2 + (\Delta y_2)^2\}, \\
\Delta y_4 &= \frac{d_e x_0}{r_0^3}(y_0 \Delta x_2 + x_0 \Delta y_2) - \frac{y_0}{2 d_e r_0}\{(\Delta x_2)^2 + (\Delta y_2)^2\},
\end{aligned}
\qquad (4.6)
$$

である．日食の計算では，どんなに大きくても $E^6 \sim 4 \times 10^{-9}$ 程度であるから，通常の計算には E^4 の項までとれば十分である．(x_1, y_1) が得られれば，m から地球外周楕円までの最短距離 s は，

$$s = \sqrt{(x_0 - x_1)^2 + (y_0 - y_1)^2}, \tag{4.7}$$

で計算できる．

4.1.2 逐次近似法 (1), ニュートン法

ここで，方程式を解く方法のひとつとして，逐次近似法を説明する．
いま，

$$f(t) = 0, \tag{4.8}$$

の方程式があるとする．方程式を解くとは，この式を満たす t を求めることである．$f(t)$ の形は何でもよい．現実に逐次近似法を適用するのは，これを満たす t を簡単に求めることができない場合である．

このとき，すぐに t を求められなくても，なんらかの方法で解の近似値 t_0 を求めることができたとしよう．この，最初に利用する解の近似値 t_0 を逐次近似の**初期値**という．初期値 t_0 は真の解ではないから $f(t_0)$ はゼロにはならず，

$$f(t_0) = \gamma, \tag{4.9}$$

と，ある値をもつ．ただし γ はゼロと大きくは隔たっていないと考えてよい．

ここで，t_0 を小さい量 Δt_0 だけ増加させてみる．テイラー展開の 1 次項だけをとると，

$$f(t_0 + \Delta t_0) \sim f(t_0) + \Delta t_0 \dot{f}(t_0) = \gamma + \Delta t_0 \dot{f}(t_0), \tag{4.10}$$

である．ただしドットは t による微分を表わしている．この式をゼロにするためには，Δt_0 として，

$$\Delta t_0 = -\frac{\gamma}{\dot{f}(t_0)} = -\frac{f(t_0)}{\dot{f}(t_0)}, \tag{4.11}$$

を取ればよい．この関係式で Δt_0 を計算すれば，完全に正しい解にはならないにしても，$t_0 + \Delta t_0$ は t_0 よりは真の解に近い近似値になるはずである．$f(t_0 + \Delta t_0)$ を計算して，γ よりもゼロに近い値が得られることを確かめよう．その確認ができたら，$t_0 + \Delta t_0$ を新しい近似値の t_1 とする．ついで，t_0 に代えて t_1 を使いながら上記の計算をもう一度繰り返す．このとき，添え字はすべて 1 にする．そこから，Δt_1 が計算され，$t_2 = t_1 + \Delta t_1$ としてさらに精度の高い近似解 t_2 が得られるであろう．これを何回も繰り返して，順次 $t_3, t_4, \cdots$ を求めれば，解の精度はどんどん高まる．もし $\Delta t_i = 0$ になれば，そのときの t_i が真の解である．この形式の逐次近似法を**ニュートン法**という．

ただし，完全に $\Delta t_i = 0$ に到達するには，多くの場合無限回の繰り返しが必要である．現実には，Δt_i が必要精度でゼロに近付いたところで繰り返しを打ち切ってよい．そのときの t_i が高い精度の解の近似値である．

実際には，$\dot{f}(t_i)$ をそれほど厳密に計算する必要はない．その計算が面倒なときは，以下の例で示すように $\dot{f}(t_i)$ の近似値を使ってよい．

4.1.3　月影軸が地球中心に最接近する時刻と日食のタイプ

ここで，ニュートン法の練習を兼ねて，月影軸と地球中心が最接近する時刻 c_0 を計算してみよう．基準面上の月影軸の座標 $\mathrm{m}(x_0, y_0)$ から地球中心 (原点) までの距離 r_0 は，

$$r_0^2 = x_0^2 + y_0^2, \tag{4.12}$$

である．$r_0 \geq 0$ であるから，r_0 が最小になる時刻には r_0^2 も最小になる．だから，c_0 を求めるには r_0^2 が極小になる時刻を計算すればよい．極小のときは時刻による微分がゼロになるから，

$$\frac{dr_0^2}{dt} = 2(x_0 \dot{x}_0 + y_0 \dot{y}_0) = 0,$$

である．そこで満たすべき条件式は，

$$f(t) = x_0 \dot{x}_0 + y_0 \dot{y}_0 = 0, \tag{4.13}$$

であり，これを満たす時刻が c_0 になる．

方程式 (4.13) を解くのにニュートン法を適用するには，まず近似解 t_0 を求める必要がある．ベッセル要素を計算する際に x_0, y_0 を表わす 3 次式は，3 次，2 次の係数がいずれもゼロに近いから，これを無視して，近似的に，

$$\begin{aligned} x_0 &= C_x t + D_x, \\ y_0 &= C_y t + D_y, \end{aligned} \tag{4.14}$$

の関係が成り立つと考えることにしよう．ここから $\dot{x}_0 = C_x$, $\dot{y}_0 = C_y$ となり，

$$f(t) = x_0 \dot{x}_0 + y_0 \dot{y}_0 \sim (C_x^2 + C_y^2)t + C_x D_x + C_y D_y, \tag{4.15}$$

になる．この関係が $f(t_0) = 0$ を満たすと考えれば，初期値としての近似解

$$t_0 = -\frac{C_x D_x + C_y D_y}{C_x^2 + C_y^2}, \tag{4.16}$$

を得ることができる．

つぎに $\dot{f}(t)$ を求める．これもあまり厳密に考えずに，(4.15) 式から，

$$\dot{f}(t) = C_x^2 + C_y^2,$$

とすればよい．近似にはこれで十分である．これによって，ニュートン法を適用する材料はすべて整った．あとは近似計算を繰り返せばよい．この計算によって c_0 が得られると，基準面上でその時刻に対する月影軸の位置 $\mathrm{m}(x_0, y_0)$ が計算できて，地球中心までの距離 r_0 を求めることができる．

なお，このあとに出る基本時刻を求める本書の計算例では，時刻，時間には 1 時間を単位とした数値を使い，長さには地球赤道半径を単位とした数値を使うものとする．

計算実例

具体的な数値で c_0 の計算をしてみよう．2035 年 9 月 2 日の皆既日食に対しては，**表 3.12** に多項式の係数が示されていて，

$$\begin{aligned} C_x &= 0.53782052, \quad D_x = -0.92914207, \\ C_y &= -0.15820260, \; D_y = 0.66200238, \end{aligned}$$

4.1 日食が起こるかどうかの判定

である．これらを使って，(4.16) 式から近似解 $t_0 = 1.923266$ が計算される．この t_0 を初期値とし，以下 **表 4.1** にしたがって，i をひとつずつ増やしながら計算を進めればよい．$f(t)$ の計算は省略をせず，t の 3 次項まで含めてきちんと計算する．ここでも Δt_i が小数点以下 6 桁までゼロになれば，0.01 秒より精度があるので，計算を打ち切ってよい．

表 4.1 c_0 の逐次近似計算

i	1	2
t_{i-1}	1.9232663	1.9234653
x_0	0.1052175	0.1053246
y_0	0.3574821	0.3574505
$\dot{x}_0$	0.5377775	0.5377775
$\dot{y}_0$	-0.1584588	-0.1584588
$f(t_{i-1})$	-0.000062	0.0000000
$\dot{f}(t_{i-1}) \sim C_x^2 + C_y^2$	0.3142790	0.3142790
$\Delta t_{i-1} = -f(t_{i-1})/\dot{f}(t_{i-1})$	0.0001990	0.0000000
$t_i = t_{i-1} + \Delta t_{i-1}$	1.9234653	1.9234654

この例では，2 回目 $(i = 2)$ の計算で $\Delta t_1 \sim 0$ になったから，そこで計算を打ち切っている．この結果から，月影軸がもっとも地球中心に近付く時刻とそのときの月影軸の座標は，

$$x_0 = 0.1053246,$$
$$y_0 = 0.3574505,$$

であり，そのとき，

$$t_1 = c_0 = 1^{\text{h}}.923465 = 1^{\text{h}}55^{\text{m}}24^{\text{s}}.5,$$
$$r_0 = \sqrt{x_0^2 + y_0^2} = 0.3877736,$$

になる．この計算手順はつぎのようにまとめることができる．

月影軸と地球中心とが最接近する時刻 c_0 の計算手順

内容 $f(t) = x_0 \dot{x}_0 + y_0 \dot{y}_0 = 0,$ を満たす時刻 c_0 を求める．

(1) 逐次近似計算の初期値 t_0 を,
$$t_0 = -\frac{C_x D_x + C_y D_y}{C_x^2 + C_y^2},$$
で計算する.

(2) 時刻 t_0 に対し (i 回目の計算なら t_{i-1} に対し) ベッセル要素 x_0, y_0, ベッセル要素の時刻微分 $\dot{x}_0, \dot{y}_0$ を求める.

(3)
$$f(t_{i-1}) = x_0 \dot{x}_0 + y_0 \dot{y}_0,$$
を計算する. $f(t_{i-1}) = 0$ であれば計算は終了で, $c_0 = t_{i-1}$ となる. 現実には $f(t_{i-1})$ が十分ゼロに近くなれば (小数点以下 7 桁までゼロになれば) $f(t_{i-1}) = 0$ と見なしてよい. そのとき最後に得られた (x_0, y_0) が月影軸の基準座標である.

(4) $f(t_{i-1}) \neq 0$ のとき,
$$\dot{f}(t_{i-1}) \sim C_x^2 + C_y^2,$$
を計算する.

(5) t_{i-1} に対する補正値 Δt_{i-1} を,
$$\Delta t_{i-1} = -\frac{f(t_{i-1})}{\dot{f}(t_{i-1})},$$
で計算する. ここで Δt_{i-1} が小数点以下 6 桁までゼロになれば, 補正値は十分小さく, $c_0 = t_{i-1}$ として, 計算を終了してよい.

(6) 計算が終了しないときは,
$$t_i = t_{i-1} + \Delta t_{i-1},$$
を計算し, t_i を新たな近似値と考え直して (2) に戻って $i+1$ 回目の計算を繰り返す. そして, (2) に戻るたびに i をひとつずつ増やしながら, 計算過程の (3) で $f(t_{i-1}) = 0$ になるか, あるいは (5) で補正値が十分にゼロに近付くか, そのどちらかが成り立つまで, 計算を続ける.

4.1 日食が起こるかどうかの判定

　基準面上で月影軸 m が地球中心にもっとも近付く時刻 c_0 と，そのときの距離 r_0 を求めたのには理由がある．そこから，日食が起こるか起こらないか，起こるとすればその日食がタイプ I であるかタイプ II であるかをほぼ決めることができるからである．その時刻 c_0 における月の半影の半径 l_1 は，ベッセル要素であるからすぐに計算できる．そこで，基準面上に時刻 c_0 における地球外周楕円と月の半影を描いてみる．それはたとえば**図 4.3**のようになる．このとき，基準面上の月影軸の位置を c_0 とする．また，月半影の直径で基準面の原点を通るものを考え，その北端を c_n，南端を c_s とする．このとき $c_\mathrm{n}, c_\mathrm{s}$ の基準座標は，

$$c_\mathrm{n}(x_0 + l_1 x_0/r_0, y_0 + l_1 y_0/r_0),$$
$$c_\mathrm{s}(x_0 - l_1 x_0/r_0, y_0 - l_1 y_0/r_0),$$

である．そして，以下の分類ができる．

(1)　c_0 が地球外周楕円の内部にあるとき … 中心食になる．
(2)　$c_\mathrm{n}, c_\mathrm{s}$ がともに地球外周楕円の内部にあるとき … タイプ I の日食が起こる．
(3)　$c_\mathrm{n}, c_\mathrm{s}$ のどちらか一方だけが地球外周楕円の内部にあるとき … タイプ II の日食が起こる．
(4)　$c_\mathrm{n}, c_\mathrm{s}$ のどちらも地球外周楕円の外側にあるとき … 日食はまったく起こらない．

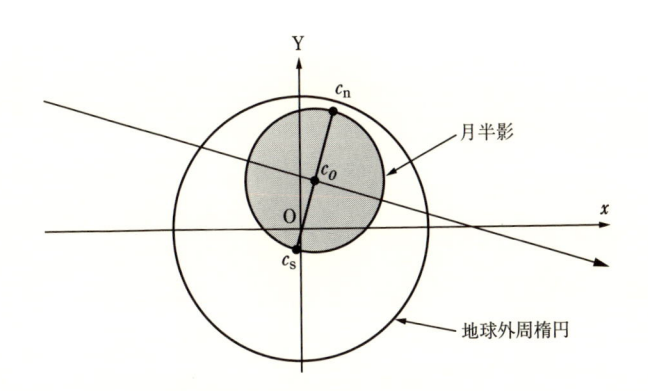

図 4.3　月影軸最接近時の状況

ここで楕円の内部というのは,その楕円の縁上の点も含めるものとする.これでほとんどの場合,日食が起こるか起こらないか,起こるときにタイプ I になるかタイプ II になるかの判定ができる.なお,点 (x, y) が地球外周楕円の内部にある条件は,

$$x^2 + \frac{y^2}{1 - E^2} \leq 1,$$

である.

時刻によって月の半影の半径 l_1 や地球外周楕円の離心率 E が少し変わるので,上記の判定法は数学的に厳密なものではない.しかし,事実上これでほとんど完全に判定できると考えてよい.ここの計算例では,

$$l_1 = 0.5419337,$$
$$E^2 = 0.0065650,$$

であり,

$$c_n(0.3604110, 0.8570061),$$
$$c_s(-0.0597618, -0.1421051),$$

となる.そこから,

$$c_n: \quad x^2 + \frac{y^2}{1 - E^2} = 0.8692092 < 1,$$
$$c_s: \quad x^2 + \frac{y^2}{1 - E^2} = 0.0238988 < 1,$$

である.つまり c_n, c_s とも地球外周楕円の内部にあり,これはタイプ I の日食になる.

4.1.4　逐次近似法 (2),繰り返し代入法

この節では,もうひとつの逐次近似法として,繰り返し代入法を説明する.ここでは,その例として,つぎに示す 1 変数の簡単な場合を考える.

x を未知数とする,3 次方程式,

$$x^3 - 5x + 1 = 0, \tag{4.17}$$

を考える．7桁くらいの精度でこの解を求めるものとする．グラフを描くなど，ざっと曲線を追跡すればわかるが，この方程式は，$-3 < x < 3$ の区間に三つの実解がある．これにはさまざまな解き方が考えられるが，ここでは，式を変形して，

$$x = 0.2x^3 + 0.2, \tag{4.18}$$

と書き直す．これを解くのに，右辺の x に何か適当な近似値を仮定する．たとえば $x = 0$, としてみよう．すると右辺は 0.2 となるから，(4.18) 式は，$x = 0.2$, となる．残念ながらこれは仮定値とは異なる．もし，こうして計算した右辺の値が仮定値と一致すれば，それはこの方程式の解である．しかし，当然のことだが，そううまくいくものではない．

しかし，ここであきらめてはいけない．ゼロを仮定して 0.2 が得られたのは，そんなに大きな食い違いではない．そこで，いま左辺で得られた 0.2 を新たな x の仮定値として，もう一度 (4.18) 式の右辺に代入してみる．するとこんどは，$x = 0.2016$, が得られる．これもまた正しい解ではない．そこで，この値をまた右辺に代入してみる．そこで得られるのは $x = 0.2016387\cdots$, である．こうしてみるとわかるように，仮定値と，そこから得られる左辺の値とがしだいに近付いていく．さらに繰り返しを続けることで，仮定値と左辺の値とは必要精度で一致し，

$$x = 0.2016397,$$

の解が得られる．このように，$x = f(x)$, の形の式で，右辺に x の仮定値を代入して左辺の値を計算し，そこで得られた x をまた右辺の $f(x)$ に代入する．この繰り返しで仮定値と計算値が一致し，方程式が解ける場合がある．この解き方を **繰り返し代入法** という．わかりやすいように，ここでは1変数の例を示したが，下の計算実例で示すように，多変数の場合にも応用できる．

ただし，繰り返し代入法がいつでも成功するわけではない．むしろ，はじめに仮定した x と計算された x がかけ離れた数値になり，近似が成り立たない場合の方がはるかに多い．また，(4.17) 式に対しても，あとの二つの解を直接に繰り返し代入法で求めることはできない．繰り返し代入法がうまくいくのは，はじめに仮定した x の値をある程度変えても計算される x の値が

あまり大きく変わらないときで,

$$\frac{df}{dx} \ll 1, \tag{4.19}$$

が成立する場合である.

たまにしかうまくいかない解き方など，あまり役に立たないと思う方もあるだろうが，利用できる機会はかなりある．そして，式の形を見れば繰り返し代入法が適用できるかどうかおよその見当はつけられる．繰り返し代入法の適用例はあとで何回か出てくるが，ここではごく簡単な実例で検証してみよう．

計算実例

$$\begin{aligned} x &= x_0 + (l - z\tan f)\cos 30°, \\ y &= y_0 + (l - z\tan f)\sin 30°, \\ z &= \sqrt{1 - x^2 - y^2}, \end{aligned}$$

の三つの式から x, y, z を求める場合を考える．ただし $x_0, y_0, l, \tan f$ は定数で，ここでは，

$$\begin{aligned} x_0 &= 0.15, \\ y_0 &= 0.35, \\ l &= 0.54, \\ \tan f &= 0.005, \end{aligned}$$

とする．上の 2 式では，仮定した z はいつでも $\tan f = 0.005$ との積となるから，z を多少変えても x, y の変化は小さく，第 3 式の z が大きくは変わらないことが推定できる．

$z = 0$ を初期値として繰り返し代入法をおこなうと，計算過程は**表 4.2** のようになり，4 回の繰り返しで小数点以下 7 桁まで一致する結果が得られる．その解は，

$$\begin{aligned} x &= 0.6155404, \\ y &= 0.6187799, \\ z &= 0.4880793, \end{aligned}$$

となる.

表 4.2 繰り返し代入法の計算例

z	0.0000000	0.4838428	0.4880431	0.4880793
$l - z\tan f$	0.5400000	0.5375808	0.5375598	0.5375596
x	0.6176537	0.6155586	0.6155404	0.6155404
y	0.6200000	0.6187904	0.6187799	0.6187799
z	0.4838428	0.4880431	0.4880793	0.4880793

4.1.5 4点を通る3次式から極小値を求める

ここでは，時刻 t を独立変数とする関数 $f(t)$ の極小値を求めることを考える．ただし，等間隔 h にとった4点の時刻 $t_0 - h, t_0, t_0 + h, t_0 + 2h$ に対し，

$$\begin{aligned}
f_{-1} &= f(t_0 - h), \\
f_0 &= f(t_0), \\
f_1 &= f(t_0 + h), \\
f_2 &= f(t_0 + 2h),
\end{aligned} \quad (4.20)$$

で表わされ，$f(t)$ はなめらかに変化し，扱っている t_0 の付近で極小値をもつものとする．

極小値を定めるために，(4.20) 式の条件を満たす t の3次式で関数を近似する．このとき，

$$\begin{aligned}
A &= \frac{1}{6}(-f_{-1} + 3f_0 - 3f_1 + f_2), \\
B &= \frac{1}{2}(f_{-1} - 2f_0 + f_1), \\
C &= \frac{1}{6}(-2f_{-1} - 3f_0 + 6f_1 - f_2), \\
D &= f_0,
\end{aligned} \quad (4.21)$$

で A, B, C, D を定めると，その3次式は，

$$f(t) = A\left(\frac{t-t_0}{h}\right)^3 + B\left(\frac{t-t_0}{h}\right)^2 + C\left(\frac{t-t_0}{h}\right) + D, \quad (4.22)$$

と書くことができる．そして，

$$\tau_{\min} = \frac{-B + \sqrt{B^2 - 3AC}}{3A}, \quad (4.23)$$

で $\tau_{\min}$ を定めると,この3次式が極小値を与える時刻 $t_{\min}$ は,

$$t_{\min} = t_0 + h\tau_{\min}, \tag{4.24}$$

で与えられ,関数の極小値 $f_{\min}$ は,

$$f_{\min} = A\tau_{\min}^3 + B\tau_{\min}^2 + C\tau_{\min} + D, \tag{4.25}$$

で与えられる.

計算実例

ここでは,簡単な例で計算してみよう.

$$t_0 - h = 3.0, \quad t_0 = 3.5, \quad t_0 + h = 4.0, \quad t_0 + 2h = 4.5,$$

の時刻に対し,関数値が,

$$f_{-1} = 3.9, \quad f_0 = 3.1, \quad f_1 = 3.6, \quad f_2 = 5.7,$$

であったとする.これは,$t_0 = 3.5, h = 0.5$ であることに相当する.まず,(4.21) 式から,

$$\begin{aligned} A &= 0.05, \\ B &= 0.65, \\ C &= -0.2, \\ D &= 3.1, \end{aligned}$$

が計算され,そこから (4.23) 式で,

$$\tau_{\min} = 0.1402319,$$

が得られる.さらに (4.24),(4.25) 式により,

$$\begin{aligned} t_{\min} &= 3.570116, \\ f_{\min} &= 3.085563, \end{aligned}$$

が求められる.したがって関数 $f(t)$ の極小値は 3.085563 になる.

4.1.6 日食が起こるかどうかの判定

すでに 2.8 節, 2.10 節で日食が起こる条件を調べた.さらに 4.1.3 節で日食のタイプを判定した.しかし,それは厳密なものではなかった.ここでは,日食が起こるかどうかを最終的に厳密に判定する方法を考えよう.

月の半影が基準面上を進行すると,基準面には半影が通過する帯状の部分が生ずる.半影はおおよそ西から東に向かって進むから,その帯には北側と南側に縁があり,どちらも西から東に向かって描かれていく.この帯がほんの少しでも地球外周楕円にかかれば,それは世界のどこかで日食が起こることを意味する.つまり,日食が起こるのは,半影の描く帯の南北の縁の線のどちらかが地球外周楕円に交わることで判定される.どちらかの線が地球外周楕円に交われば日食が起こり,どちらも交わらなければ日食は起こらない.

半影の南北の縁の線は,数学的にどのように表わされるのか.いま,時刻 t における半影を考える.基準面上では,これは中心が $m(x_0, y_0)$ にある半径 l_1 の円である.この円は時刻の経過にともなって東へ移動する.ただしその経路は完全な直線ではなく,また,半径 l_1 も少しずつ変化する.そして,南北の縁の線は,このような半影の円群の包絡線として定められる.包絡線というとむずかしく聞こえるが,要するに,半影の描く帯の南北の縁をいい換えたにすぎない.

時刻の経過にしたがって基準面上を移動する円,

$$(x - x_0)^2 + (y - y_0)^2 - l_1^2 = 0, \tag{4.26}$$

の上の点が,包絡線上にある条件は,(4.26) 式を t で微分した結果をゼロとおいた式,

$$\frac{d}{dt}\{(x - x_0)^2 + (y - y_0)^2 - l_1^2\} = 0, \tag{4.27}$$

つまり,

$$(x - x_0)(\dot{x} - \dot{x}_0) + (y - y_0)(\dot{y} - \dot{y}_0) - l_1 \dot{l}_1 = 0, \tag{4.28}$$

で定められる.(4.26),(4.28) の 2 式から t を消去すれば,原理上,包絡線の方程式が得られるし,また,その 2 式に特定の t を与えて得られる関係式を

(x,y) について解けば,その時刻に対する円の包絡線上の点が求められる.実際にその 2 式を解いて解を求めると,

$$\begin{aligned}
x &= x_0 \mp l_1 \frac{\dot{y}_0}{v_0}\sqrt{1-\frac{\dot{l}_1^2}{v_0^2}} - l_1 \frac{\dot{x}_0 \dot{l}_1}{v_0^2}, \\
y &= y_0 \pm l_1 \frac{\dot{x}_0}{v_0}\sqrt{1-\frac{\dot{l}_1^2}{v_0^2}} - l_1 \frac{\dot{y}_0 \dot{l}_1}{v_0^2}, \quad \text{(複号同順)}
\end{aligned} \qquad (4.29)$$

となる.ただし v_0 は基準面上の月影軸の速さで,

$$v_0^2 = \dot{x}_0^2 + \dot{y}_0^2, \qquad (4.30)$$

である.x_0, y_0, l_1 はベッセル要素であるから,時刻 t を与えれば $\dot{x}_0, \dot{y}_0, \dot{l}_1$ とともに計算できる.これが基準面上に月の半影の描く帯の縁の,時刻 t における位置であり,複号の上は北側の線,下は南側の線に対応する.

(4.29) 式の意味を考えてみよう.$\dot{l}_1$ は小さい量であるから,仮にこれを無視してみると,

$$\begin{aligned}
x &= x_0 \mp l_1 \frac{\dot{y}_0}{v_0}, \\
y &= y_0 \pm l_1 \frac{\dot{x}_0}{v_0},
\end{aligned} \qquad (4.31)$$

となる.これは半影円の,進行方向に直交する直径の両端の点である.半影円がその直径を一定に保ったまま直進する場合を想定すれば,これはきわめて当然の結果である.

さて,半影の帯の縁の北か南かどちらか一方の線を考え,時刻 t に対応する点を (x,y) とする.もしこの点が地球外周楕円の内部にあったとしたら,

$$x^2 + \frac{y^2}{1-E^2} - 1 < 0, \qquad (4.32)$$

であり,このときは,縁の線がどこかで外周楕円に交わっているはずである.よって,縁の線が外周楕円に交わるかどうかは,点 (x,y) に対し,関数,

$$f(t) = x^2 + \frac{y^2}{1-E^2} - 1, \qquad (4.33)$$

を考え,$f(t)$ の極小値が負になるかどうかを見ればよい.負になればその線は地球外周楕円に交わり日食が起こる.また,極小値が正であれば交わるこ

4.1 日食が起こるかどうかの判定

となく,日食は起こらない.点 (x,y) が原点から大きく離れたところで $f(t)$ が大きな値になるのは明らかであるから,$f(t)$ が原点に近いところで極小値をもつことは確実である.

ここでは,$f(t)$ を t の 3 次式で近似してその極小値を求めることにしよう.そのために,縁の線の位置を 4 点で計算する必要がある.月影軸が原点にもっとも近付く時刻 c_0 に対して $y_0 > 0$ なら,月の半影の帯は地球の北側に偏って通過する.そのときは,南の縁の線が外周楕円に交わるかどうかをチェックすればよく,同様に $y_0 < 0$ ならその逆で,北側の線をチェックすればよい.c_0 をはさむように両側に 2 点ずつ 1 時間おきに 4 点の時刻をとり,それぞれの時刻に対し (4.29) 式で (x,y) を求めて,(4.33) 式で $f(t)$ の値を計算する.その結果に 4.1.5 節の方法を適用すれば $f(t)$ の極小値を求めることができる.極小値の正負を見れば,半影の通過する帯の縁の線が地球外周楕円に交わるかどうかがわかる.それで,日食が起こるがどうかを最終的に判定できる.なお,南北両方の線が地球外周楕円に交わる場合はタイプ I の日食になり,どちらか片方だけが交わる場合はタイプ II の日食になる.

計算実例

ここでも 2035 年 9 月 2 日の皆既日食について計算しよう.これは日食が起こるとすでにわかっているから,いまさら計算するまでもないが,(4.33) 式の $f(t)$ の極小値を求め,それが負であることを確認しよう.まず,4.1.3 節の計算から,**表 4.1** で,

$$c_0 = 1^\mathrm{h}.923465,$$

である.この時刻に対し $y_0 = 0.35745 > 0$ であるから,半影の帯の南側の縁の線をチェックすればよい.c_0 をはさんで,$0^\mathrm{h}, 1^\mathrm{h}, 2^\mathrm{h}, 3^\mathrm{h}$ の四つの正時に対し,南側の縁の線の $f(t)$ を計算する.その計算過程を**表 4.3** に示した.この表の中に $f(t) < 0$ があるから,これだけでも日食が起こるのは明らかである.そのあと (4.21) 式にしたがって計算すれば,

$$\begin{aligned}
A &= -0.0000024, \\
B &= 0.3143718, \\
C &= -0.5803769, \\
D &= -0.7032984,
\end{aligned}$$

となり,さらに (4.23),(4.25) 式から,

$$\tau_{\min} = 0.9230838,$$
$$f_{\min} = -0.9711657,$$

が得られる.この $f_{\min}$ が関数の極小値である.なお,極小値を与える時刻 $t_{\min}$ は,

$$t_0 = 1^{\rm h},$$
$$h = 1^{\rm h},$$

であるから,(4.24) 式により,

$$t_{\min} = 1^{\rm h}.9230838,$$

となる.もちろん $f_{\min} < 0$ であり,日食の起きることが確認できる.

表 4.3 月半影の帯の南の縁の位置計算

t	0.0	1.0	2.0	3.0
x_0	-0.9291421	-0.3913174	0.1464830	0.6842104
y_0	0.6620024	0.5037288	0.3453226	0.1867977
l_1	0.5416751	0.5418205	0.5419421	0.5420400
$\dot{x}_0$	0.5378205	0.5378206	0.5377720	0.5376747
$\dot{y}_0$	-0.1582026	-0.1583422	-0.1584679	-0.1585796
$\dot{l}_1$	0.0001573	0.0001335	0.0001098	0.0000860
v_0	0.5606059	0.5606454	0.5606343	0.5605726
d	$8°.0469432$	$8°.0321655$	$8°.0173844$	$8°.0025997$
x	-1.0821482	-0.5444667	-0.0068032	0.5307937
y	0.1423862	-0.0159968	-0.1744895	-0.3330779
E^2	0.0001320	0.0001316	0.0001311	0.0001306
$f(t)$	0.1913213	-0.7033000	-0.9695031	-0.6073027

ここでは,月の半影の通過する帯状領域の南北の縁の線が地球外周楕円にかかるかどうかをチェックして,日食が起こるかどうかを判定する方法を述べた.月の本影またはその延長がつくる円の包絡線に対して同様のチェックをすれば,その日食が皆既食であるか金環食であるかの判定ができる.本影またはその延長の円の描く包絡線は,半影の場合の (4.29) 式の l_1 を $|l_2|$ に換えた,

$$x = x_0 \mp |l_2|\frac{\dot{y}_0}{v_0}\sqrt{1 - \frac{\dot{l}_2^2}{v_0^2}} - |l_2|\frac{\dot{x}_0|\dot{l}_2|}{v_0^2},$$

$$y = y_0 \pm |l_2|\frac{\dot{x}_0}{v_0}\sqrt{1-\frac{\dot{l}_2^2}{v_0^2}} - |l_2|\frac{\dot{y}_0|\dot{l}_2|}{v_0^2}, \quad \text{(複号同順)} \tag{4.34}$$

である．

4.2 基本時刻

4.2.1 基本時刻の定義

　定義などと大げさなタイトルをつけてあるが，「これを満たせば基本時刻になる」といった特定の条件があるのではない．基本時刻も，基本点も，計算の便宜上，その場その場で適宜に選んだものである．そのことを初めにお断りしておく．

　日食のとき，天球上で太陽と月が近付き，それらの中心間の角度は 16 分以内になって，両者の見かけの円盤像が重なる．太陽と月が最初に接触する時刻，中心がもっとも接近する時刻などは，日食計算にとってキーポイントになる重要な時刻と思われる．またそのときに月影が接触する点，月影軸がもっとも接近する点なども，日食計算上重要な点である．

　地球全体で考えて，日食計算にはこのようにいくつかの基本となる時刻や，重要な点がある．たとえば，欠け始め，食の終わりの時刻などがそうである．これらの時刻を**基本時刻**ということにしよう．4.1.3 節で扱った c_0 も基本時刻とする．それらの時刻に対応して，基準面上，あるいは地球表面上に重要な点が決められる．これらの点を**基本点**ということにする．ここから，これら基本時刻，基本点にはどんなものがあるかを説明し，その時刻や位置を具体的に計算する方法を述べる．

4.2.2 月影軸に関する基本時刻，基本点

　基本時刻は，基準面上で考えるとわかりやすい．そこでまず，基準面上で月の影と地球との関係を考える．基準面は地球楕円体の中心を通っているから，基準面で切断された地球は，原点を中心とした半径 1 の円にごく近い地球外周楕円として表わされる．月の半影は中心が $\mathrm{m}(x_0, y_0)$ にある半径 l_1 の

円として基準面上に描かれ，**図 4.4** に示すように，時刻の経過にともなって東方へ (x の増す方向へ) 移動する．x_0, y_0 も l_1 もベッセル要素として計算される．

4.1.3 節でも扱ったが，月影軸と地球外周楕円との関係をさらに深く考えよう．まず，月影軸がもっとも地球中心に近付く基準面上の点が c_0，そのとき太陽の方向で月影軸が地球楕円体の表面と交わる位置を C_0，その時刻を c_0 とする．これは太陽と月の中心が接近し，日食がもっとも深まる日食の中心時刻である．つぎに月影軸が基準面の y 軸上に達する点を c_3，やはり太陽方向でそのとき月影軸が地球楕円体表面と交わる位置を C_3，その時刻を c_3 とする．これは月と太陽の赤経が等しくなる合の時刻である．日食のとき，月影軸が必ずしも地球外周楕円と交わるとは限らないが，交わる場合も多い．交わる場合には，月影軸が最初に地球外周楕円上に達する基準面上の点を C_1，外周楕円を最後に離れる点を C_4 とし，それぞれの時刻を c_1, c_4 とする (**図 4.4**)．月影軸が外周楕円に交わらなければ c_1, c_4 は存在しない．これら c_0, c_1, c_3, c_4 を日食の基本時刻とする．また，C_0, C_1, C_3, C_4 を基本点とする．ここで c_0, c_3 などの小文字のローマン体は基準面上の点を表わし，C_1, C_3 などの大文字のローマン体は地球表面上の点を表わすものとして使っている．また c_1, c_3 などのイタリック体はそれらに対応する時刻を表わすものとする．

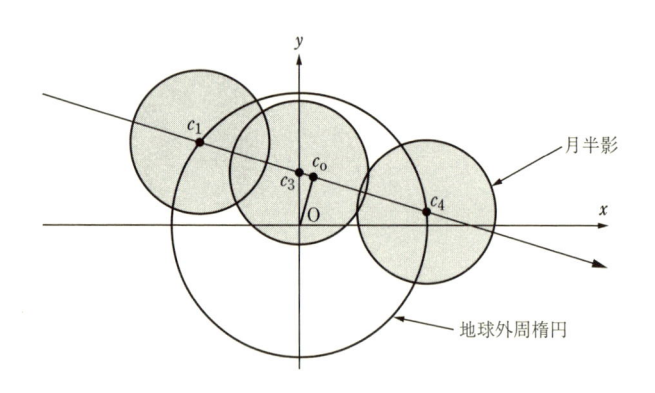

図 4.4 月影軸に関する基本時刻，基本点

4.2.3 月の半影に関する基本時刻,基本点

つぎに,月の半影と地球外周楕円との関係を考える.基準面上では,月の半影の直径は地球直径の半分余りしかなく,地球外周楕円の方がかなり大きい.大きい円(楕円)の上を小さい円が通過するとき,両者の接する場合が一般に4回ある.最初に小円が大円に外接するとき(第一接触),小円がすっかり大円に入りこんで内接するとき(第二接触),小円が大円内を横切って反対側で内接するとき(第三接触),小円が大円を離れる瞬間に外接するとき(第四接触)である.ただし,小円がすっかり大円に入りこむことなく通過すると,第二,第三接触は起こらない.月の半影と地球外周楕円の関係も同様で,日食のとき,基準面上で一般に4回の接触がある.第一接触のときの基準面上の外接点を P_1,第四接触のときの外接点を P_4 とし,それぞれの接触時刻を p_1, p_4 とする.P_1 に対応する地上の点は,この日食をもっとも早く観測できる点であり,P_4 に対応する点は,もっとも遅くまでこの日食を見ることのできる点である(**図 4.5**).さらに,半影がすっかり外周楕円の中に入りこむ場合は,第二接食の内接点を P_2,第三接触の内接点を P_3 とし,その時刻をそれぞれ p_2, p_3 とする.ただし,半影がすっかり地球にかからない場合は p_2, p_3 は存在しない.これら p_1, p_2, p_3, p_4 を日食の基本時刻とし,P_1, P_2, P_3, P_4 を基本点とする.この図でも,月の半影の中心点に,対応する基本時刻を表示している.

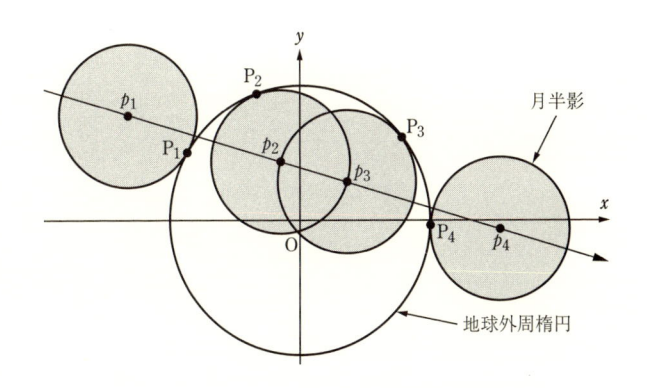

図 4.5 月の半影に関する基本時刻,基本点

4.2.4 南北限界線に関する基本時刻,基本点

つぎに,南北限界線の描き始め,描き終わりに関する基本時刻を考えよう.4.1.6 節で月の半影の通過する領域が基準面上に東西に伸びる帯状に描かれることを述べた.**図 4.6** に示すように,日食が起こる場合は,その北側,南側の縁の線のどちらかが,あるいは両方が,地球外周楕円に交わる.北側の縁の線が最初に到達した地球外周楕円上の点を N_1,その時刻を n_1 とし,地球から離れるときの外周楕円上の点を N_4,その時刻を n_4 とする.また,南側の縁の線が最初に到達した外周楕円上の点を S_1,その時刻を s_1 とし,地球から離れるときの外周楕円上の点を S_4,その時刻を s_4 とする.日食の北限界線は N_1 から N_4 まで,南限界線は S_1 から S_4 まで地球上に描かれる.これらは日食図を描く上で重要であるから,この n_1, n_4, s_1, s_4 を基本時刻とし,N_1, N_4, S_1, S_4 を基本点とする.タイプ I の日食なら,この四つの時刻や点がすべて定まるが,タイプ II の日食では,地球と交わるのは帯の南北の縁の線のどちらか一方だけであるから,タイプ II_S なら n_1, n_4, N_1, N_4 が決まり,タイプ II_N なら s_1, s_4, S_1, S_4 が決まるだけである.

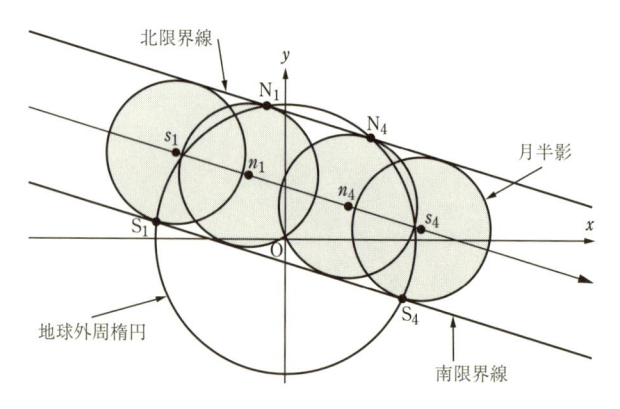

図 4.6 南北限界線に関する基本時刻,基本点

4.2.5 日の出,日の入りに関する基本時刻,基本点

もうひとつ,日の出,日の入りの境界に関する時刻を考えよう.
基準面上で地球外周楕円上の地球上の点は,いま日の出を迎える瞬間か,あ

るいは日の入りの瞬間かのどちらかである．地球上のほとんどすべての点は，地球の自転によって西から東へと移動している．図 4.7 に示すように，外周上で，$x < 0$ に存在する点は日の出を，$x > 0$ に存在する点は日の入りを迎えている．そして $x = 0$ の点，つまり外周上の北端 N および南端 S の 2 点が日の出と日の入りの境界になる．したがって，たとえば，月の半影の縁と地球外周が交わることで描かれる「日の出に欠け始める線」は，月の半影の縁が N または S 点を通過したとたんに，「日の入りに欠け始める線」に変わる．「日の出に食が終わる線」や，「日の出に食が最大になる線」も同様である．ただし，この N, S は地上に固定した点ではなく，時刻が経過すると，月影軸方向の赤緯 d が変わるのに伴い，また地球の自転によって，地表上でその位置が変わる．

上記の状況は，月の半影の全部が地球にかかることのないタイプ II の日食で起こる．このとき，月の半影の縁が N または S 点を通過する時刻が重要である．月の半影円の縁が N を通過する場合，一般に 2 回の通過がある．1 回目は N に半影がかかる瞬間で，その時刻を n_2 とする．2 回目は N から半影が離れる瞬間で，その時刻を n_3 とする．N では n_2 と n_3 の間に日食が見られ，その間に食が最大になる瞬間がある．その時刻を n_0 とする．同様に半影円が S を通過する場合を考え，S に半影がかかる瞬間の時刻を s_2，半影が S を離れる瞬間の時刻を s_3，その間に S で食が最大になる時刻を s_0 とする．

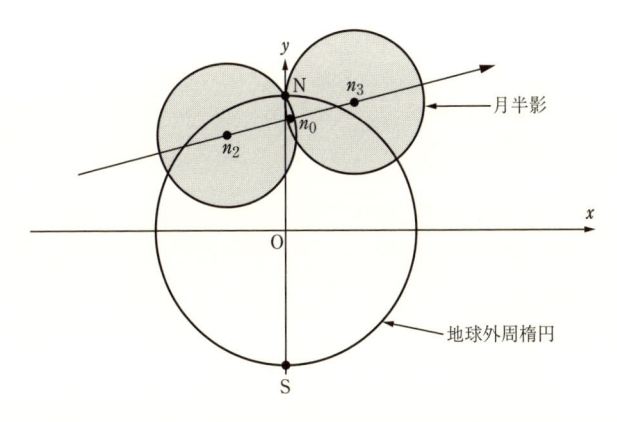

図 4.7 日の出，日の入りの境界に関する基本時刻，基本点

一般的にいうと，タイプIの日食では，月の半影の縁がN点やS点と交わることはなく，$n_2, n_0, n_3, s_2, s_0, s_3$ を計算する必要はない．**図4.7**に示したように，n_1, n_4 が計算できないときにはN点に半影がかかり，n_2, n_0, n_3 の計算ができる．反対に s_1, s_4 の計算ができないときにはS点に半影がかかり，s_2, s_0, s_3 の計算ができる．ここで述べた時刻の $n_2, n_0, n_3, s_2, s_0, s_3$ も日食の基本時刻とする．またこのそれぞれの時刻に対応する基準面上の，地表上のN点を N_2, N_0, N_3，S点を S_2, S_0, S_3 として，これらを日食の基本点とする．

　これらの点で，たとえば N_2, N_0, N_3 の点は基準面上では同じ位置にあるが，地球表面上ではそれぞれ異なる位置にくる．そして N_2 の点は，日の出に欠け始める線と日の入りに欠け始める線とがひと続きになった，そのつなぎ目に当たる．同様に N_3 は日の出に食が終わる線と日の入りに食が終わる線とのつなぎ目に当たる．その他，ここで扱った点は，みな同様のつなぎ目になっている．

4.2.6　地球外周楕円に曲線が交わる条件

　ここで，たとえば基準面上の月影軸の経路のように，時刻 t をパラメータとして定められる点 (x, y) が時刻の経過にともなって描く曲線 ℓ を考える．ただし，ℓ はほぼ直線状のなめらかな曲線とする．このとき，その曲線 ℓ が地球外周楕円に交わる条件はどのようであるか．これはすでに 4.1.6 節で扱った問題で，そこでは関数を3次式で近似して極小を求めることにより問題を解決した．ここでは，多少異なる方法を述べる．

　すでに述べたように，基準面上の地球外周楕円の方程式は，

$$x^2 + \frac{y^2}{1 - E^2} = 1, \tag{4.35}$$

であり，点 (x, y) がこの楕円の内部にあれば，

$$x^2 + \frac{y^2}{1 - E^2} < 1, \tag{4.36}$$

になる．そこで t の関数として，

$$f(t) = x^2 + \frac{y^2}{1 - E^2} - 1, \tag{4.37}$$

4.2 基本時刻

を考える．点 (x,y) が遠く離れていれば $f(t) > 0$ は明らかであるから，交わる条件とは $f(t)$ の極小値がマイナスになるかどうかである．極小値で $f(t) < 0$ になれば，曲線 ℓ は外周楕円に交わるし，極小値で $f(t) = 0$ であれば，ℓ は楕円に接する．ここまでの考え方は前と同じである．

$f(t)$ の極小値では，t による微分がゼロになり，

$$\frac{df(t)}{dt} = 2x\dot{x} + \frac{2y\dot{y}}{1-E^2} + \frac{(\dot{E^2})y^2}{(1-E^2)^2} = 0,$$

である．ただしこの式の $(\dot{E^2})$ は $\dot{E}$ の2乗ではなく，E^2 をひとつの変数と考えて時刻 t で微分した $d(E^2)/dt$ を意味して，

$$(\dot{E^2}) = \frac{2e^2(1-e^2)\cos d \sin d}{(1-e^2\cos^2 d)^2}\dot{d} = 2E^2(1-E^2)\frac{\cos d}{\sin d}\dot{d}, \tag{4.38}$$

である．したがって，方程式，

$$\dot{f}(t) = x\dot{x} + \frac{y\dot{y}}{1-E^2} + \frac{E^2 y^2 \dot{d}\cos d}{(1-E^2)\sin d} = 0, \tag{4.39}$$

を t について解けば，その解の $t = t_{\min}$ が $f(t)$ の極小値を与える．そして

$$f(t_{\min}) < 0, \tag{4.40}$$

であれば，曲線 ℓ は地球外周楕円と交わる．

(4.39) 式を t について解くには逐次近似法が役立つ．ただし，適当な方法で解の近似値 t_0 を求めなければならず，またここでは $\dot{f}(t) = 0$ を解くのであるから，ニュートン法を適用するのに，概略の $\ddot{f}(t)$ を計算する必要がある．

計算実例

ここでは，2035年9月2日の皆既日食計算例に対し，t の関数として，

$$x = -0.002t^2 + 0.538t - 0.929,$$
$$y = 0.003t^2 - 0.196t + 1.377,$$

で与えられる曲線が地球外周楕円に交わるかどうかをチェックしてみよう．図を描いてみればすぐにわかるが，この曲線は外周楕円の北側をすれすれに通

る．上記の式を微分してすぐに，

$$\dot{x} = -0.004t + 0.538,$$
$$\dot{y} = 0.006t - 0.196,$$
$$\ddot{x} = -0.004,$$
$$\ddot{y} = 0.006,$$

が計算される．一方，時刻を与えればベッセル要素 $d, \dot{d}$ はすぐに得られ，(4.2) 式で E^2 を計算できる．

ここで (4.39) 式を満たす t を求めれば，$f(t)$ の極小値を与える $t_{\min}$ が得られる．ただし (4.39) は t についての複雑な式であり，そこから解析的に t を求めるのは簡単ではない．そこで (4.39) 式をニュートン法で解いてみる．ここでは初期値として $t_0 = 0$ をとる．また $\tilde{f}(t) \sim \dot{x}^2 + \dot{y}^2 + x\ddot{x} + y\ddot{y}$ をとることにする．

これによるニュートン法の計算は**表 4.4** に示した形になり，4 回目の計算で収束している．Δt_{i-1} が小数点以下 6 桁までゼロになれば収束と見なしてよい．なお，$\dot{d}$ は，ラジアン単位に直して使わなければならない．

表 4.4 月影軸に関し $f(t)$ の極小を与える $t_{\min}$ の計算

i	1	2	3	4
t_i	0.00000000	2.2701312	2.3481632	2.3481926
d	8°.0469432	8°.0133909	8°.0122373	8°.0122369
$\dot{d}$	$-0°.0147760$	$-0°.01478381$	$-0°.0147841$	$-0°.0147841$
$\dot{d}$(rad)	-0.0002579	-0.0002580	-0.0002580	-0.0002580
E^2	0.0065641	0.00065651	0.0065652	0.0065652
x	-0.9290000	0.2820236	0.3232841	0.3232996
y	1.3770000	0.9574148	0.9333016	0.9332963
$\dot{x}_0$	0.5380000	0.5289195	0.5286073	0.5286072
$\dot{y}_0$	-0.1960000	-0.1823792	-0.1819110	-0.1819108
$\dot{f}(t_{i-1})$	-0.7714768	-0.0247810	-0.0000093	0.0000000
$\sim \ddot{f}(t_{i-1})$	0.3398380	0.3147575	0.3168240	
Δt_{i-1}	2.2701312	0.0780320	0.0000294	
t_i	2.2701312	2.3481632	2.3481923	

これによって $t_{\min} = 2.3481923$ が得られる．これに対し，

$$f(t_{\min}) = x^2 + \frac{y^2}{1-E^2} - 1 = -0.01867918 < 0,$$

となる．したがって，この曲線は地球外周楕円に交わる．

4.3 基本時刻,基本点の計算

4.3.1 月影軸に関する基本時刻,基本点の計算

基本時刻の計算に先立って,月影軸が地球にかかるかどうかの条件を考えておこう.もし,月影軸 m がもっとも地球中心に近付く時刻 c_0 に対し $r_0 = \sqrt{x_0^2 + y_0^2}$ が,

$$r_0 \geq 1, \tag{4.41}$$

であれば m は確実に地球外周楕円の外側にあり,月影軸は地球にかからない.また,その時刻に,

$$r_0 < \sqrt{1-E^2}, \tag{4.42}$$

であれば,m は外周楕円の内側にあり,月影軸は地球にかかる.月影軸が地球にかかる日食を**中心食**といい,この場合は中心食になる.このどちらにも含まれない,

$$\sqrt{1-E^2} < r_0 < 1, \tag{4.43}$$

の場合は,関数,

$$f(t) = x_0^2 + \frac{y_0^2}{1-E^2} - 1, \tag{4.44}$$

の極小値を求めてその正負を見届ける必要がある.極小値の $f(t)$ がマイナスになれば中心食である.極小値は 4.1.5 節で示したように $f(t)$ を 3 次式で近似して求めることもできるし,4.2.6 節に示したように,$\dot{f}(t) = 0$ を直接に解いて極小値をとる時刻を求めることからも計算できる.

どの時刻にしても,その時刻 t が満たすべき条件式 $f(t) = 0$ が与えられ,その近似解 t_0 がわかれば,逐次近似法を使って,必要精度で正しい解を求めることができる.近似を高めるためには $\dot{f}(t_i)$ の値が必要になるが,これは厳密な値の必要はなく,それにある程度近い数値がわかればよい.

日食に対して,c_0 を計算する方法はすでに 4.1.3 節で示した.つぎの基本時刻として,月影軸が地球外周楕円に接する時刻 c_1, c_4 を求めることを考え

よう．逐次近似法を適用するためには，時刻 t に対し，$f(t), \dot{f}(t), t_0$ を定める必要がある．求める時刻には，月影軸の座標が地球外周楕円の方程式，

$$x_0^2 + \frac{y_0^2}{1-E^2} = 1, \tag{4.45}$$

を満たす．したがって条件式は，

$$f(t) = x_0^2 + \frac{y_0^2}{1-E^2} - 1 = 0 \tag{4.46}$$

である．ここから，

$$\dot{f}(t) \sim 2\left(x_0 \dot{x}_0 + \frac{y_0 \dot{y}_0}{1-E^2}\right) \sim 2(C_x x_0 + C_y y_0), \tag{4.47}$$

を導くことができる．

c_1, c_4 の近似値 t_0 を求めるには，地球外周楕円を半径 1 の円で近似し，x, y を t の 1 次式で近似して計算すればよい．ベッセル要素の近似多項式の係数を使うと，

$$(C_x t_0 + D_x)^2 + (C_y t_0 + D_y)^2 = 1, \tag{4.48}$$

の関係が成り立つことがわかる．ここから，近似値 t_0 として，

$$t_0 = \frac{-(C_x D_x + C_y D_y) \pm \sqrt{C_x^2 + C_y^2 - (C_x D_y - C_y D_x)^2}}{C_x^2 + C_y^2}, \tag{4.49}$$

が得られる．複号のマイナスが c_1 の近似値，プラスが c_4 の近似値である．以上の関係から，ニュートン法で c_1, c_4 を求めることができる．

ここで，月影軸が地球外周楕円上に到達する時刻 c_1, c_4 を求める手順をまとめておこう．

月影軸が地球に達する時刻 c_1，地球を離れる時刻 c_4 の計算手順
内容

$$f(t) = x_0^2 + \frac{y_0^2}{1-E^2} = 0,$$

となる時刻 c_1，または c_4 を求める．

(1) 逐次近似の初期値 t_0 を,
$$t_0 = \frac{-(C_x D_x + C_y D_y) \pm \sqrt{C_x^2 + C_y^2 - (C_x D_y - C_y D_x)^2}}{C_x^2 + C_y^2},$$
によって計算する. 複号のマイナスは c_1 に, プラスは c_4 に対するものである.

(2) 時刻 t_0 に対し (i 回目の計算では t_{i-1} に対し) ベッセル要素 x_0, y_0, d を求める.

(3) $1 - E^2$ を,
$$1 - E^2 = \frac{1 - e^2}{1 - e^2 \sin^2 d},$$
で計算する.

(4) $f(t_{i-1})$ を,
$$f(t_{i-1}) = x_0^2 + \frac{y_0^2}{1 - E^2} - 1,$$
で計算する. $f(t_{i-1}) = 0$ になれば計算は終了で, そのときの t_{i-1} が求めようとしている c_1 または c_4 になる. このとき, 最後に得られた x_0, y_0 が基本点 C_1 または C_4 の基準座標になる. 現実には $f(t_{i-1})$ が十分ゼロに近くなれば (小数点以下7桁までゼロになれば), $f(t_{i-1}) = 0$ と見なしてよい.

(5) $f(t_{i-1}) \neq 0$ の場合,
$$\dot{f}(t_{i-1}) \sim 2(C_x x_0 + C_y y_0),$$
を計算する.

(6) t_{i-1} に対する補正値 Δt_{i-1} を,
$$\Delta t_{i-1} = -\frac{f(t_{i-1})}{\dot{f}(t_{i-1})},$$
で計算する. Δt_{i-1} が小数点以下6桁までゼロになったら, 補正値は十分に小さく, そのときの t_{i-1} を c_1 または c_4 として, 計算を打ち切ってよい.

(7) 補正値 Δt_{i-1} がゼロと見なせないときは,

$$t_i = t_{i-1} + \Delta t_{i-1},$$

を求め, t_i を新たな近似値と考え直し, (2) に戻って $i+1$ 回目の計算をおこなう. (2) に戻るたびに i をひとつずつ増やしながら, 計算過程の (4) で $f(t_{i-1}) = 0$ になるか, (7) で補正値 Δt_{i-1} が十分ゼロに近付くか, そのどちらかが成り立つまで, 計算を繰り返す.

計算実例

ここでは, 2035 年 9 月 2 日の皆既日食に対し, 月影軸が地球を離れる時刻 c_4 を計算しよう. **表 3.12** に示されているベッセル要素計算の係数から, (4.49) 式にしたがって, 初期値,

$$t_0 = 3^\mathrm{h}.5783944,$$

が計算できる. 以降の逐次近似の手順は**表 4.5** に示すとおりで, 3 回の繰り返しで $f(t) = 0$ に到達する.

表 4.5 c_4 の逐次近似計算

i	1	2	3
t_{i-1}	3.5783944	3.5789017	3.5789020
d	$7°.9940469$	$7°.9940394$	$7°.9940394$
x_0	0.9951765	0.9954492	0.9954494
y_0	0.0950589	0.0949784	0.0949784
$1 - E^2$	0.9934342	0.9934342	0.9934342
$f(t_{i-1})$	-0.0005279	-0.0000003	0.0000000
$\sim \dot{f}(t_{i-1})$	1.0403755	1.0406944	
Δt_{i-1}	0.0005074	0.0000003	
t_i	3.5789017	3.5789020	

したがって,

$$c_4 = 3^\mathrm{h}.578902 = 3^\mathrm{h} 34^\mathrm{m} 44^\mathrm{s}.0,$$

となる. このとき C_4 の基準座標は,

$$x = 0.9954494, \quad y = 0.0949784,$$

である.

4.3 基本時刻，基本点の計算　　　　　125

つぎに，月影軸が基準面の y 軸に達する時刻 c_3 を求めることを考える．この時刻が満たすべき条件式は，

$$f(t) = x_0 = 0, \tag{4.50}$$

である．また $\dot{f}(t)$ には，$x_0 = C_x t + D_x$ の形に x を1次式で近似して

$$\dot{f}(t) \sim C_x, \tag{4.51}$$

をとればよい．さらにこの1次式から近似解の，

$$t_0 = -\frac{D_x}{C_x}, \tag{4.52}$$

が得られる．これらの $f(t), \dot{f}(t), t_0$ から，逐次近似法で c_3 を求めることができる．これは計算が簡単であるから，計算手順は特に示さない．各自でその手順をまとめてみるといいだろう．

2035年9月2日の皆既日食に対し，月影軸に関するその他の基本時刻を計算した結果をまとめると，つぎのようになる．

$$
\begin{aligned}
c_0 &= 1^{\mathrm{h}}.923465, & \mathrm{C}_0: & \quad x = 0.1053246, & y = 0.3574506, \\
c_1 &= 0^{\mathrm{h}}.270568, & \mathrm{C}_1: & \quad x = -0.7836244, & y = 0.6191925, \\
c_3 &= 1^{\mathrm{h}}.727616, & \mathrm{C}_3: & \quad x = 0.0000000, & y = 0.3884823, \\
c_4 &= 3^{\mathrm{h}}.578902, & \mathrm{C}_4: & \quad x = 0.9954494, & y = 0.0949784,
\end{aligned}
$$

になる．

4.3.2　月の半影に対する基本時刻，基本点の計算

4.1.6節で，月の半影の通過する帯状領域の北または南の縁の線が地球外周楕円に交わるかどうかをチェックする方法を述べた．南北両方の線が外周楕円と交わるときは，月の半影の全部が地球にかかり，タイプⅠの日食となって，基本時刻 p_1, p_2, p_3, p_4 の全部が計算できる．また，南北の線のうちのどちらか一方だけが外周楕円に交わるときは，半影全部が地球にかかることはなく，p_1, p_4 だけが計算できる．

日食の起こることがはっきりしたら，まず，月の半影が地球外周楕円に外接する時刻 p_1, p_4 を求めよう．半影が外周楕円に接する条件は，月影軸の位置 $\mathrm{m}(x_0, y_0)$ から外周楕円までの距離 s が l_1 になることである．$\mathrm{m}(x_0, y_0)$ にもっとも近い楕円上の点を $\mathrm{Q}(x_1, y_1)$ とすると，

$$s = \sqrt{(x_0-x_1)^2 + (y_0-y_1)^2}, \tag{4.53}$$

である．したがって半影が外周楕円に接する条件式は，

$$f(t) = s - l_1 = \sqrt{(x_0-x_1)^2 + (y_0-y_1)^2} - l_1 = 0 \tag{4.54}$$

である．楕円周までの最短距離 s の求め方は 4.1.1 節で説明されている．また，逐次近似法のための $\dot{f}(t)$ としては $r_0 = \sqrt{x_0^2 + y_0^2}$ として，

$$\dot{f}(t) \sim \frac{1}{s}\left(1 - \frac{1}{r_0}\right)(C_x x_0 + C_y y_0), \tag{4.55}$$

を使えばよい．

計算を始める初期値 t_0 には，あまり精度を必要としない．地球外周楕円を半径 1 の円で近似し，月影軸の位置 $\mathrm{m}(x_0, y_0)$ をどちらも時刻 t の 1 次式，半影の半径を D_l で近似すると，半影が地球外周楕円に接する条件は，

$$(C_x t_0 + D_x)^2 + (C_y t_0 + D_y)^2 = (1+D_l)^2, \tag{4.56}$$

である．$C^2 = C_x^2 + C_y^2$ と書くと，ここから，

$$t_0 = \frac{-(C_x D_x + C_y D_y) \pm \sqrt{C^2(1+D_l)^2 - (C_x D_y - C_y D_x)^2}}{C^2}, \tag{4.57}$$

が得られる．複号のマイナスは p_1 の初期値，プラスは p_4 の初期値に対応する．D_l はベッセル要素 l_1 を計算する 3 次式の定数項である．初期値 t_0，条件式 $f(t) = 0$，その微分式 $\dot{f}(t)$ が示されたので，ニュートン法により p_1, p_4 の計算ができる．

月の半影のすべてが完全に地球にかかる場合には，その半影が地球外周楕円に内接する時刻 p_2, p_3 も計算できる．半影が地球外周楕円に内接する条件は外接の場合と同じで，

$$f(t) = s - l_1 = \sqrt{(x_0-x_2)^2 + (y_0-y_2)^2} - l_1 = 0, \tag{4.58}$$

であり，$\dot{f}(t)$ も同様に，
$$\dot{f}(t) \sim \frac{1}{s}\left(1 - \frac{1}{r_0}\right)(C_x x_0 + C_y y_0), \tag{4.59}$$
である．ただし，初期値 t_0 が変わり，
$$t_0 = \frac{-(C_x D_x + C_y D_y) \pm \sqrt{C^2(1-D_l)^2 - (C_x D_y - C_y D_x)^2}}{C^2}, \tag{4.60}$$
となる．複号のマイナスは p_2 に対する初期値，プラスは p_3 に対する初期値である．初期値がこのように書ける理由を考えてみるとよい．なお，p_2 と p_3 が非常に接近した時刻のときに，この t_0 ではうまく計算できないこともある．

これらの基本時刻に対する計算手順をまとめておこう．

月の半影に対する基本時刻，基本点の計算手順

内容 基準面上の月影軸 $\mathrm{m}(x_0, y_0)$ 位置にもっとも近い地球外周楕円上の点を $\mathrm{Q}(x_1, y_1)$ とし，
$$\sqrt{(x_0 - x_1)^2 + (y_0 - y_1)^2} - l_1 = 0,$$
となる時刻 p_1, p_2, p_3, p_4 のいずれかを求め，それに対応する月の半影と地球外周楕円との接点の基準座標 (x_1, y_1) を計算する．

> (1) 計算しようとしている時刻が p_1, p_2, p_3, p_4 のどれであるかに応じて，逐次近似計算の初期値 t_0 を以下の式から選ぶ．
> p_1 (複号マイナス)，p_4 (複号プラス) に対し，
> $$t_0 = \frac{-(C_x D_x + C_y D_y) \pm \sqrt{C^2(1+D_l)^2 - (C_x D_y - C_y D_x)^2}}{C^2},$$
> p_2 (複号マイナス)，p_3 (複号プラス) に対し，
> $$t_0 = \frac{-(C_x D_x + C_y D_y) \pm \sqrt{C^2(1-D_l)^2 - (C_x D_y - C_y D_x)^2}}{C^2},$$
> ただし，$C^2 = C_x^2 + C_y^2$ である．
> (2) 時刻 t_0 に対し (i 回目の計算では t_{i-1} に対し)，ベッセル要素 x_0, y_0, d, l_1 を計算する．

(3) r_0, E^2 を,

$$r_0 = \sqrt{x_0^2 + y_0^2},$$
$$E^2 = \frac{e^2 \cos^2 d}{1 - e^2 \sin^2 d},$$

で計算する.

(4) $\Delta x_2, \Delta y_2, \Delta x_4, \Delta y_4$ を,

$$\Delta x_2 = \frac{x_0}{r_0^3}\left(\frac{y_0^2}{2} - \frac{y_0^2}{r_0}\right),$$
$$\Delta y_2 = \frac{y_0}{r_0^3}\left(-\frac{r_0^2 + x_0^2}{2} + \frac{x_0^2}{r_0}\right),$$
$$\Delta x_4 = \Delta x_2 - \frac{y_0}{r_0^3}(y_0\Delta x_2 + x_0\Delta y_2) - \frac{x_0}{2r_0}\{(\Delta x_2)^2 + (\Delta y_2)^2\},$$
$$\Delta y_4 = \frac{x_0}{r_0^3}(y_0\Delta x_2 + x_0\Delta y_2) - \frac{y_0}{2r_0}\{(\Delta x_2)^2 + (\Delta y_2)^2\},$$

で計算する.

(5) x_1, y_1 を,

$$x_1 = \frac{x_0}{r_0} + E^2 \Delta x_2 + E^4 \Delta x_4,$$
$$y_1 = \frac{y_0}{r_0} + E^2 \Delta y_2 + E^4 \Delta y_4,$$

で計算する.

(6) s を,

$$s = \sqrt{(x_0 - x_1)^2 + (y_0 - y_1)^2},$$

で計算する.

(7) $f(t_{i-1})$ を,

$$f(t_{i-1}) = s - l_1,$$

で計算する. $f(t_{i-1}) = 0$ になれば計算は終了で，そのときの t_{i-1} が求める時刻 (p_1, p_2, p_3, p_4 のどれか) になる.

現実には $f(t_{i-1})$ が十分ゼロに近くなれば (小数点以下 7 桁までゼロになれば) $f(t_{i-1}) = 0$ と見なしてよい. このとき, 最後に得られた (x_1, y_1) が, 求めている基本時刻に対応する基本点の基準座標になる.

(8) $f(t_{i-1}) \neq 0$ のとき,

$$\dot{f}(t_{i-1}) \sim \frac{1}{s}\left(1 - \frac{1}{r_0}\right)(C_x x_0 + C_y y_0),$$

を計算する.

(9) t_{i-1} に対する補正値 Δt_{i-1} を,

$$\Delta t_{i-1} = -\frac{f(t_{i-1})}{\dot{f}(t_{i-1})},$$

で計算する. この Δt_{i-1} が小数点以下 6 桁までゼロになれば, 補正値は十分小さく, そのときの t_{i-1} を求める時刻として計算を打ち切ってよい. 最後に計算された (x_1, y_1) が基本点の基準座標となるのは, (7) の場合と同じである.

(10) 計算が打ち切れないときは,

$$t_i = t_{i-1} + \Delta t_{i-1},$$

を計算し, t_i を新たな解の近似値と考え直し, (2) に戻って $i+1$ 回目の計算をおこなう. そして, (2) に戻るたびに i をひとつずつ増やしながら, 計算過程で (7), (9) のどちらかで打ち切り条件が成り立つまでこの計算を繰り返す.

なお, ここの (4),(6) などで, 「小数点以下 6 桁, あるいは 7 桁までゼロになったら」などと書いてある. これは長さの単位として地球赤道半径 d_e, 時刻の流れの単位として 1 時間をとって計算を進めた場合を想定している. 本書では, このあとの計算も同様の単位をとって考えることとする.

計算実例

ここでは, 2035 年 9 月 2 日の皆既日食に対し, 月の半影が最初に地球外周楕円に接する第一接触の時刻 p_1 を計算する. ベッセル要素を計算する 3 次

式係数の C_x, D_x, C_y, D_y, D_l は**表 3.12** から得られ，(4.57) 式により p_1 に対する逐次近似の初期値 t_0 は，

$$t_0 = -0^\text{h}.7450944,$$

になる．この初期値から，p_1 を求める逐次近似は**表 4.6** に示すようになる．その結果，p_1 として，前の日の，

$$p_1 = -0^\text{h}.743372 = 23^\text{h}15^\text{m}23^\text{s}.9, (1 \text{ 日})$$

が得られる．

2035 年 9 月 2 日の皆既日食に対し，月の半影に関する基本時刻，基本点の基準座標を計算したすべての結果をまとめると，

$$\begin{aligned}
p_1 &= -0^\text{h}.743372, & \text{P}_1 &: & x &= -0.8623309, & y &= 0.5046807, \\
p_2 &= 1^\text{h}.457243, & \text{P}_2 &: & x &= -0.3162893, & y &= 0.9455437, \\
p_3 &= 2^\text{h}.394596, & \text{P}_3 &: & x &= 0.7819293, & y &= 0.6213178, \\
p_4 &= 4^\text{h}.593352, & \text{P}_4 &: & x &= 0.9990820, & y &= -0.0426977,
\end{aligned}$$

となる．

表 4.6 p_1 の逐次近似計算

i	1	2	3
t_{i-1}	-0.7450944	-0.7433696	-0.7433717
d	$8°.0579518$	$8°.0579263$	$8°.0579263$
x_0	-1.3298590	-1.3289314	-1.3289325
y_0	0.7798366	0.7795639	0.7795643
r_0	1.5416452	1.5407072	1.5407083
E^2	0.0065637	0.0065637	0.0065637
l_1	0.5415512	0.5415515	0.5415515
Δx_2	0.0328131	0.0329144	0.0329142
Δy_2	-0.1969672	-0.1968795	-0.1968796
Δx_4	-0.0111863	-0.0111401	-0.0111401
Δy_4	-0.1144442	-0.1144742	-0.1144742
x_1	-0.8624083	-0.8623308	-0.8623309
y_1	0.5045492	0.5046808	0.5046807
s	0.5424880	0.5415504	0.5415515
$f(t_{i-1})$	0.0009368	-0.0000012	0.0000000
$\dot{f}(t_{i-1})$	-0.5431177	-0.5430952	
Δt_{i-1}	0.0017248	-0.0000021	
t_i	-0.7433696	-0.7433717	

4.3.3 南北限界線に関する基本時刻,基本点の計算

南北限界線の描き始め,描き終わりの時刻は,基準面に月の半影が通過する帯状領域の南北の縁の線が,地球外周楕円に到達した瞬間,および外周楕円から離れる瞬間である.ただし,このとき地球表面に固定した点は,地球の自転などにより,基準座標系内で移動していることを考慮に入れる必要がある.つまり,(x,y,z) で与えられる地球表面上の点は,基準座標系では,一般に速度 $(\dot{x},\dot{y},\dot{z})$ をもっている.したがって,南北限界線の描き始めの時刻 n_1,s_1,描き終わりの時刻 n_4,s_4 のそれぞれに対する地球上の点 N_1, S_1, N_4, S_4 の座標 (x,y) は,その時刻に,つぎの条件を満たす必要がある.

(1) 月の半影円錐面上にあること
(2) 地球表面と月の半影円錐面との交線の包絡線上にあること
(3) 地球外周楕円上にあること

これらの条件を数式で表わすと,(1) は,

$$(x-x_0)^2 + (y-y_0)^2 - (l_1 - z\tan f_1)^2 = 0, \tag{4.61}$$

であり,(2) は,この (4.61) 式を時刻微分してゼロになる条件から,

$$\frac{d}{dt}\{(x-x_0)^2 + (y-y_0)^2 - (l_1 - z\tan f_1)^2\} = 0, \tag{4.62}$$

となる.また (3) は,

$$\begin{aligned} f(t) &= x^2 + \frac{y^2}{1-E^2} - 1 = 0, \\ z &= 0, \end{aligned} \tag{4.63}$$

である.ただし $(\dot{x},\dot{y},\dot{z})$ に対しては,(3.18) 式で $z=0$ とおいた,

$$\begin{aligned} \dot{x} &= -\dot{\mu} y \sin d, \\ \dot{y} &= \dot{\mu} x \sin d, \\ \dot{z} &= -\dot{\mu} x \cos d + \dot{d} y, \end{aligned} \tag{4.64}$$

の関係が成り立っていなければならない.これらすべての数式を満たす時刻が,南北限界線の描き始め,描き終わりの時刻になる.

これを求めるため，基準面上での (x,y) の位置を m(x_0,y_0) の点に対する月の半影の半径 l_1 と偏角 Q で表わして，

$$\begin{aligned} x &= x_0 + l_1 \cos Q, \\ y &= y_0 + l_1 \sin Q, \end{aligned} \quad (4.65)$$

とする．これは $z=0$ として条件 (1) を書き直したものである．この関係を使い，条件 (2) を書き直す．微分を実行すると，

$$(x-x_0)(\dot{x}-\dot{x}_0) + (y-y_0)(\dot{y}-\dot{y}_0)$$
$$-(l_1 - z\tan f_1)(\dot{l}_1 - \dot{z}\tan f_1 - z\frac{d}{dt}\tan f_1) = 0,$$

である．ここに (4.65) 式の条件を入れ，$z=0$ とすると，

$$l_1 \cos Q(\dot{x}-\dot{x}_0) + l_1 \sin Q(\dot{y}-\dot{y}_0) - l_1(\dot{l}_1 - \dot{z}\tan f_1) = 0,$$

と書き直すことができる．これを l_1 で約し，(4.64) 式の $(\dot{x},\dot{y},\dot{z})$ の関係を入れ，さらに (4.65) 式を使うと，これは，

$$\begin{aligned} & -\dot{l}_1 - \dot{\mu}x_0\cos d\tan f_1 + \dot{d}y_0\tan f_1 \\ & +(-\dot{y}_0 + \dot{\mu}x_0\sin d + \dot{d}l_1\tan f_1)\sin Q \\ & -(\dot{x}_0 + \dot{\mu}y_0\sin d + \dot{\mu}l_1\cos d\tan f_1)\cos Q = 0, \end{aligned} \quad (4.66)$$

の形に整理できる．ここで，

$$\begin{aligned} \hat{a}_1 &= -\dot{l}_1 - \dot{\mu}x_0\cos d\tan f_1 + \dot{d}y_0\tan f_1, \\ \hat{b}_1 &= -\dot{y}_0 + \dot{\mu}x_0\sin d + \dot{d}l_1\tan f_1, \\ \hat{c}_1 &= \dot{x}_0 + \dot{\mu}y_0\sin d + \dot{\mu}l_1\cos d\tan f_1, \end{aligned} \quad (4.67)$$

として $\hat{a}_1, \hat{b}_1, \hat{c}_1$ を決める．これによって (4.66) 式は，

$$\hat{a}_1 + \hat{b}_1 \sin Q - \hat{c}_1 \cos Q = 0, \quad (4.68)$$

の形になる．(4.67) 式で定義した $\hat{a}_1, \hat{b}_1, \hat{c}_1$ は，**補助ベッセル要素**といわれるもので，時刻を与えれば定まる量である．その他の補助ベッセル要素として，(4.67) 式の添字 1 をすべて 2 に変えて得られる $\hat{a}_2, \hat{b}_2, \hat{c}_2$ もある．

4.3 基本時刻，基本点の計算

さて，(4.68) 式を満たす Q には一般に二つの値がある．一方は北限界線に，もう一方は南限界線に対するものであり，それに対する $\sin Q$ は，

$$\sin Q = \frac{-\hat{a}_1 \hat{b}_1 \pm \hat{c}_1 \sqrt{\hat{b}_1^2 + \hat{c}_1^2 - \hat{a}_1^2}}{\hat{b}_1^2 + \hat{c}_1^2}, \tag{4.69}$$

である．ただし，北限界線に対しては複号のプラスを，南限界線に対しては複号のマイナスをとる．

また $\cos Q$ は，

$$\cos Q = \frac{\hat{a}_1 \hat{c}_1 \pm \hat{b}_1 \sqrt{\hat{b}_1^2 + \hat{c}_1^2 - \hat{a}_1^2}}{\hat{b}_1^2 + \hat{c}_1^2}, \quad \text{(複号同順)} \tag{4.70}$$

である．

これは，時刻 t を与えれば Q が得られることを意味し，(4.68) 式から条件 (1),(2) を満たす (x,y) を求めることができる．

しかし，これだけではまだ基本時刻を定めるには不十分である．基本時刻 n_1, n_4, s_1, s_4 には，その (x,y) が条件 (3) を満たさなければならない．つまり基本時刻にはその (x,y) が，

$$f(t) = x^2 + \frac{y^2}{1-E^2} - 1 = 0, \tag{4.71}$$

を満たす必要がある．そのためには，適当な近似時刻をとって (4.71) 式を計算し，逐次近似法によって $f(t) = 0$ となる時刻を探せばよい．

この計算を実行するための初期値 t_0 は，基準面上で地球外周楕円を半径 1 の円，月の半影を半径 D_l の円と仮定し，基準面上の月影軸の経路を直線と仮定するなどの近似をすることで計算できる．その結果，まず北限界線に対しては，

$$t_0 = \frac{-(C_x D_x + C_y D_y) \pm \sqrt{C^2(1-D_l^2) - 2CDD_l - D^2}}{C^2} \tag{4.72}$$

が得られる．複号のマイナスは n_1 に，プラスは n_4 に対するものである．ただし，

$$\begin{aligned} C &= \sqrt{C_x^2 + C_y^2}, \\ D &= C_x D_y - C_y D_x, \end{aligned} \tag{4.73}$$

である．同様に南限界線に対する近似値は，

$$t_0 = \frac{-(C_x D_x + C_y D_y) \pm \sqrt{C^2(1-D_l^2) + 2CDD_l - D^2}}{C^2} \tag{4.74}$$

となる．複号のマイナスは s_1 に，プラスは s_4 に対するものである．ただし，これらはあまり精度のよい近似値にはならない．さらに，補正値計算のために $\dot{f}(t)$ の概略値を計算する必要がある．これは

$$\dot{f}(t) \sim 2(x\dot{x}_0 + y\dot{y}_0) \tag{4.75}$$

を使えばよい．

以上の考察から，南北限界線の描き始め，描き終わりの時刻 n_1, s_1, n_4, s_4 は，つぎの手順で計算できることがわかる．

南北限界線の描き始め，描き終わりの時刻とその位置を計算する手順
内容

$$\begin{aligned}
x &= x_0 + l_1 \cos Q, \\
y &= y_0 + l_1 \sin Q, \\
&\hat{a}_1 + \hat{b}_1 \sin Q - \hat{c}_1 \cos Q = 0, \\
&x^2 + \frac{y^2}{1-E^2} - 1 = 0,
\end{aligned}$$

のすべてを満たす時刻 n_1, n_4, s_1, s_4 を求める．

---

(1) 計算する時刻の初期値 t_0 を

$$\begin{aligned}
t_0 &= \frac{-(C_x D_x + C_y D_y) \pm \sqrt{C^2(1-D_l^2) - 2CDD_l - D^2}}{C^2} \\
t_0 &= \frac{-(C_x D_x + C_y D_y) \pm \sqrt{C^2(1-D_l^2) + 2CDD_l - D^2}}{C^2}
\end{aligned}$$

で計算する．第1式は北限界線に対するもので，複号のマイナスは n_1，プラスは n_4 の初期値，第2式は南限界線に対するもので，複号のマイナスは s_1，プラスは s_4 の初期値である．ただし，

$$C = \sqrt{C_x^2 + C_y^2},$$
$$D = C_x D_y - C_y D_x,$$

である.

(2) 仮定時刻 t_0 に対し (i 回目の計算では t_{i-1} に対し), ベッセル要素 $x_0, y_0, d, l_1, \tan f_1$, ベッセル要素の時刻微分 $\dot{x}_0, \dot{y}_0, \dot{d}, \dot{l}_1, \dot{\mu}$ を計算する.

(3) 同じく t_{i-1} に対し, 補助ベッセル要素 $\hat{a}_1, \hat{b}_1, \hat{c}_1$ を

$$\hat{a}_1 = -\dot{l}_1 - \dot{\mu} x_0 \cos d \tan f_1 + \dot{d} y_0 \tan f_1,$$
$$\hat{b}_1 = -\dot{y}_0 + \dot{\mu} x_0 \sin d + \dot{d} l_1 \tan f_1,$$
$$\hat{c}_1 = \dot{x}_0 + \dot{\mu} y_0 \sin d + \dot{\mu} l_1 \cos d \tan f_1,$$

で計算する. また, 地球外周楕円の離心率に関する値 $1 - E^2$ を,

$$1 - E^2 = \frac{1 - e^2}{1 - e^2 \sin^2 d},$$

で求めておく.

(4) すると, $\sin Q, \cos Q$ は,

$$\sin Q = \frac{-\hat{a}_1 \hat{b}_1 \pm \hat{c}_1 \sqrt{\hat{b}_1^2 + \hat{c}_1^2 - \hat{a}_1^2}}{\hat{b}_1^2 + \hat{c}_1^2},$$

$$\cos Q = \frac{\hat{a}_1 \hat{c}_1 \pm \hat{b}_1 \sqrt{\hat{b}_1^2 + \hat{c}_1^2 - \hat{a}_1^2}}{\hat{b}_1^2 + \hat{c}_1^2},$$

で求めることができる. この 2 式は複号同順である. ただし $\sin Q$ の複号は,

　　北限界線に対してはプラス,　　南限界線に対してはマイナス,

をとる.

(5) (x, y) を,

$$x = x_0 + l_1 \cos Q,$$

$$y = y_0 + l_1 \sin Q,$$

で計算する．

(6) $f(t_{i-1})$ を，

$$f(t_{i-1}) = x^2 + \frac{y^2}{1-E^2} - 1,$$

で計算する．$f(t_{i-1}) = 0$ になれば仮定時刻は正しく，計算はそこで終了で，その t_{i-1} が求める時刻になる．現実には，$f(t_{i-1})$ が十分にゼロに近付けば（小数点以下7桁までゼロになれば），$f(t_{i-1}) = 0$ と見なしてよい．そのとき最後に計算された (x,y) が N_1, S_1, N_4, S_1 点などの基準座標になる．

(7) $f(t_{i-1}) \neq 0$ の場合は，$\dot{f}(t_{i-1})$ の概略値を，

$$\dot{f}(t_{i-1}) \sim 2(x\dot{x}_0 + y\dot{y}_0)$$

で計算する．

(8) t_{i-1} に対する補正値 Δt_{i-1} を，

$$\Delta t_{i-1} = -\frac{f(t_{i-1})}{\dot{f}(t_{i-1})},$$

で計算する．ここで Δt_{i-1} が小数点以下6桁までゼロになれば，補正値は十分ゼロに近いので，そのときの t_{i-1} を求める時刻とし，計算を打ち切ってよい．最後に得られた (x,y) が N_1, S_1, N_4, S_4 点などの基準座標になることは，(6) で打ち切った場合と同様である．

(9) 計算が打ち切れないときは，

$$t_i = t_{i-1} + \Delta t_{i-1},$$

を求め，その t_i を新たな近似値と考え直し，(2) に戻って $i+1$ 回目の繰り返し計算をおこなう．(2) に戻るたびに i をひとつずつ増やしながら，(6) で $f(t_{i-1}) = 0$ が成り立つか，(8) で補正値 Δt_{i-1} が十分ゼロに近付くか，そのどちらかが成り立つまで，計算を繰り返す．

4.3 基本時刻，基本点の計算

計算実例

ここでは，2035 年 9 月 2 日の皆既日食に対し，北限界線の描き始めの時刻 n_1 を計算する．(4.72) 式から，

$$t_0 = 1^{\mathrm{h}}.2018451,$$

が計算できる．これを初期値にとった計算過程は，**表 4.7** に示す．この結果 n_1, N_1 に関する値は，

$$n_1 = 1^{\mathrm{h}}.239137,$$
$$x = -0.1223662,$$
$$y = 0.9892220,$$

となる．

表 4.7 n_1 の逐次近似計算

i	1	2	3	4	5
t_{i-1}	1.2018451	1.2394799	1.2391246	1.2391375	1.2391371
d	$8°.0291823$	$8°.0286261$	$8°.0286313$	$8°.0286311$	$8°.0286311$
x_0	-0.2827615	-0.2625210	-0.2627121	-0.2627051	-0.2627054
y_0	0.4717655	0.4658053	0.4658615	0.4658595	0.4658596
l_1	0.5418470	0.5418518	0.5418518	0.5418518	0.5418518
$\tan f_1$	0.0046328	0.0046328	0.0046328	0.0046328	0.0046328
$1 - E^2$	0.9934354	0.9934353	0.9934353	0.9934353	0.9934353
$\dot{d}$	-0.0002580	-0.0002580	-0.0002580	-0.0002580	-0.0002580
$\dot{x}_0$	0.5378147	0.5378134	0.5378134	0.5378134	0.5378134
$\dot{y}_0$	-0.1583687	-0.1583736	-0.1583735	-0.1583735	-0.1583735
$\dot{l}_1$	0.0001288	0.0001279	0.0001279	0.0001279	0.0001279
$\dot{\mu}$	0.2618804	0.2618804	0.2618804	0.2618804	0.2618804
$\hat{a}_1$	0.0002104	0.0001870	0.0001872	0.0001872	0.0001872
$\hat{b}_1$	0.1480250	0.1487709	0.1487639	0.1487641	0.1487641
$\hat{c}_1$	0.5557223	0.5555018	0.5555039	0.5555038	0.5555038
$\sin Q$	0.9662133	0.9658744	0.9658776	0.9658775	0.9658775
$\cos Q$	0.2577440	0.2590108	0.2589988	0.2589993	0.2589993
x	-0.1431037	-0.1221756	-0.1223731	-0.1223659	-0.1223662
y	0.9953053	0.9891661	0.9892240	0.9892219	0.9892220
$f(t_{i-1})$	0.0176573	-0.0001580	0.0000057	-0.00000002	0.0000000
$\dot{f}(t_{i-1})$	-0.4691770	-0.4447309	-0.4449616	-0.4449532	
Δt_{i-1}	0.0376347	-0.0003552	0.0000129	-0.0000005	
t_i	1.2394799	1.2391246	1.2391375	1.2391371	

この日食に関し，その他の n_4, s_1, s_4 も計算した結果と合わせて，

$$n_1 = 1^{\mathrm{h}}.239137, \quad \mathrm{N}_1: \quad x = -0.1223662, \quad y = 0.9892220,$$

$$n_4 = 2^{\text{h}}.614220, \quad \text{N}_4: \quad x = 0.6420169, \quad y = 0.7641696,$$
$$s_1 = 0^{\text{h}}.100180, \quad \text{S}_1: \quad x = -0.9930364, \quad y = 0.1174202,$$
$$s_4 = 3^{\text{h}}.745532, \quad \text{S}_4: \quad x = 0.8972824, \quad y = -0.4400053,$$

が得られる.

4.3.4 日の出,日の入りの境界に対する基本時刻の計算

ここで計算する基本時刻 n_2, n_3, s_2, s_3 は,月の半影の縁が地球外周楕円上の北端 N または南端 S の点を通る時刻である.N および S の座標は,それぞれ N $(0, \sqrt{1-E^2})$,S $(0, -\sqrt{1-E^2})$ である.基準面上で月の半影の縁は,月影軸 $\text{m}(x_0, y_0)$ を中心とした,半径 l_1 の円であるから,それが N を通る条件は,

$$x_0^2 + (\sqrt{1-E^2} - y_0)^2 = l_1^2, \tag{4.76}$$

になる.同様に S を通る条件は,

$$x_0^2 + (\sqrt{1-E^2} + y_0)^2 = l_1^2, \tag{4.77}$$

と書くことができる.ここから,満たすべき条件は,

$$\begin{aligned} \text{N を通るとき} \quad f(t) &= x_0^2 + (\sqrt{1-E^2} - y_0)^2 - l_1^2 = 0, \\ \text{S を通るとき} \quad f(t) &= x_0^2 + (\sqrt{1-E^2} + y_0)^2 - l_1^2 = 0, \end{aligned} \tag{4.78}$$

である.これを時刻で微分すれば,補正値計算のための $\dot{f}(t)$ の近似式として,

$$\begin{aligned} \text{N を通るとき} \quad \dot{f}(t) &\sim 2(C_x x_0 + C_y y_0 - C_y), \\ \text{S を通るとき} \quad \dot{f}(t) &\sim 2(C_x x_0 + C_y y_0 + C_y), \end{aligned} \tag{4.79}$$

が得られる.一方,逐次近似の初期値 t_0 は,基準面上の月影軸の経路を直線で近似し,地球外周楕円を半径 1 の円と考えることにより,N を通るとき,S を通るときに対し,それぞれ,

$$t_0 = \frac{-C_x D_x + C_y (1 - D_y) \pm \sqrt{C^2 D_l^2 - \{C_x (1 - D_y) + C_y D_x\}^2}}{C^2},$$

$$t_0 = \frac{-C_x D_x - C_y(1+D_y) \pm \sqrt{C^2 D_l^2 - \{C_x(1+D_y) - C_y D_x\}^2}}{C^2}, \tag{4.80}$$

として計算できる．ただし $C^2 = C_x^2 + C_y^2$ である．複号のマイナスは，月半影の縁が初めに N を通る時刻 n_2 および S を通る時刻 s_2 の近似値に対応し，プラスは，月の半影の縁が 2 回目に N を通る時刻 n_3 および S を通る時刻 s_3 の近似値に対応する．以上の条件式から，n_2, n_3, s_2, s_3 の逐次近似の計算ができる．基本点の基準座標は，N に対して $(0, \sqrt{1-E^2})$ ，S に対して $(0, -\sqrt{1-E^2})$ であるから，計算する必要はない．

ここでも n_2, n_3, s_2, s_3 の計算手順をまとめておこう．

日の出，日の入りの境界の時刻 n_2, n_3, s_2, s_3 の計算手順
内容

$$f(t) = x_0^2 + (\sqrt{1-E^2} \mp y_0)^2 - l_1^2 = 0,$$

を満たす時刻を求める．複号のマイナスは n_2, n_3 に，プラスは s_2, s_3 に対するものである．

---

(1) 計算する時刻に対する初期値 t_0 を，下の式から，n_2, n_3, s_2, s_3 に応じて選ぶ．

n_2 (複号マイナス)，n_3 (複号プラス) に対し，

$$t_0 = \frac{-C_x D_x + C_y(1-D_y) \pm \sqrt{C^2 D_l^2 - \{C_x(1-D_y) + C_y D_x\}^2}}{C^2},$$

s_2 (複号マイナス)，s_3 (複号プラス) に対し，

$$t_0 = \frac{-C_x D_x - C_y(1+D_y) \pm \sqrt{C^2 D_l^2 - \{C_x(1+D_y) - C_y D_x\}^2}}{C^2},$$

ただし $C^2 = C_x^2 + C_y^2$ である．

(2) 時刻 t_0 に対し (i 回目の計算のときは t_{i-1} に対し)，ベッセル要素 x_0, y_0, d, l_1 を計算する．

(3) $1 - E^2$ を，

$$1 - E^2 = \frac{1 - e^2}{1 - e^2 \sin^2 d},$$

で計算する.

(4)
$$f(t_{i-1}) = x_0^2 + (\sqrt{1 - E^2} \mp y_0)^2 - l_1^2,$$

を計算する. 複号のマイナスは n_2, n_3 に, プラスは s_2, s_3 に対するものである. ここで $f(t_{i-1}) = 0$ となれば計算は終了で, そのときの t_{i-1} が求める時刻になる. 現実には, $f(t_{i-1})$ が十分ゼロに近くなれば (小数点以下 7 桁までゼロになれば), $f(t_{i-1}) = 0$ と見なしてよい.

(5) $f(t_{i-1}) \neq 0$ の場合,

$$\dot{f}(t_{i-1}) \sim 2(C_x x_0 + C_y y_0 \mp C_y),$$

を計算する. 複号マイナスは n_2, n_3 に, プラスは s_2, s_3 に対するものである.

(6) t_{i-1} に対する補正値を,

$$\Delta t_{i-1} = -\frac{f(t_{i-1})}{\dot{f}(t_{i-1})},$$

で計算する. ここで Δt_{i-1} が十分ゼロに近ければ (小数点以下 6 桁までゼロになれば), そのときの t_{i-1} を求める時刻として, 計算を打ち切ってよい.

(7) 計算を打ち切れないときは,

$$t_i = t_{i-1} + \Delta t_{i-1},$$

を計算し, t_i を新たな近似値と考え直し, (2) に戻って $i+1$ 回目の計算をおこなう. (2) に戻るたびに i をひとつずつ増やしながら, 計算過程の (4) で $f(t_{i-1}) = 0$ になるか, (6) で補正値 Δt_{i-1} が十分ゼロに近付くか, そのどちらかが成り立つまで計算を繰り返す.

n_0, s_0 の計算

n_2, n_3 が計算できるときは n_0 を, また s_2, s_3 が計算できるときは s_0 を求

4.3 基本時刻,基本点の計算

めることができる.換言すれば,タイプ II_N の日食では n_0 を定めることができるし,タイプ II_S の日食では s_0 を定めることができる.基本時刻 n_0 は N で食が最大に,s_0 は S で食が最大になる時刻である.食が最大になる条件はこのあとの 5 章に (5.31) 式として示されている.ここではその結果を先取りして利用する.基準面上の点 $(x, y, 0)$ で食が最大になる条件は,(5.31) 式で $z = 0$ とおいて,

$$(l_1\dot{l}_2 - \dot{l}_1 l_2) + \dot{\Delta}(l_1 + l_2) - \Delta(\dot{l}_1 + \dot{l}_2)$$
$$-\dot{z}(l_1 \tan f_2 - l_2 \tan f_1) + \dot{z}\Delta(\tan f_1 + \tan f_2) = 0, \quad (4.81)$$

である.ただし,

$$\begin{aligned}\Delta^2 &= (x-x_0)^2 + (y-y_0)^2, \\ \dot{\Delta} &= \frac{1}{\Delta}\{(x-x_0)(\dot{x}-\dot{x}_0) + (y-y_0)(\dot{y}-\dot{y}_0)\},\end{aligned} \quad (4.82)$$

である.ここで N,S 点の速度成分 $(\dot{x}, \dot{y}, \dot{z})$ はそれぞれ,

N に対し $(-\dot{\mu}\sqrt{1-E^2}\sin d, E^2\sqrt{1-E^2}\dfrac{\sin d}{\cos d}\dot{d}, \sqrt{1-E^2}\dot{d})$,

S に対し $(\dot{\mu}\sqrt{1-E^2}\sin d, -E^2\sqrt{1-E^2}\dfrac{\sin d}{\cos d}\dot{d}, -\sqrt{1-E^2}\dot{d})$,

である.速度の x, z 成分は (3.18) 式による.y 成分は (3.18) 式ではゼロになるが,月影軸方向の赤緯 d が変化することで上記の成分が生ずる.したがって,$\text{N}(0, \sqrt{1-E^2})$ に対しては,

$$\begin{aligned}\Delta &= \sqrt{x_0^2 + (\sqrt{1-E^2}-y_0)^2}, \\ \dot{\Delta} &= \frac{1}{\Delta}\{x_0(\dot{\mu}\sqrt{1-E^2}\sin d + \dot{x}_0) \\ &\quad + (\sqrt{1-E^2}-y_0)(E^2\sqrt{1-E^2}\frac{\sin d}{\cos d}\dot{d} - \dot{y}_0)\},\end{aligned} \quad (4.83)$$

また,$\text{S}(0, -\sqrt{1-E^2})$ に対しては,

$$\begin{aligned}\Delta &= \sqrt{x_0^2 + (\sqrt{1-E^2}+y_0)^2}, \\ \dot{\Delta} &= \frac{1}{\Delta}\{-x_0(\dot{\mu}\sqrt{1-E^2}\sin d - \dot{x}_0) \\ &\quad + (\sqrt{1-E^2}+y_0)(E^2\sqrt{1-E^2}\frac{\sin d}{\cos d}\dot{d} + \dot{y}_0)\},\end{aligned} \quad (4.84)$$

となる.

n_0, s_0 を求めるには，(4.81) 式を t について解かなくてはならない．ここでは，

$$\begin{aligned} f(t) &= (l_1\dot{l}_2 - \dot{l}_1 l_2) - \Delta(\dot{l}_1 + \dot{l}_2) + \dot{\Delta}(l_1 + l_2) \\ &\quad + \dot{z}\Delta(\tan f_1 + \tan f_2) - \dot{z}(l_1 \tan f_2 - l_2 \tan f_1), \end{aligned} \quad (4.85)$$

とおき，$f(t) = 0$ を逐次近似法で解くことにする．なお，上記 $f(t)$ の項のうち，計算の必要な範囲では，$\dot{\Delta}(l_1 + l_2)$ だけ絶対値が大きく，その他の項はみなゼロに近い．

逐次近似法を適用するには，まず，解の近似値 t_0 が必要になる．月影軸の経路を，

$$\begin{aligned} x_0 &= C_x t + D_x, \\ y_0 &= C_y t + D_y, \end{aligned}$$

と直線で近似すると，進行方向に直交して月影中心を通る直線の方程式は，

$$C_y\{y - (C_y t + D_y)\} + C_x\{x - (C_x t + D_x)\} = 0, \quad (4.86)$$

となる．この直線が $(0, \pm 1)$ を通る時刻は解の近似値と見なしてよい．その条件から近似時刻を求めると，つぎのようになる．

$$\begin{aligned} n_0 \text{に対する近似時刻} \quad t_0 &= -\frac{C_x D_x + C_y(D_y - 1)}{C_x^2 + C_y^2}, \\ s_0 \text{に対する近似時刻} \quad t_0 &= -\frac{C_x D_x + C_y(D_y + 1)}{C_x^2 + C_y^2}, \end{aligned} \quad (4.87)$$

時刻の補正値を求めるためには，さらに $\dot{f}(t)$ の計算が必要になる．これは，主要な項だけをとって，

$$\dot{f}(t) \sim -\frac{1}{\Delta}\{\dot{\Delta}^2 + (\dot{x}_0 \dot{x} + \dot{y}_0 \dot{y}) - (\dot{x}_0^2 + \dot{y}_0^2)\}(l_1 + l_2), \quad (4.88)$$

とすればよい．時刻の初期値が定まり，$\dot{f}(t)$ の近似式が与えられたから，ニュートン法によって (4.85) 式を満たす時刻 n_0 あるいは s_0 が計算できる．これに対応する基準座標は $(0, \sqrt{1 - E^2})$，または $(0, -\sqrt{1 - E^2})$ であるから，特に計算する必要はない．基本時刻の計算手順はつぎのようになる．

4.3 基本時刻，基本点の計算

食が最大になる線が日の出，日の入りの境界に達する時刻の計算手順
内容 地球外周楕円上の N,S 点に対し，

$$(l_1 \dot{l}_2 - \dot{l}_1 l_2) - \Delta(\dot{l}_1 + \dot{l}_2) + \dot{\Delta}(l_1 + l_2)$$
$$+ \dot{z}\Delta(\tan f_1 + \tan f_2) - z(l_1 \tan f_2 - l_2 \tan f_1) = 0,$$

となる時刻 t を求める．この t が n_0 あるいは s_0 になる．

---

(1) 解の近似時刻 t_0 を，
$$t_0 = -\frac{C_x D_x + C_y(D_y \mp 1)}{C_x^2 + C_y^2},$$
で計算する．以下複号同順で，上側が n_0 ，下側が s_0 に対応する．

(2) 時刻 t_0 に対し (i 回目の計算では t_{i-1} に対し)，ベッセル要素 $x_0, y_0, d,$ $l_1, l_2, \tan f_1, \tan f_2$，およびベッセル要素の時刻微分 $\dot{x}_0, \dot{y}_0, \dot{d}, \dot{l}_1, \dot{l}_2, \dot{\mu}$ を計算する．

(3) $1 - E^2, \Delta, \dot{\Delta}, \dot{x}, \dot{y}, \dot{z}$ を，

$$\begin{aligned}
1 - E^2 &= \frac{1 - e^2}{1 - e^2 \sin^2 d}, \\
\Delta &= \sqrt{x_0^2 + (\pm\sqrt{1 - E^2} - y_0)^2}, \\
\dot{x} &= \mp \dot{\mu}\sqrt{1 - E^2}\sin d, \\
\dot{y} &= \pm E^2 \sqrt{1-E^2}\frac{\sin d}{\cos d}\dot{d}, \\
\dot{z} &= \pm \sqrt{1 - E^2}\dot{d}, \\
\dot{\Delta} &= \frac{1}{\Delta}\{-x_0(\dot{x} - \dot{x}_0) + (\pm\sqrt{1 - E^2} - y_0)(\dot{y} - \dot{y}_0)\},
\end{aligned}$$

によって計算する．

(4)
$$\begin{aligned}
f(t_{i-1}) &= (l_1 \dot{l}_2 - \dot{l}_1 l_2) - \Delta(\dot{l}_1 + \dot{l}_2) + \dot{\Delta}(l_1 + l_2) \\
&\quad + \dot{z}\Delta(\tan f_1 + \tan f_2) - z(l_1 \tan f_2 - l_2 \tan f_1),
\end{aligned}$$
を計算する．

$f(t_{i-1}) = 0$ になれば計算は終了で，そのときの t_{i-1} が求める n_0 または s_0 になる．現実には，$f(t_{i-1})$ が十分ゼロに近付けば (小数点以下 7 桁までゼロになれば)，$f(t_{i-1}) = 0$ と見なしてよい．

(5)　$f(t_{i-1}) \neq 0$ の場合は，

$$\dot{f}(t_{i-1}) \sim -\frac{1}{\Delta}\{\dot{\Delta}^2 + (\dot{x}_0\dot{x} + \dot{y}_0\dot{y}) - (\dot{x}_0^2 + \dot{y}_0^2)\}(l_1 + l_2),$$

を計算する．

(6)　t_{i-1} に対する補正値 Δt_{i-1} を

$$\Delta t_{i-1} = -\frac{f(t_{i-1})}{\dot{f}(t_{i-1})},$$

で計算する．Δt_{i-1} が小数点以下 6 桁までゼロになったら，補正値は十分に小さく，そのときの t_{i-1} を n_0 あるいは s_0 とし，計算を打ち切ってよい．

(7)　計算が打ち切れない場合は，

$$t_i = t_{i-1} + \Delta t_{i-1}$$

を計算し，t_i を新たな近似値にとり直し，(2) に戻ってこの計算を繰り返す．(2) に戻るたびに i をひとつずつ増やしながら，その過程で，(4) で $f(t_{i-1}) = 0$ となるか，(6) で補正値 Δt_{i-1} が十分ゼロに近付くか，そのどちらかが成り立つまで計算を続ける．

計算実例

これまで扱ってきた計算例はタイプ I の日食であり，n_0, s_0 は存在しないから，そのままの形で計算実例を示すことはできない．ここでは，y_0 を除くすべてのベッセル要素が 2035 年 9 月 2 日の皆既日食と同じで，y_0 だけが 0.4 大きい日食を仮定してみる．こうするとタイプ II の日食になり，n_0 の計算ができるようになる．計算の初期値は，(4.87) 式により，

$$t_0 = 1.6212367,$$

となり，以後の計算手順は **表 4.8** に示すようになる．したがって，この仮定

4.3 基本時刻，基本点の計算　　　　　　　　　　　　　145

の日食では，

$$n_0 = 1^{\rm h}.627294,$$

であり，N_0 の基準座標は，

$$x = 0, \quad y = 0.9934352,$$

となる．

表 **4.8**　仮定日食の n_0 の逐次近似計算

i	0	1		4
t_i	1.6212367	1.6276698	$\cdots$	1.6272943
d	$8°.0229833$	$8°.0228883$	$\cdots$	$8°.0228938$
x_0	-0.0572101	-0.0537504	$\cdots$	-0.0539524
y_0	0.853358	0.8043166	$\cdots$	0.8043761
$\tan f_1$	0.0046328	0.0046328	$\cdots$	0.0046328
$\tan f_2$	0.0046097	0.0046097	$\cdots$	0.0046097
l_1	0.5418989	0.5418996	$\cdots$	0.5418996
l_2	-0.0044643	-0.0044636	$\cdots$	-0.0044636
$\dot{d}$	-0.0002580	-0.0002580	$\cdots$	-0.0002580
$\dot{x}_0$	0.5377962	0.5377958	$\cdots$	0.5377958
$\dot{y}_0$	-0.1584291	-0.1584227	$\cdots$	-0.1584227
$\dot{l}_1$	0.0001188	0.0001186	$\cdots$	0.0001186
$\dot{l}_2$	0.0001182	0.0001180	$\cdots$	0.0001180
$\dot{\mu}$	0.2618804	0.2618804	$\cdots$	0.2618804
$1 - E^2$	0.9998687	0.9998687	$\cdots$	0.9998687
Δ	0.2028339	0.2028679	$\cdots$	0.2028624
$\dot{x}$	-0.0365483	-0.0365479	$\cdots$	-0.0365479
$\dot{y}$	0.0000002	0.0000002	$\cdots$	0.0000002
$\dot{z}$	-0.0002580	-0.0002580	$\cdots$	-0.0002580
$\dot{\Delta}$	-0.0100062	0.0005871	$\cdots$	-0.0000311
$f(t_i)$	0.0053610	0.0003321	$\cdots$	0.0000001
$\sim \dot{f}(t_i)$	-0.8333540	-0.8329369	$\cdots$	-0.8329830
Δt_i	0.0064331	-0.0003988	$\cdots$	0.0000001
t_{i+1}	1.6276698	1.6272710	$\cdots$	

ここで，2035 年 9 月 2 日の皆既日食の日食図に対し，基本点 C_1, C_4, P_1, P_2,

$P_3, P_4, N_1, N_4, S_1, S_4$ の位置を描き込んだ図を示しておく.

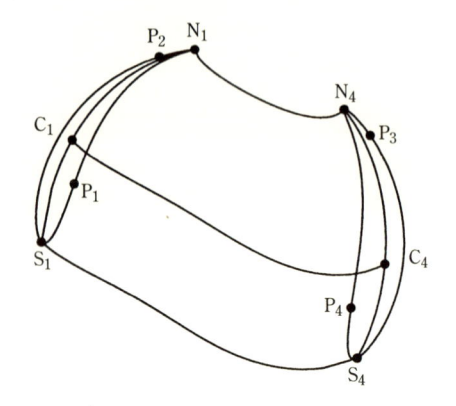

図 4.8 日食図上の基本点の位置

第5章　日食図の線の描画

　この章では，日食図に現われる各種の線の描き方を具体的に説明する．線の描き方といっても，実際に計算するのはそれぞれの線上の点の位置 (経緯度) である．適当な間隔でいくつもの点の経緯度を計算すれば，それらをなめらかに連結することで，地図上に目的の線を描くことができる．具体的な計算法に先立って，基準座標から経緯度への換算法を説明する．

5.1　基準座標から経緯度への換算

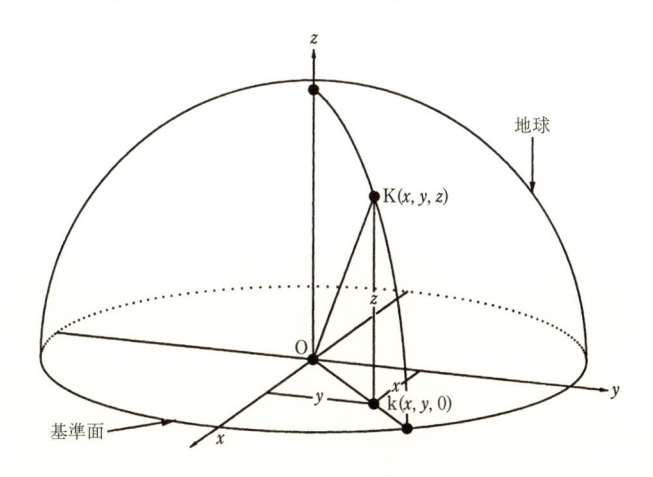

図 5.1　基準面上の点と地球表面上の点の関係

　基本時刻の計算からもわかるように，日食に関する現象は，基準面上の位置で判断されることがある．しかし，いつでもそれが可能というわけではない．地球表面と基準面との交わりである地球外周楕円上の点を除けば，実際

に日食を観測するのは，基準面から離れた地球表面上の点である．いま仮に，何かの現象の起こることが基準面上の点 k($x,y,0$) で判断されたとしても，そのときその現象を実際に観測するのは，**図 5.1** に示すように，それに対応する地球表面上の点 K(x,y,z) である．そして，その点がどこであるかを具体的に知るには，K 点の基準座標 (x,y,z) をまず地心直交座標 (u,v,w) に変換し，さらに地球表面上の経緯度 (λ,ϕ) に直す必要がある．ここでは，その変換の手順を考える．

まず留意しなければならないのは，(x,y,z) だけで (λ,ϕ) に変換できるのではなく，時刻が必要なことである．具体的には，変換をおこなおうとする時刻に対する月影軸方向の赤緯 d とグリニジ時角 μ が必要である．d と μ はその時刻のベッセル要素として計算できる．この (d,μ) と (x,y,z) をセットにして，はじめて (λ,ϕ) への変換が可能になる．具体的な計算法は以下に述べる．

地球楕円体は赤道半径 1，離心率 e の回転楕円体であり，その赤道直交座標系における方程式は，

$$X^2 + Y^2 + \frac{Z^2}{1-e^2} = 1, \tag{5.1}$$

である．この楕円体を基準座標系で考えると，赤緯 d の方向が z 軸になるから，その方程式は，

$$x^2 + \frac{1-e^2\sin^2 d}{1-e^2}y^2 + \frac{1-e^2\cos^2 d}{1-e^2}z^2 + \frac{2e^2\cos d\sin d}{1-e^2}yz = 1, \tag{5.2}$$

になる．x,y を既知としてここから z を計算すると，

$$z = \frac{-e^2 y\cos d\sin d + \sqrt{(1-e^2)\{1-x^2-y^2-e^2(1-x^2)\cos^2 d\}}}{1-e^2\cos^2 d}, \tag{5.3}$$

になる．z には一般に二つの解がある．しかしそのひとつの解は，地球表面ではあるが太陽と反対側の点に対応し，日食計算とは無関係なので，ここには示していない．

5.1 基準座標から経緯度への換算

つぎに,この点の基準座標 (x, y, z) を,地心直交座標に直す.これは (3.15) 式の逆変換であるから,行列表現では,

$$\begin{pmatrix} u \\ v \\ w \end{pmatrix} = \mathbf{R}_3\left(\mu - \frac{\pi}{2}\right) \mathbf{R}_1\left(d - \frac{\pi}{2}\right) \begin{pmatrix} x \\ y \\ z \end{pmatrix}, \tag{5.4}$$

となる.具体的な形で書けば,

$$\begin{aligned} u &= x\sin\mu - y\cos\mu\sin d + z\cos\mu\cos d, \\ v &= x\cos\mu + y\sin\mu\sin d - z\sin\mu\cos d, \\ w &= y\cos d + z\sin d, \end{aligned} \tag{5.5}$$

になる.これを経緯度 (λ, ϕ) に直すのは,(3.10) 式の関係,

$$\begin{aligned} u &= N\cos\phi\cos\lambda, \\ v &= N\cos\phi\sin\lambda, \\ w &= N(1-e^2)\sin\phi = N\sin\phi - Ne^2\sin\phi, \end{aligned} \tag{5.6}$$

によればよい.ただし, N は東西線曲率半径で,

$$N = \frac{d_\mathrm{e}}{\sqrt{1 - e^2\sin^2\phi}}, \tag{5.7}$$

である. d_e は地球の赤道半径で,ここでは $d_\mathrm{e} = 1$ である.

(u, v, w) が得られたら,まず,

$$\frac{v}{u} = \tan\lambda, \qquad (u > 0 \text{ で} \lambda \text{は 1,または 4 象限}) \tag{5.8}$$

の関係で,経度 λ を求める.緯度 ϕ を求めるには,さらに,

$$\begin{aligned} \sqrt{u^2 + v^2} &= N\cos\phi, \\ w + Ne^2\sin\phi &= N\sin\phi, \end{aligned} \tag{5.9}$$

の関係から,辺々の割り算をして,

$$\frac{w + Ne^2\sin\phi}{\sqrt{u^2 + v^2}} = \tan\phi, \tag{5.10}$$

の形をつくる．これを変形すると，

$$\tan\phi = \frac{w}{\sqrt{u^2+v^2}} + \frac{d_e e^2}{\sqrt{u^2+v^2}}\frac{\tan\phi}{\sqrt{1+(1-e^2)\tan^2\phi}}, \tag{5.11}$$

になる．ただし，$d_e = 1$ である．この式は両辺に $\tan\phi$ が含まれるが，右辺の第二項は楕円体離心率の二乗である e^2 との積の形で，その値はゼロに近いと推定される．したがって繰り返し代入法が適用できる．まず，

$$\tan\phi_0 = \frac{w}{\sqrt{u^2+v^2}}, \tag{5.12}$$

を $\tan\phi$ 計算の初期値とする．これを (5.11) 式の右辺に代入し，計算される左辺の値を $\tan\phi_1$ とする．これはより精度の高い近似値になる．これをまた右辺に代入して得られる左辺の値を $\tan\phi_2$ とする．つまり，

$$\tan\phi_{i+1} = \frac{w}{\sqrt{u^2+v^2}} + \frac{d_e e^2}{\sqrt{u^2+v^2}}\frac{\tan\phi_i}{\sqrt{1+(1-e^2)\tan^2\phi_i}}, \tag{5.13}$$

の形で i をひとつずつ増やしながらこの計算を繰り返す．必要精度で $\tan\phi_{i+1} = \tan\phi_i$ となったら計算を打ち切り，そのときの値を正しい $\tan\phi$ とする．そこから ϕ を求めることができる．現実の計算では $\tan\phi$ の値が小数点以下 6 桁まで一致すれば十分で，5 回程度の繰り返しで収束するはずである．この計算例はつぎの節で示す．

一方，$\tan\phi$ は e^2 で展開した形に書くこともできる．$e^2 = 0.006694385$ と e^2 はゼロに近い値であるから，現実の計算には e^6 までの展開項があれば十分である．これはやや長い式になるが，

$$\begin{aligned}\tan\phi &= \frac{w}{\sqrt{u^2+v^2}}\Bigg[1 + e^2\frac{d_e}{r} + e^4\frac{d_e}{2r^3}\left\{\frac{2d_e(u^2+v^2)}{r} + w^2\right\} \\ &\quad + e^6\frac{d_e}{r^5}\Bigg\{\frac{d_e^2(u^2+v^2)(2u^2+2v^2-3w^2)}{2r^2} \\ &\quad + \frac{2d_e(u^2+v^2)w^2}{r} + \frac{3w^4}{8}\Bigg\}\Bigg],\end{aligned} \tag{5.14}$$

である．ただし，$r^2 = u^2 + v^2 + w^2$ である．実際の計算には，展開式の方が便利かもしれない．

5.1 基準座標から経緯度への換算

ここで，基準座標から経緯度への換算手順をまとめておく．すでに述べたように，この計算には，換算点の基準座標 (x, y, z) の他に，その時刻のベッセル要素 (d, μ) が必要である．

基準座標 (x, y, z) から経緯度 (λ, ϕ) への換算手順

(1) 換算しようとする時刻 t に対するベッセル要素 d, μ を求める．
(2) 地心直交座標 (u, v, w) を，

$$u = x \sin\mu - y \cos\mu \sin d + z \cos\mu \cos d,$$
$$v = x \cos\mu + y \sin\mu \sin d - z \sin\mu \cos d,$$
$$w = y \cos d + z \sin d,$$

で計算する．

(3) 経度 λ を，

$$\tan\lambda = \frac{v}{u}, \quad (u > 0 \text{ で}\lambda\text{は} 1\text{，または} 4\text{ 象限})$$

で求める．緯度 ϕ は，

$$\tan\phi_0 = \frac{w}{\sqrt{u^2 + v^2}},$$

を初期値とし，

$$\tan\phi_{i+1} = \frac{w}{\sqrt{u^2 + v^2}} + \frac{e^2}{\sqrt{u^2 + v^2}} \frac{\tan\phi_i}{\sqrt{1 + (1 - e^2)\tan^2\phi_i}},$$

で，i をひとつずつ増やしながら繰り返し代入法による近似をする．$\tan\phi_{i+1}$ と $\tan\phi_i$ の値が小数点以下 6 桁まで一致すれば，その $\tan\phi_{i+1}$ を決定値とする．ここでは，$e^2 = 0.006694385$ を使って，$\tan\phi$ を，

$$\tan\phi = \frac{w}{\sqrt{u^2 + v^2}}\left[1 + \frac{e^2}{r} + \frac{e^4}{2r^3}\left\{\frac{2(u^2 + v^2)}{r} + w^2\right\}\right.$$

$$\left. \frac{e^6}{r^5} \left\{ \frac{(u^2+v^2)(2u^2+2v^2-3w^2)}{2r^2} \right. \right.$$
$$\left. \left. + \frac{2(u^2+v^2)w^2}{r} + \frac{3w^4}{8} \right\} \right],$$

と，直接に計算してもよい．

具体的な計算例は，つぎの節，中心線の中で扱う．

この計算によって必要な点の位置をすべて経緯度にしておけば，好みの投影法で地図に描き入れることができる．なお，投影法については，本書では述べない．

5.2 中心線

ここから日食図に描き入れる各種の線の計算法の説明に入る．最初に日食の中心線を扱う．

中心線は，地表に落ちた月影軸が，太陽，月の天球上の移動と地球の自転とにより地表を移動しながら描く線である．中心線は日食図に描き込まれないことも多いが，日食の起こる大局的な状況を知るために中心線だけを地図に描き入れる場合もある．『理科年表』には「近時の日食」として，最近の20年間の日食の中心線だけを描いた地図が掲載されている．

ベッセル要素 (x_0, y_0) が時刻 t における基準面上の月影軸の位置であり，この場合の計算開始のデータになる．月影軸が基準面で地球外周楕円内に存在するのは，すでに計算した時刻 c_1 から c_4 までであるから，地球表面に交わる時刻も同じく c_1 から c_4 までである．ここでは，その間の時刻に対し，5分とか10分とか適当な間隔で，それぞれに月影軸の落ちる地球表面の位置を計算すればよい．それには，その時刻に対し，まず月影軸の位置 $\mathrm{m}(x_0, y_0)$ を計算し，前節の (5.3) 式でそれに対する z を求め，(5.4) または (5.5) 式で (x_0, y_0, z) を (u, v, w) に換算し，さらに (5.6)-(5.14) 式にしたがって経緯度 (λ, ϕ) に換算すればよい．

したがって，中心線の計算手順はつぎのようになる．

5.2 中心線

中心線位置の計算

内容 与えられた時刻に対し，月影軸と地球表面との交点の経緯度を求める．具体的には，与えられた地球表面上の点の基準座標 $\mathrm{K}(x_0, y_0, z)$ から，経緯度 $\mathrm{K}(\lambda, \phi)$ への換算である．

(1) 与えられた時刻 t に対し，ベッセル要素 d, x_0, y_0, μ を求める．

(2) その x_0, y_0 に対する z を，
$$z = \frac{-e^2 y_0 \cos d \sin d + \sqrt{(1-e^2)\{1 - x_0^2 - y_0^2 - e^2(1-x_0^2)\cos^2 d\}}}{1 - e^2 \cos^2 d},$$
で計算する．

(3) (x_0, y_0, z) に対応する地心直交座標 (u, v, w) を，
$$u = x_0 \sin\mu - y_0 \cos\mu \sin d + z \cos\mu \cos d,$$
$$v = x_0 \cos\mu + y_0 \sin\mu \sin d - z \sin\mu \cos d,$$
$$w = y_0 \cos d + z \sin d,$$
で計算する．

(4) 経度 λ を，
$$\tan\lambda = \frac{u}{v}, \quad (u > 0 \text{ で} \lambda \text{ は 1，または 4 象限})$$
で求める．

(5) 緯度 ϕ を，
$$\tan\phi_0 = \frac{w}{\sqrt{u^2 + v^2}},$$
を $\tan\phi$ の初期値とし，$e^2 = 0.006694385$ を使って，
$$\tan\phi_{i+1} = \frac{w}{\sqrt{u^2 + v^2}} + \frac{e^2}{\sqrt{u^2 + v^2}} \frac{\tan\phi_i}{\sqrt{1 + (1-e^2)\tan^2\phi_i}},$$
で i をひとつずつ増やしながら，繰り返し代入法で逐次近似をおこなう．$\tan\phi_{i+1}$ と $\tan\phi_i$ の値が小数点以下 6 桁まで一致すれば，その値を $\tan\phi$ の決定値としてよい．

計算例として，2035 年 9 月 2 日の皆既日食に対し，月影軸が地球にもっとも近付く時刻 c_0 に対し，中心線の描く地表の位置を計算してみる．日食図の線として最初の例であるから，やや丁寧に説明する．

計算実例 時刻 c_0 に対し，月影軸が地表に交わる位置 C_0 の計算
表 4.1 に，

$$t = c_0 = 1.9234653,$$
$$x = x_0 = 0.1053246,$$
$$y = y_0 = 0.3574505,$$

が得られている．また，この時刻に対するベッセル要素の計算から，

$$d = 8°.0185158,$$
$$\mu = 208°.8807885,$$

が得られる．この x, y, d, e^2 を (5.3) 式に代入することで，

$$z = 0.9271255,$$

が計算できる．こうして得られた (x, y, z) が月影軸の落ちる地球楕円体上の点 C_0 の基準座標である．

つぎに，これら (x, y, z) を (5.4) 式，または (5.5) 式で地心直交座標 (u, v, w) に変換する．この変換には上記の μ, d の値が必要である．計算の結果，

$$u = -0.8110888,$$
$$v = 0.3271055,$$
$$w = 0.4832834,$$

が得られる．

最後のステップとして，これらを経緯度 (λ, ϕ) に換算する．まず (5.8) 式により，

$$\tan \lambda = \frac{v}{u} = -0.4032919,$$
$$\lambda = 158°.0361812,$$

が計算できる．ついで (5.12) 式から，

$$\tan\phi_0 = \frac{w}{\sqrt{u^2+v^2}} = 0.5525989,$$

が初期値として計算される．以下，(5.13) 式の逐次近似により，4 回の繰り返し計算で，

$$\tan\phi = 0.5563232,$$
$$\phi = 29°.0882002,$$

が求められる．こうして求めた (λ,ϕ) が c_0 の時刻に対する中心線位置 C_0 を計算した最終結果である．以上の計算をまとめて**表 5.1** に示した．

表 5.1 中心線上の点の計算

$t = c_0$	1.9234653
d	8°.0185158
$x = x_0$	0.1053246
$y = y_0$	0.3574505
z	0.9271255
μ	208°.8807885
u	-0.8110888
v	0.3271055
w	0.4832834
$\tan\lambda$	-0.4032919
λ	158°.0361812
$\tan\phi_0$	0.5525989
$\tan\phi_1$	0.5563041
$\tan\phi_2$	0.5563231
$\tan\phi_3$	0.5563232
$\tan\phi_4$	0.5563232
ϕ	29°.0882002

5.3 日の出，日の入りに欠け始める線，食が終わる線

この節では 4 種の線，すなわち「日の出に欠け始める線」，「日の入りに欠け始める線」，「日の出に食が終わる線」，「日の入りに食が終わる線」の計算法をまとめて説明する．これらはみな，同じ手法で計算できるからである．

第 5 章 日食図の線の描画

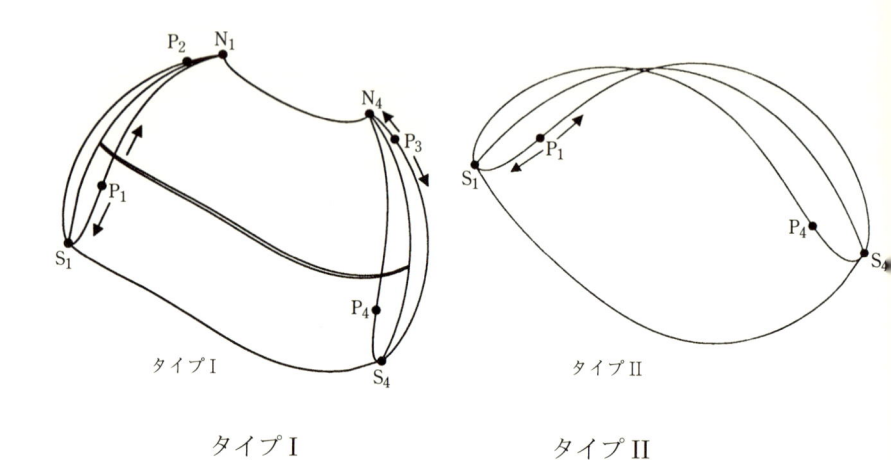

図 5.2 典型的な日食図の形

図を見ればわかることであるが，タイプ I の日食図では「日の出に欠け始める線」と「日の出に食が終わる線」とはつながってひとつの細長い環を描き，北側で N_1，南側で S_1 の点を通っている．その東の離れた位置に，「日の入りに欠け始める線」と「日の入りに食が終わる線」も同様の環を描き，北側で N_4，南側で S_4 の点を通っている．一方，タイプ II の日食図ではその二つの環がくっついた形になり，「日の出に欠け始める線」が「日の入りに欠け始める線」につながり，「日の出に食が終わる線」が「日の入りに食が終わる線」につながって，4 種の線が 1 本の細く曲がった 8 字型の閉曲線を形作る．これらのどの線も，基準面上で，地球外周楕円と月の半影の縁の作る円との交点として求められる．この線は，タイプ II_N の日食図では S_1, S_4 の点を通り，タイプ II_S の日食図では，N_1, N_4 の点を通る．

その内容から，これらの線の区別は，**表 5.2** のようにまとめられる．

表 5.2 交点の位置と日食図の線の関係

	地球外周楕円の	
	西縁 ($x < 0$)	東縁 ($x > 0$)
月半影の前縁	日の出に欠け始める	日の入りに欠け始める
月半影の後縁	日の出に食が終わる	日の入りに食が終わる

5.3 日の出, 日の入りに欠け始める線, 食が終わる線

また, **図 5.2** を参照することで, このそれぞれの線の描かれる時間帯がわかる. すでに計算法を説明した基本時刻を使えば, これらは**表 5.3** のようになる.

表 5.3 日食図の線の描かれる時刻帯 (1)

タイプ		日の出に欠け始める線	日の出に食が終わる線	日の入りに欠け始める線	日の入りに食が終わる線
I	北	$p_1 \to n_1$	$n_1 \to p_2$	$p_3 \to n_4$	$n_4 \to p_4$
	南	$p_1 \to s_1$	$s_1 \to p_2$	$p_3 \to s_4$	$s_4 \to p_4$
II$_N$	北	$p_1 \to n_2$	$s_1 \to n_3$	$n_2 \to s_4$	$n_3 \to p_4$
	南	$p_1 \to s_1$			$s_4 \to p_4$
II$_S$	北	$p_1 \to n_1$	$n_1 \to s_3$	$s_2 \to n_4$	$n_4 \to p_4$
	南	$p_1 \to s_2$			$s_3 \to p_4$

先に述べたように, ここで扱う 4 種の線は, 基準面上で, 月の半影の縁の円と地球外周楕円の交点として定まる. この点を 5.1 節の方法で経緯度に換算すれば, その点に対応する地球表面の位置が求められる. 基準面上において, 時刻 t における月の半影の縁は, 月影軸を $\mathrm{m}(x_0, y_0)$ とした半径 l_1 の円で, その方程式は,

$$(x - x_0)^2 + (y - y_0)^2 = l_1^2, \tag{5.15}$$

である. 一方, 地球外周楕円の方程式は,

$$x^2 + \frac{y^2}{1 - E^2} = 1, \tag{5.16}$$

である. ただし, E^2 は (4.2) 式に示したように,

$$E^2 = \frac{e^2 \cos^2 d}{1 - e^2 \sin^2 d}, \tag{5.17}$$

で計算される. ここの x_0, y_0, l_1, E^2 はすべて時刻 t の関数である. この交点の座標 (x, y) を求めるには, 上記 (5.15),(5.16) の 2 式を連立させて解けばよい. したがって, この 2 式が, 与えられた時刻 t に対し,「日の出に欠け始める線」,「日の出に食が終わる線」,「日の入りに欠け始める線」,「日の入りに食が終わる線」の 4 種の線上の点 (x, y) を定める条件式になる.

これを解くには, 極座標による計算が便利である. まず, 月影軸の中心の位置 $\mathrm{m}(x_0, y_0)$ を,

$$\begin{aligned} x_0 &= r_0 \cos \theta, \\ y_0 &= r_0 \sin \theta, \end{aligned} \tag{5.18}$$

あるいは,

$$r_0 = \sqrt{x_0^2 + y_0^2},$$
$$\tan\theta = \frac{y_0}{x_0}, \tag{5.19}$$
$$(\theta \text{ は } x_0 > 0 \text{ で } 1,4 \text{ 象限}, x_0 < 0 \text{ で } 2,3 \text{ 象限}),$$

の形で極座標 $\mathrm{m}(r_0, \theta)$ に書き直す.また,求めようとしている交点 (x, y) も,

$$x = \rho\cos\gamma,$$
$$y = \rho\sin\gamma, \tag{5.20}$$

あるいは,

$$\rho = \sqrt{x^2 + y^2},$$
$$\tan\gamma = \frac{y}{x}, \tag{5.21}$$
$$(\gamma \text{ は } x > 0 \text{ で } 1,4 \text{ 象限}, x < 0 \text{ で } 2,3 \text{ 象限}),$$

の関係で極座標 (ρ, γ) で表わす.

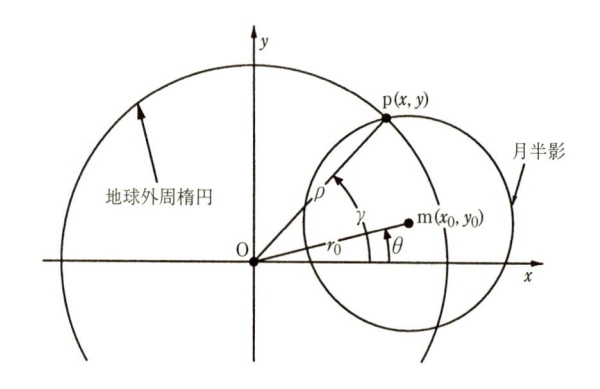

図 5.3 極座標による表示

このように定めると,地球外周楕円の方程式 (5.16) は,極座標系で,

$$\rho^2 = \frac{1 - E^2}{1 - E^2\cos^2\gamma}, \tag{5.22}$$

5.3 日の出,日の入りに欠け始める線,食が終わる線

になる.一方,(5.15) 式は,(ρ,γ) に対する条件として,

$$l_1^2 = r_0^2 + \rho^2 - 2r_0\rho\cos(\gamma-\theta), \tag{5.23}$$

になる.これによって,(5.15),(5,16) の 2 式は,(5.22),(5,23) の 2 式に変換された.したがって,与えられた時刻 t に対し,(5.22),(5.23) 式から (ρ,γ) を求めることが連立方程式を解くことに対応する.

(5.22) 式の形から,γ が変化しても ρ は大きくは変わらないことがわかる.これを解くのは,つぎの手順の繰り返し代入法がよい.

まず,ベッセル要素 d,x_0,y_0,l_1,μ を計算する.そのうち x_0,y_0 は (5.19) 式で r_0,θ に換算する.また (5.17) 式で E^2 を計算しておく.

つぎに,ρ の初期値を仮定する.現実には,$\rho=1$ をとるのが便利である.これらの値を,(5.23) 式を変形した,

$$\cos(\gamma-\theta) = \frac{r_0^2 + \rho^2 - l_1^2}{2r_0\rho},$$

の右辺に代入し,$\cos(\gamma-\theta)$ の値を求める.ここから,正負二つの $\gamma-\theta$ の値が得られる.ときには $|\cos(\gamma-\theta)| > 1$ となって計算ができなくなることも起こるが,もともと推定値で計算しているのだから,そのときは遠慮なく $\gamma-\theta=0$ としてよい.このあと,正負それぞれの値に対して別々に計算を続けなければならない.ただし,一度プラスの値をとった計算では 2 回目以降の計算でもいつもプラスをとり,マイナスの値をとったらそのつぎもマイナスをとる必要がある.

θ は既知量であるから,上の関係から γ が得られる.ただし,はじめに ρ を仮定しているから,得られた γ も近似値である.そこで,この γ を (5.22) 式,

$$\rho^2 = \frac{1-E^2}{1-E^2\cos^2\gamma},$$

の右辺に代入することで,ρ を計算し直す.もし,この ρ がはじめの仮定値と一致したならば,途中で使ったすべての値は正しく,そこで計算は終了である.しかし,一般にそれは望むべくもない.そこで,いま得られた ρ を新たな仮定値に取り直し,上記の計算を繰り返す.繰り返しのうちに (5.22) 式で計算される ρ の値が仮定した ρ の値と必要精度で一致するようになれば(小数点以下 7 桁まで一致すれば),そのときの (ρ,γ) の組が (5.22),(5.23) の

連立方程式の解になる．これが繰り返し代入法のひとつの適用例である．なおこの解は (5.20) 式,

$$x = \rho\cos\gamma,$$
$$y = \rho\sin\gamma,$$

によって基準座標へ換算しておかなければならない．

これにより，時刻が与えられたとき，日の出，日の入りに太陽が欠け始める，あるいは食が終わる点を計算する方法は，以下のようにまとめることができる．

日の出，日の入りに欠け始める，食が終わる点の計算手順
内容　与えられた時刻に対し，連立方程式,

$$l_1^2 = r_0^2 + \rho^2 - 2r_0\rho\cos(\gamma-\theta),$$
$$\rho^2 = \frac{1-E^2}{1-E^2\cos^2\gamma},$$

を (ρ,γ) について解き，その結果を基準座標 (x,y) に換算，さらに経緯度 (λ,ϕ) へと換算する．なお，与えられた時刻に対する点とは，その時刻にちょうど地球外周楕円上にあり，月半影の縁と交わっている地球上の点のことである．この点は，地球の自転によってすぐに楕円の外周から離れていく．

(1)　与えられた時刻 t に対するベッセル要素 d, x_0, y_0, l_1, μ の値を求める．

(2) (x_0, y_0) を,

$$r_0 = \sqrt{x_0^2 + y_0^2},$$
$$\tan\theta = \frac{y_0}{x_0}, \quad (\theta は x>0 で 1,4 象限，x<0 で 2,3 象限)$$

で (r_0, θ) に換算する．また，E^2 を,

$$E^2 = \frac{e^2\cos^2 d}{1-e^2\sin^2 d},$$

で計算しておく．

(3)　逐次近似の初期値として，$\rho=1$ を仮定する．

5.3 日の出,日の入りに欠け始める線,食が終わる線

(4) (5.23) 式を変形した,

$$\cos(\gamma - \theta) = \frac{r_0^2 + \rho^2 - l_1^2}{2r_0\rho},$$

の式の右辺に,仮定した ρ の値を代入し,$\cos(\gamma-\theta)$ の値を求める.ここから,正負二つの $(\gamma-\theta)$ の値が得られる.

(5) θ は既知であるから,二つの γ の値を計算できる.ただし $\rho=1$ は仮定値であるから,得られた γ も近似値である.

(6) それぞれの γ に対し,

$$\rho^2 = \frac{1 - E^2}{1 - E^2 \cos^2 \gamma},$$

の式により新たに ρ の値を計算する.そして,はじめに仮定した ρ の値と比較する.その数値が必要精度で (小数点以下 7 桁まで) 一致したなら,その ρ は真値と考えてよい.しかし,最初から一致することはまず考えられない.

(7) 一致しない場合は (4) に戻り,いま得られた ρ を新たな仮定値として式に代入し,再び $(\gamma-\theta)$ を計算する.すると,また同様の手段で (ρ,γ) が計算できる.何回かこの計算を繰り返すと,必要精度内では ρ の値が変化しなくなる.そのときの (ρ,γ) の組が条件を満たす正しい値になる.現実には小数点以下 7 桁まで一致すれば十分である.

(8) 求める交点の基準座標 (x,y) は,

$$x = \rho \cos \gamma,$$
$$y = \rho \sin \gamma,$$

によって計算できる.$z=0$ であるから,あとは $(x,y,0)$ を経緯度 λ,ϕ に変換すればよい.

ここの (6) には,小数点以下 7 桁まで一致すれば十分と書いてある.これは,長さには地球赤道半径 d_e を単位にとり,時刻の流れには 1 時間を単位にとって計算する場合を想定したものである.これ以降の計算でも,同様の単位をとって考える.

この計算は，線の種類を気にせず，タイプ I の日食に対しては p_1 から p_2 までと，p_3 から p_4 までの二つの時刻帯の計算さえすればよく，タイプ II の日食に対しては p_1 から p_4 の時刻帯だけを計算すればよい．ひとつの時刻に対し一般にそれぞれ 2 点が計算され，4 種の線すべてが求められる．なお，2 組の (ρ, γ) が求められるのは，月の半影の縁の円が地球外周楕円と一般に 2 点で交わるからである．時刻を少しずつ変えて交点の位置を計算し，それらを経緯度に変換する．こうして得られた地球上の点をなめらかに連結したものが，求める日食図の線になる．描いた線が 4 種のどの線に対応するかは，その計算時刻を**表 5.3** と比べて決定できる．少し慣れれば，描き上げた日食図の線の配置だけからほとんど見当がつく．

表 5.4 日の出，日の入りに欠け始め，食が終わる線を計算する基礎データ

t	0.5	3.5
d	$8°.0395548$	$7°.9952063$
x_0	-0.6602298	0.9530315
y_0	0.5828831	0.1074950
l_1	0.5417508	0.5420802
E^2	0.0065643	0.0065657
μ	$187°.5222033$	$-127°.4638723$
r_0	0.8807133	0.9590747
θ	$138°.5603642$	$6°.4353447$

計算実例

ここでは，2035 年 9 月 2 日の皆既日食に対して，時刻 $0^\mathrm{h}30^\mathrm{m}$ および $3^\mathrm{h}30^\mathrm{m}$ に対して，日の出または日の入りに，欠け始めあるいは食が終わる線の位置を計算してみた．必要なデータは**表 5.4** で計算され，その後の計算過程は**表 5.5** にまとめられている．ただし，**表 5.5** における線の分類は，

(1) 日の出に欠け始める線
(2) 日の出に食が終わる線
(5) 日の入りに欠け始める線
(6) 日の入りに食が終わる線

である．

表 5.5 日の出，日の入りに欠け始め，食が終わる線の計算

t	0.5		3.5	
ρ	1.0		1.0	
$\cos(\gamma-\theta)$	0.8414555		0.8476782	
$\gamma-\theta$	$32°.7058659$	$-32°.7058659$	$32°.0399745$	$-32°.0399745$
γ	$171°.2662300$	$105°.8544983$	$38°.4753192$	$-25°.6046299$
ρ	0.9999238	0.9969567	0.9987232	0.9993834
$\cos(\gamma-\theta)$	0.8414331	0.8405633	0.8474297	0.8475581
$\gamma-\theta$	$32°.7082400$	$-32°.8003476$	$32°.0667950$	$-32°.0529439$
γ	$171°.2686042$	$105°.7600165$	$38°.5021397$	$-25°.6175992$
ρ	0.9999239	0.9969539	0.9987217	0.9993828
$\cos(\gamma-\theta)$		0.8405625	0.8474295	0.8475580
$\gamma-\theta$		$-32°.8004351$	$32°.0668264$	$-32°.0529562$
γ		$105°.7599291$	$38°.5021711$	$-25°.6176115$
ρ		0.9969539	0.9987217	0.9993828
x	-0.9883356	-0.2707799	0.7815842	0.9011432
y	0.1517909	0.9594766	0.6217485	-0.4320961
z	0.0	0.0	0.0	0.0
u	0.1504297	0.1684823	-0.5677704	-0.7518274
v	0.9770511	0.2508828	-0.5440490	-0.5004264
w	0.1502991	0.9500466	0.6157049	-0.4278960
λ	$81°.2473000$	$56°.1163568$	$-136°.2222620$	$-146°.3517306$
ϕ	$8°.7022944$	$72°.4652052$	$38°.2474392$	$-25°.5000870$
分類	(2)	(1)	(6)	(5)

5.4 日の出，日の入りに食が最大になる線

5.4.1 食分の定義

ここで，一般的な食分の定義を与えておこう．

食分(しょくぶん)とは，ある点からある時刻に進行中の日食を見たとき，太陽の視直径が月に隠されている割合をいう．図 5.4 に示すように，太陽円盤の見かけの直径を 1 としたとき，太陽と月の中心を結ぶ直線上で考えて，隠されている部分の太陽視直径の見かけの長さを食分 D という．ここから，当然 $0 \leq D \leq 1$ である．食分が大きいほど太陽は大きく欠けて，食の程度が進んでいることを示す．

いま，観測者 K が基準面から z の高さにいるとしよう．このとき K を通り基準面に平行な面を**観測者面**という．ここで，太陽，月を基準面に平行な円盤と考える．このときの関係の模式図を図 5.5 に示した．太陽，月をこの

ように円盤で近似することは，厳密に正確な関係を導くものではない．しかし，現実の太陽，月までの距離がここの図に示した割合よりはるかに大きいことを考えれば，実質的にはこの近似で十分の精度がある．

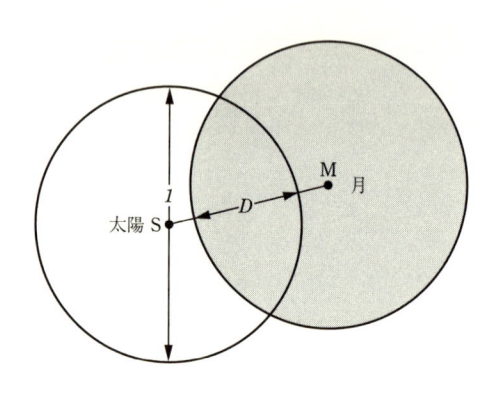

図 5.4 食分の定義

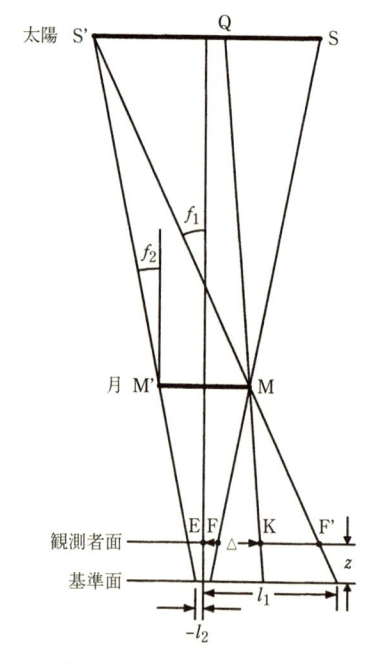

図 5.5 食分を定める模式図

5.4 日の出,日の入りに食が最大になる線

ここでは,S'S が横から見た太陽円盤,同じく M'M が月円盤,EFKF' が観測者面である.ただし,観測者面と月影軸との交点を E とし,図のように F,F' をとる.太陽の一部が月に隠される部分食の場合,太陽の直径が月に隠される割合の食分 D は,

$$D = \frac{S'Q}{S'S} = \frac{KF'}{FF'}, \tag{5.24}$$

である.ここで**図 5.5** から,

$$\begin{aligned} EF' &= l_1 - z \tan f_1, \\ EF &= -(l_2 - z \tan f_2), \end{aligned} \tag{5.25}$$

であり,

$$FF' = EF' - EF = (l_1 - z \tan f_1) + (l_2 - z \tan f_2), \tag{5.26}$$

となる.一方,月影軸 E から観測者 K までの距離を Δ とすると,

$$KF' = EF' - \Delta = l_2 - z \tan f_2 - \Delta, \tag{5.27}$$

である.したがって,観測者 K が基準面から z の高さにいるときの食分 D は,

$$D = \frac{KF'}{FF'} = \frac{l_1 - z \tan f_1 - \Delta}{(l_1 - z \tan f_1) + (l_2 - z \tan f_2)}, \tag{5.28}$$

で与えられる.ただし,$0 \leq D \leq 1$ とする.これが太陽の一部が欠けている場合の食分 D の定義式である.ここに含まれる変数の中で,時間によって大きく変化するのは Δ だけであり,実質的に Δ の変化が D の変化を決めるといってよい.

この式で,$\Delta = -(l_2 - z \tan f_2)$ になると $D = 1$,つまり皆既食になる.このとき $l_2 - z \tan f_2 < 0$ であり,これまでの定義によると,皆既状態が続いている間は,Δ の値にかかわらず,D は 1 のまま変化しない.

金環食の場合は $l_2 - z \tan f_2 > 0$ であり,$\Delta = l_2 - z \tan f_2$ となったところで K から見て金環状態になる.そして,金環食の状態が続く間,太陽の隠される割合は,

$$D = \frac{(l_1 - z \tan f_1) - (l_2 - z \tan f_2)}{(l_1 - z \tan f_1) + (l_2 - z \tan f_2)}, \tag{5.29}$$

となる．ここの変数はすべて変化がゆっくりなので，金環食の最中，食分 D はほとんど変化しない．

したがって，この食分の定義によると，皆既または金環の状態が続いている間は食分 D の変化はほとんどなく，その間，食分の数値から食の進み具合を知ることはできない．そこで，少し見方を変えて，皆既，または金環状態の最中でも，(5.28) 式をそのまま食分の定義式と考え直してみる．そうすると，Δ が減少している間，つまり観測者が月影軸に近付いている間は D が増加し，皆既食の間に $D > 1$ の時刻帯が生じるし，金環食でも (5.29) 式より D の値が大きくなる．そして，皆既の最中でも D から食の進み具合がわかるし，何よりも食の最大の時刻を知るのに都合がいい．そこで，最初の説明とはやや異なるが，今後は D に対する条件をつけずに，(5.28) 式をそのまま食分の定義式と考えることにする．

ここから，食分 D が最大となる条件を考えよう．これはすぐに，

$$\frac{dD}{dt} = 0, \tag{5.30}$$

で与えられることがわかる．微分を実行して，その条件を具体的に求めると，

$$\begin{aligned}
& (l_1 \dot{l}_2 - \dot{l}_1 l_2) - \Delta(\dot{l}_1 + \dot{l}_2) + \dot{\Delta}(l_1 + l_2) \\
& + z\left[(\dot{l}_1 \tan f_2 - \dot{l}_2 \tan f_1) - \left\{l_1 \frac{d}{dt}(\tan f_2) - l_2 \frac{d}{dt}(\tan f_1)\right\}\right] \\
& + z^2 \left\{\tan f_1 \frac{d}{dt}(\tan f_2) - \tan f_2 \frac{d}{dt}(\tan f_1)\right\} \\
& + \dot{z}\{\Delta(\tan f_1 + \tan f_2) - (l_1 \tan f_2 - l_2 \tan f_1)\} \\
& - z\dot{\Delta}(\tan f_1 + \tan f_2) = 0,
\end{aligned} \tag{5.31}$$

の形になる．

5.4.2　日の出，日の入りに食が最大になる線

「日の出に食が最大になる線」は，タイプ I の日食では，N_1 と S_1 を結ぶ形で，「日の出に欠け始める線」と「日の出に食が終わる線」の描く閉曲線を二分し，C_1 を通過して描かれる．同様に「日の入りに食が最大になる線」は，N_4 と S_4 を結ぶ形で，「日の入りに欠け始める線」と「日の入りに食が終

わる線」の描く閉曲線を二分し，途中で C_4 を通過して描かれる．一方，タイプIIの日食では，「日の出に食が最大になる線」と「日の入りに食が最大になる線」がつながって1本になり，やはり「欠け始める線」と「食が終わる線」の描く曲がった8字型の閉曲線を二分し，S_1 と S_4 を，あるいは N_1 と N_4 をつなぐ形で描かれる．C_1, C_4 が存在する場合はそれらの点を通過する．しかし，一般に8字の交点をきっちり通過するのではなく，ほんのわずかずれたところを通過する．この状況は，日食図を見ればわかる．

では，たとえばタイプIの日食を考えるとき，日の出に食が最大になる線の描かれる時刻帯は，$n_1 < s_1$ なら $n_1 \to s_1$ の間，$n_1 > s_1$ なら $s_1 \to n_1$ の間と考えていいのだろうか．実をいうと，必ずしもそれだけで表わすことのできない場合がある．同様に，日の入りに食が最大になる線の描かれる時刻帯も，$n_4 \to s_4$ の間，または $s_4 \to n_4$ の間だけとは限らない．そのときの状況を以下の数節ではっきりさせよう．

5.4.3　最大食線

日の出，日の入りに食が最大になる条件はどのようなものか．

食が最大になる条件はすでに (5.31) 式に示してある．ここでは日の出，日の入りの場合を考えているのだから，$z = 0$ としてよい．このとき，観測者面上の距離 Δ は基準面上の距離になる．したがって，点 (x, y) に対する条件は，

$$(l_1 \dot{l}_2 - \dot{l}_1 l_2) - \Delta(\dot{l}_1 + \dot{l}_2) + \dot{\Delta}(l_1 + l_2) \\ + \dot{z}\Delta(\tan f_1 + \tan f_2) - \dot{z}(l_1 \tan f_2 - l_2 \tan f_1) = 0, \quad (5.32)$$

になる．文字の上に打ったドットは時刻で微分したことを表わす．この式には $\dot{\Delta}, \dot{z}$ など，このままでは計算しにくい量が含まれているので，それらをすぐに計算できる形に書き直そう．まず $\dot{\Delta}$ を扱う．ここで月影軸 $m(x_0, y_0)$ に対する観測点 $K(x, y)$ の位置を，基準面上の動径 Δ と偏角 Q を使って，

$$\begin{aligned} x &= x_0 + \Delta \cos Q, \\ y &= y_0 + \Delta \sin Q, \end{aligned} \quad (5.33)$$

と表わすことにしよう．ただし $\Delta \geq 0$ とする．すると，

$$\Delta^2 = (x - x_0)^2 + (y - y_0)^2, \tag{5.34}$$

である．この式を時刻で微分すると，

$$\Delta\dot{\Delta} = (x - x_0)(\dot{x} - \dot{x}_0) + (y - y_0)(\dot{y} - \dot{y}_0), \tag{5.35}$$

になる．ここで (5.33) 式により $x - x_0$ を $\Delta \cos Q$ に，$y - y_0$ を $\Delta \sin Q$ におき直し，Δ で約すと，

$$\dot{\Delta} = (\dot{x} - \dot{x}_0)\cos Q + (\dot{y} - \dot{y}_0)\sin Q, \tag{5.36}$$

となる．ここへ (3.18) 式の $\dot{x}, \dot{y}$ を $z = 0$ として代入すれば，

$$\dot{\Delta} = -(\dot{\mu}y\sin d + \dot{x}_0)\cos Q + (\dot{\mu}x\sin d - \dot{y}_0)\sin Q, \tag{5.37}$$

の形になる．この x, y をさらに (5.33) 式によっておき直すと，

$$\dot{\Delta} = -(\dot{\mu}y_0\sin d + \dot{x}_0)\cos Q + (\dot{\mu}x_0\sin d - \dot{y}_0)\sin Q, \tag{5.38}$$

となる．ここで，

$$\begin{aligned} k_x &= \dot{\mu}y_0\sin d + \dot{x}_0, \\ k_y &= \dot{\mu}x_0\sin d - \dot{y}_0, \end{aligned} \tag{5.39}$$

と書き表わし，$\dot{\Delta}$ を，

$$\dot{\Delta} = -k_x\cos Q + k_y\sin Q, \tag{5.40}$$

と書くことにしよう．$\dot{\Delta}$ の書き直しはこれで終了である．

一方，$\dot{z}$ は (3.18) 式の条件がそのまま成り立つから，

$$\dot{z} = -\dot{\mu}x\cos d + \dot{d}y, \tag{5.41}$$

である．

いまここで，ある時刻に，基準面上で食が最大になる位置を，図で考えてみよう．とりあえず地球の存在を無視し，基準面上のあらゆる点が (5.41) 式に示される z 方向の速度をもつと仮に考える．そのとき，ある時刻を定めれ

5.4 日の出,日の入りに食が最大になる線

ば,(5.32) 式の条件を満たす位置 (x,y) は,**図 5.6** に示すように月影軸の位置を通り,月影の進行方向にほぼ直交し,ほんの少し曲がって南北に長く伸びる曲線を描く.この曲線を **最大食線** ということにする.この曲線が現実に最大食の意味をもつのは,月の半影の内部に当たる $\Delta \leq l_1$ の範囲だけであるが,ここではそれよりも外側に遠く伸びた部分も含めて最大食線と考えている.ここで地球の存在を考えに入れると,最大食線は,時刻の経過にともなってほんのわずかに形を変えながらしだいに東へ (x の増す向きへ) 進み,地球外周楕円上を通過する.このとき $\Delta \leq l_1$ の条件を満たせば,地球外周楕円との交点は日の出または日の入りに食が最大になる点となる.地球外周楕円と最大食線は一般に 2 点で交わるが,最大食線が最初に外周楕円に接するとき,最後に外周楕円を離れるときだけは,1 点で接する.

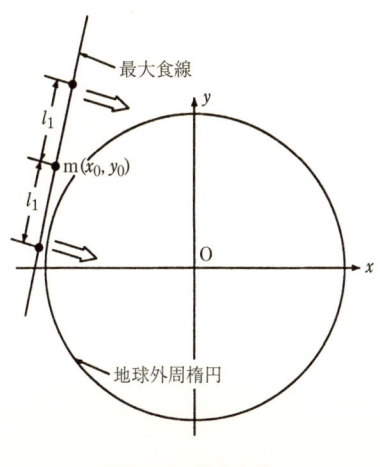

図 5.6 最大食線

なお,N_1, N_4, S_1, S_4 や,C_1, C_4 のそれぞれの点が存在する場合,それらの点がここに示した最大食の条件を満たしていることは,ちょっと計算すれば容易に証明できる.

5.4.4 日の出，日の入りに食が最大になる線上の点の計算

ここで，時刻 t が与えられたとき，日の出，または日の入りに食が最大になる線上の点の位置を計算することを考えよう．これは，その時刻に，最大食線と地球外周楕円との交点 (x, y) を計算することである．そこでは，(5.32),(5.33),(5.38),(5.41) の五つの式が成り立たなければならない．それらの条件から，$x, y, \Delta, Q, \dot{z}, \dot{\Delta}$ を求めるのである．必要な関係式をまとめると，

$$x = x_0 + \Delta \cos Q,$$
$$y = y_0 + \Delta \sin Q,$$

であり，最大食の条件は，

$$(l_1 \dot{l}_2 - \dot{l}_1 l_2) - \Delta(\dot{l}_1 + \dot{l}_2) + \dot{\Delta}(l_1 + l_2)$$
$$+ \dot{z}\Delta(\tan f_1 + \tan f_2) - \dot{z}(l_1 \tan f_2 - l_2 \tan f_1) = 0,$$

である．ここに含まれる $\dot{\Delta}, \dot{z}$ は，

$$\dot{\Delta} = -k_x \cos Q + k_y \sin Q,$$
$$\dot{z} = -\dot{\mu} x \cos d + \dot{d} y,$$

で与えられる．また (x, y) は地球外周楕円上の点であるから，六つ目の式として，

$$x^2 + \frac{y^2}{1 - E^2} = 1,$$

が成り立たなければならない．これがすべての条件である．

時刻を与えれば，ベッセル要素の他，E^2, k_x, k_y は計算できて，既知となる．つぎに，(5.33) 式の (x, y) は地球外周楕円上にあるから，

$$(x_0 + \Delta \cos Q)^2 + \frac{(y_0 + \Delta \sin Q)^2}{1 - E^2} = 1, \tag{5.42}$$

である．ここから Q に対する Δ が計算できる．それには，まず，

$$w = \sqrt{(1 - E^2)\{1 - E^2 \cos^2 Q - (x_0 \sin Q - y_0 \cos Q)^2\}} \tag{5.43}$$

5.4 日の出，日の入りに食が最大になる線

を計算する．このとき Δ は，

$$\Delta = \frac{\pm w - (1-E^2)x_0 \cos Q - y_0 \sin Q}{1 - E^2 \cos^2 Q}, \tag{5.44}$$

と書くことができる．

　この形にすれば，計算のあらすじが見えてくる．はじめは Q に適当な近似値を与えることである．Q から $\Delta, x, y, \dot{z}, \dot{\Delta}$ を順次に計算でき，それらによって (5.32) 式が成り立つように，逐次近似法によって Q を改良できるからである．具体的には，以下に述べる計算手順にしたがえばよい．Q の初期値は，$\dot{\Delta} = 0$ の条件から求めるとよい．

　与えられた時刻 t が，

タイプ I の日食では n_1 と s_1 の間，および n_4 と s_4 の間にあるとき，
タイプ II_N の日食では $s_1 \leq t \leq s_4$ のとき，
タイプ II_S の日食では $n_1 \leq t \leq n_4$ のとき，

は，以下に述べる手順で計算できる．

日の出，日の入りに食が最大になる線上の点の計算手順

内容　与えられた時刻 t に対し，(5.32),(5.33),(5.38),(5.41),(5.42) 式が成り立つ基準座標 (x, y) を求める．

---

　(1)　与えられた時刻 t に対し，ベッセル要素の $d, x_0, y_0, \tan f_1, l_1, l_2, \mu$，ベッセル要素の時刻微分 $\dot{d}, \dot{x}_0, \dot{y}_0, \dot{l}_1, \dot{l}_2, \dot{\mu}$ を計算する．

　(2)

$$\begin{aligned}
E^2 &= \frac{e^2 \cos^2 d}{1 - e^2 \sin^2 d}, \\
k_x &= \dot{\mu} y_0 \sin d + \dot{x}_0, \\
k_y &= \dot{\mu} x_0 \sin d - \dot{y}_0,
\end{aligned}$$

を計算する．

　(3)　計算時刻に近い時刻で Q が得られている場合は，その Q を使って $\tan Q$ の近似値とする．そのような手がかりがないときは，$\dot{\Delta} = 0$ の仮定から，$\tan Q$ の近似値として，

$$\tan Q = \frac{k_x}{k_y},$$

を計算し，そこから Q を求める．Q には 180° 異なる二つの値があるから，その両方を求めておく．

(4) その Q を使って，Δ を求める．それにはまず，

$$w = \sqrt{(1-E^2)\{1-E^2\cos^2 Q - (x_0 \sin Q - y_0 \cos Q)^2\}},$$

を計算する．1回目の計算では，どちらの Q に対しても w は同じ値になる．その w を使い，

$$\Delta = \frac{\pm w - (1-E^2)x_0 \cos Q - y_0 \sin Q}{1-E^2 \cos^2 Q},$$

で Δ の近似値を求める．式には複号があり，1回目の計算では，絶対値が同じで正負の値をもつ 2 組の Δ が得られる．そこから，$l_1 > \Delta \geq 0$ のものだけを以下の計算に使用する．ただし，得られた値は近似値であるから，多少 l_1 より大きい Δ は捨てずに残し，最終結果で $l_1 \geq \Delta$ の条件を判定するほうがよい．解がひとつだけのことも，二つの解が存在することもある．$l_1 > \Delta \geq 0$ のそれぞれに対し，以下の計算を進める．

(5)
$$x = x_0 + \Delta \cos Q,$$
$$y = y_0 + \Delta \sin Q,$$

で x, y を計算する．

(6)
$$\dot{z} = -\dot{\mu} x \cos d + \dot{d} y,$$
$$\dot{\Delta} = -k_x \cos Q + k_y \sin Q,$$

で $\dot{z}, \dot{\Delta}$ を計算する (1 回目の近似では $\dot{\Delta} = 0$ となる)．

5.4 日の出,日の入りに食が最大になる線　　　173

(7)　Q の関数として,

$$f(Q) = (l_1 \dot{l}_2 - \dot{l}_1 l_2) - \Delta(\dot{l}_1 + \dot{l}_2) + \dot{\Delta}(l_1 + l_2)$$
$$+ \dot{z}\Delta(\tan f_1 + \tan f_2) - \dot{z}(l_1 \tan f_2 - l_2 \tan f_1),$$

を計算する.$f(Q) = 0$ なら (小数点以下 7 桁までゼロになったら) 計算終了で,$l_1 > \Delta \geq 0$ なら,そのときの (x, y) が求める基準座標になる.
(8)　$f(Q) \neq 0$ のとき,

$$\frac{df(Q)}{dQ} \sim (k_x \sin Q + k_y \cos Q)(l_1 + l_2),$$

で,$f'(Q) = df(Q)/dQ$ を概算する.
(9)

$$\Delta Q = -\frac{f(Q)}{f'(Q)},$$

で,Q に対する修正値 ΔQ を計算する.
(10)　$Q + \Delta Q$ を新しく Q にとり直し,(4) に戻って以下の計算を続け,(7) の計算が収束するまで計算を繰り返す.求める交点の座標 (x, y) は (5) の計算で得られる.

表 5.6　日の出に食が最大になる点を計算する基礎データ

t		0.3	
d	8°.0425103	$\dot{d}$	−0.0002579
x_0	−0.7677950	$\dot{x}_0$	0.5378257
y_0	0.6145351	$\dot{y}_0$	−0.1582459
l_1	0.5417212	$\dot{l}_1$	0.0001502
l_2	−0.0046411	$\dot{l}_2$	0.0001494
$\tan f_1$	0.0046327	k_x	0.5603417
$\tan f_2$	0.0046097	k_y	0.1301146
μ	184°.5212756	$\dot{\mu}$	0.2618803
E^2	0.0065642		
Q_1	76°.9272569	Q_2	256°.9272569
Δ_{11}	0.0340149	Δ_{21}	0.8864663
Δ_{12}	−0.8864553	Δ_{22}	−0.0340149

計算実例

2035年9月2日の皆既日食で，月の半影が北限界線を描き始める時刻 n_1 と，南限界線を描き始める時刻 s_1 を比べると，$s_1 < n_1$ である．そこで，その間の時刻 $t = 0^{\mathrm{h}}.3$ に対し，日の出に食が最大になる位置を計算してみる．その基礎データを**表 5.6**に与え，引き続く計算過程を**表 5.7**に示した．**表 5.6**によって，$l_1 > \Delta \geq 0$ の条件を満たす $Q_1 = 76°.9272569$ を Q の初期値にとり，$\Delta_1 = 0.0340149$ に対して**表 5.7**の計算を進めればよいことがわかる．表に示した計算により，$t = 0^{\mathrm{h}}.3$ に対し，日の出に食が最大になる基準面上の点，

$$x = -0.7601574, \quad y = 0.6476030,$$

が得られる．

表 5.7　日の出に食が最大になる点の計算

i	1	2	3
Q	76°.9272569	76°.9945062	76°.9945336
w	0.4600860	0.4610447	0.4610451
Δ	0.0340149	0.0339385	0.0339385
x	-0.7601013	-0.7601574	-0.7601574
y	0.6476684	0.6476030	0.6476030
$\dot{z}$	0.1969307	0.1969453	0.1969453
$\dot{\Delta}$	0.0000000	0.0006752	0.0006755
$f(Q)$	-0.0003626	-0.0000001	0.0000000
$f'(Q)$	0.3089553	0.3089551	0.3089551
ΔQ	0.0011737	0.0000005	0.0000000
$\Delta Q(度)$	0°.0672493	0°.0000274	0°.0000001
Q	76°.9945062	76°.9945336	76°.9945337

5.4.5　q_1, q_4 の存在

前節で日の出，または日の入りに食が最大になる線上の点の位置を計算する手順を示した．この方法で，たとえばタイプ I の日食に対し，時刻 n_1 または s_1 の早い方の時刻に対し，日の出に食が最大になる点を計算してみる．そうすると，二つの観測点に対してともに $\Delta < l_1$ が成り立ち，どちらの点も存在することが確認できる．l_1 を現実より大きくとり，状況をわかりやすく描いた**図 5.7**を参照すれば，これは，いま計算した時刻 n_1 または s_1 より早い時刻 q_1 に最大食線が地球外周楕円に接する場合であることがわかる．

5.4 日の出, 日の入りに食が最大になる線

同様に, 日の入りに対してたとえば $n_4 < s_4$ で, s_4 の時刻に最大食線と地球外周楕円に二つの交点があり, ともに $\Delta < l_1$ が成り立つ場合には, 最大食線が地球外周楕円に最後に接するのは, s_4 より遅い時刻 q_4 になる.

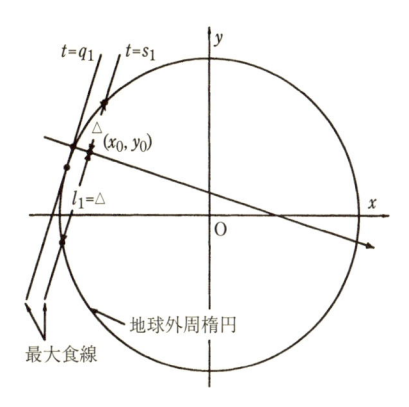

図 5.7 q_1 が存在するとき

したがって, 前節の計算実例で扱った日食では, $q_1 \to s_1$ の時刻帯にも, $s_4 \to q_4$ の時刻帯にも, 日の出, あるいは日の入りに食が最大になる線が描かれる. このような場合には, 時刻 q_1, q_4 を計算する必要が生じる.

以上のことから, 日の出, または日の入りに食が最大になる線の描かれる時刻帯は, **表 5.8** のようにまとめられる.

表 5.8 日食図の線の描かれる時刻帯 (2)

タイプ	q_1	日の出に食が最大になる線	q_4	日の入りに食が最大になる線
I	ある	$q_1 \to n_1$ および $q_1 \to s_1$	ある	$n_4 \to q_4$ および $s_4 \to q_4$
	ない	$n_1 \to s_1$ または $s_1 \to n_1$	ない	$n_4 \to s_4$ または $s_4 \to n_4$
II$_N$	ある	$q_1 \to s_1$ および $q_1 \to n_0$	ある	$s_4 \to q_4$ および $n_0 \to q_4$
	ない	$s_1 \to n_0$	ない	$n_0 \to s_4$
II$_S$	ある	$q_1 \to n_1$ および $q_1 \to s_0$	ある	$s_0 \to q_4$ および $n_4 \to q_4$
	ない	$n_1 \to s_0$	ない	$s_0 \to n_4$

ただし, q_1, q_4 が存在しても, $q_1 \to s_1$ (または n_1) や s_4 (または n_4) $\to q_4$ の時刻帯は, 一般にそう長いものではない.

5.4.6　q_1, q_4 の計算

時刻 q_1 または q_4 の満たす条件を考えよう．ここでは，5.4.4 節に示した日の出，日の入りに食が最大になる点が満たす条件は全部必要である．それに加えて，その時刻に最大食線が地球外周楕円に接する条件が必要になる．そのときの接点はひとつしかないから，Δ を計算する (5.44) 式で $w = 0$ となる．すると (5.43) 式から，

$$1 - E^2 \cos^2 Q - (x_0 \sin Q - y_0 \cos Q)^2 = 0, \tag{5.45}$$

の関係が得られ，これがその条件になる．

これらの条件がすべて成り立つ時刻を求めるのはそう簡単ではない．ここでも，逐次近似で q_1 または q_4 を求めることを考えよう．その大筋は以下の考え方による．

まず，適当な近似時刻を与えると，その時刻に対し x_0, y_0, E^2 が決まる．すると (5.45) 式から Q を決めることができる．そこから (5.44) 式で Δ も求まる．それで，(5.33)-(5.41) 式はすべて計算ができ，(x, y) が最大食線上にある条件の，

$$\begin{aligned} f(t) &= (l_1 \dot{l}_2 - \dot{l}_1 l_2) - \Delta(\dot{l}_1 + \dot{l}_2) + \dot{\Delta}(l_1 + l_2) \\ &\quad + \dot{z}\Delta(\tan f_1 + \tan f_2) - \dot{z}(l_1 \tan f_2 - l_2 \tan f_1), \end{aligned} \tag{5.46}$$

を計算することができる．

そこでもし $f(t) = 0$ が成立すれば，条件はすべて満たされ，仮定した近似時刻がそのまま q_1 または q_4 になる．しかし現実はそううまくいくものではない．そこで，例によって $\dot{f}(t) = df(t)/dt$ を概算し，ニュートン法によって仮定時刻を補正する．この過程を繰り返し，$f(t) = 0$ となる時刻を求めるのである．これで q_1, q_4 が求められる．この計算が収束すれば $\Delta \leq l_1$ が成り立つかどうかはたやすく調べることができ，接点の座標 (x, y) も同時に計算できる．

この方法を整理すると，以下の手順になる．

q_1, q_4 の計算手順

内容　最大食線と地球外周楕円とが接する時刻 q_1, q_4 と，そのときの接点の基準座標による位置 (x, y) を求める．

5.4 日の出，日の入りに食が最大になる線

 (1) q_1(あるいは q_4) の近似時刻 t を仮定する．タイプ I の日食に対しては n_1 と s_1 でより時刻の早い方 (n_4 と s_4 ならより時刻の遅い方) を選ぶとよい．タイプ II の日食に対しては，n_1, s_1 (あるいは n_4, s_4) のどちらか一方しか存在しないから，存在するものをそのまま選べばよい．

 (2) その時刻 t に対し，ベッセル要素 $d, x_0, y_0, \tan f_1, \tan f_2, l_1, l_2, \mu$ およびベッセル要素の時刻微分 $\dot{d}, \dot{x}_0, \dot{y}_0, \dot{l}_1, \dot{l}_2, \dot{\mu}$ を計算する．さらに時刻で 2 回微分した $\ddot{x}_0, \mathrm{d}\mathrm{o}\mathrm{t} y_0$ も計算しておく．

 (3) 同じ t に対し，地球外周楕円の離心率 E に対する，

$$E^2 = \frac{e^2 \cos^2 d}{1 - e^2 \sin^2 d},$$

を計算する．

 (4) 方程式，

$$(x_0 \sin Q - y_0 \cos Q)^2 = 1,$$

を Q について解く．この解を Q_0 とする．この解は，

$$\tan \gamma = \frac{y_0}{x_0}, \quad (x_0 > 0 \text{ で} \gamma \text{ は } 1, \text{ または } 4 \text{ 象限})$$

で γ を決め，

$$\sin(Q_0 - \gamma) = \pm \frac{1}{\sqrt{x_0^2 + y_0^2}},$$

の関係から求めることができる．右辺の複号のそれぞれから条件を満たす Q_0 が二つずつ得られるが，必要なのはひとつだけである．Q_0 は基準面上で月影軸の進行方向にほぼ直交し，$\tan Q_0 = -\dot{x}_0/\dot{y}_0$ であること，また Q_0 は月影軸の位置 (x_0, y_0) から地球外周楕円に引いた接線の方向であることを考えれば，正しい Q_0 は容易に決めることができる．具体的には，最大食線が地球外周楕円に接する時刻の付近で見て，q_1 の計算で月影軸が接点の北側にあるとき，また q_4 の計算で月影軸が接点の南側にあるときは，$90° < Q_0 - \gamma < 180°$ で，$\sin(Q_0 - \gamma) > 0$ となる．同じく q_1 の計算で月影軸が接点の北側にある

とき, また q_4 の計算で月影軸が接点の北側にあるときは, $180° < Q_0 - \gamma < 270°$ で, $\sin(Q_0-\gamma) < 0$ となる. この関係から $\sin(Q_0-\gamma)$ の符号を決定できる.

(5) (5.45) 式を満たす Q は, Q_0 から E^2 による展開式で,

$$Q = Q_0 + \hat{\alpha}E^2 + \hat{\beta}E^4 + \cdots,$$

の形に書くことができる. ただし,

$$\hat{\alpha} = \pm\frac{\cos^2 Q_0}{2(x_0 \cos Q_0 + y_0 \sin Q_0)},$$

$$\hat{\beta} = \hat{\alpha}\left(\frac{\cos^2 Q_0}{4} - \frac{2\hat{\alpha}\sin Q_0}{\cos Q_0} - \frac{\hat{\alpha}^2}{\cos^2 Q_0}\right),$$

である. $\hat{\alpha}$ の式中の複号は,

$$x_0 \sin Q_0 - y_0 \cos Q_0 \sim 1, \quad でマイナス$$
$$x_0 \sin Q_0 - y_0 \cos Q_0 \sim -1, \quad でプラス$$

をとる. E^4 の項までとれば, Q に必要な精度は十分にある. ここで考えている $\hat{\alpha}E^2 + \hat{\beta}E^4$ はラジアン単位の数値である.

(6)
$$\Delta = -\frac{(1-E^2)x_0 \cos Q + y_0 \sin Q}{1 - E^2 \cos^2 Q},$$

で Δ を計算する.

(7) $x, y, \dot{z}, k_x, k_y, \dot{\Delta}$ を

$$x = x_0 + \Delta \cos Q,$$
$$y = y_0 + \Delta \sin Q,$$
$$\dot{z} = -\dot{\mu}x \cos d + \dot{d}y,$$
$$k_x = \dot{\mu}y_0 \sin d + \dot{x}_0,$$
$$k_y = \dot{\mu}x_0 \sin d - \dot{y}_0,$$
$$\dot{\Delta} = -k_x \cos Q + k_y \sin Q,$$

5.4 日の出,日の入りに食が最大になる線

で計算する.

(8) (x, y) が最大食線上にあるかどうかを確かめるため,t の関数として,

$$\begin{aligned} f(t) &= (l_1 \dot{l}_2 - \dot{l}_1 l_2) - \Delta(\dot{l}_1 + \dot{l}_2) + \dot{\Delta}(l_1 + l_2) \\ &\quad + \dot{z}\Delta(\tan f_1 + \tan f_2) - \dot{z}(l_1 \tan f_2 - l_2 \tan f_1), \end{aligned}$$

を計算してみる. 必要精度で $f(t) = 0$ になれば計算は終了で,そのときの近似時刻 t が q_1 または q_4 になる. しかし,一般には $f(t) \neq 0$ である.

(9) $f(t) \neq 0$ のときは,t に対する補正値を計算するため,$\dot{f}(t)$ を計算する. これは概算でよく,

$$\dot{f}(t) \sim \ddot{\Delta}(l_1 + l_2),$$

を使えば十分である. ただし,

$$\ddot{\Delta} = -\dot{k}_x \cos Q + \dot{k}_y \sin Q + (k_x \sin Q + k_y \cos Q)\dot{Q},$$

であり,

$$\begin{aligned} \dot{k}_x &\sim \dot{\mu} \dot{y}_0 \sin d + \dot{\mu} d y_0 \cos d + \ddot{x}_0, \\ \dot{k}_y &\sim \dot{\mu} \dot{x}_0 \sin d + \dot{\mu} d x_0 \cos d - \ddot{y}_0, \end{aligned}$$

である. さらに,

$$\begin{aligned} \dot{x} &= -\dot{\mu} y \sin d, \\ \dot{y} &= \dot{\mu} x \sin d, \\ \dot{Q} &= -\frac{1}{\Delta}\{(\dot{x} - \dot{x}_0)\sin Q - (\dot{y} - \dot{y}_0)\cos Q\}, \end{aligned}$$

である (なお,$\dot{f}(t)$ は,4.3.4 節に別の形でも示してある).

(10) 時刻の補正値 Δt を,

$$\Delta t = -\frac{f(t)}{\dot{f}(t)},$$

で計算する．そして，$t+\Delta t$ を q_1 または q_4 の新しい近似値にとり直し，(2) に戻って計算をやり直す．これを (8) で $f(t) \sim 0$ となるまで繰り返す．

(11) 計算が収束し，$f(t) \sim 0$ になれば，そのときの t が求める q_1 または q_4 である．また (x, y) が基準面における最大食線と地球外周楕円との接点の座標になる．ただし，$\Delta \leq l_1$ でなければならない．これはすぐに確認できる．$\Delta > l_1$ であれば，それに対する q_1 または q_4 は存在しない．

計算実例

ここでも，2035 年 9 月 2 日の皆既食に対して q_1 の計算をしてみる．すでに計算してある結果から，$s_1 < n_1$ であるから s_1 を q_1 の初期値として計算を始めればよい．計算過程はかなり量があるが，次ページの**表 5.9** に示した．

こうして q_1 が求められた．この種の計算により，日の出に食が最大になる最初の時刻 q_1，日の入りに食が最大になる最後の時刻 q_4 は，

$$q_1 = 0^\text{h}.091480 = 0^\text{h}05^\text{m}29^\text{s}.3,$$
$$q_4 = 3^\text{h}.755010 = 3^\text{h}45^\text{m}18^\text{s}.0,$$

となる．また，この時刻に対応する日の出，日の入りに食が最大になる地球上の点の基準座標は，

$$Q_1 : x = -0.9761481, \quad y = 0.2163921,$$
$$Q_4 : x = 0.9386135, \quad y = -0.3438363,$$

となる．

5.5 南北限界線

すでに述べたように，月の半影が通過しながら地上を覆う帯状の地帯で日食が見られる．半影の移動で生ずる北側の包絡線が「北限界線」，同じく南側の包絡線が「南限界線」である．

タイプ I の日食では「北限界線」と「南限界線」の両方が描かれ，「北限界線」は N_1 と N_4 を結び，「南限界線」は S_1 と S_4 を結ぶ線となる．しかし，

5.5 南北限界線

表 5.9 時刻 q_1 の計算

i	1	2	3	4
t_i	0.1001800	0.0916597	0.0914812	0.0914799
d	8°.0454629	8°.0455888	8°.0455915	8°.0455915
x_0	-0.8752631	-0.8798455	-0.8799415	-0.8799422
y_0	0.6461529	0.6475010	0.6475292	0.6475294
$\tan f_1$	0.0046327	0.0046327	0.0046327	0.0046327
$\tan f_2$	0.0046096	0.0046096	0.0046096	0.0046096
l_1	0.5416907	0.5416894	0.5416894	0.5416894
l_2	-0.0046714	-0.0046728	-0.0046728	-0.0046728
μ	181°.5230481	181°.3952049	181°.3925262	181°.3925065
$\dot{d}$	-0.0002579	-0.0002579	-0.0002579	-0.0002579
$\dot{x}_0$	0.5378227	0.5378226	0.5378226	0.5378226
$\dot{y}_0$	-0.1582172	-0.1582160	-0.1582159	-0.1582159
$\dot{l}_1$	0.0001549	0.0001551	0.0001551	0.0001551
$\dot{l}_2$	0.0001542	0.0001544	0.0001544	0.0001544
$\dot{\mu}$	0.2618803	0.2618803	0.2618803	0.2618803
$\ddot{x}_0$	0.0000196	0.0000200	0.0000200	0.0000200
$\ddot{y}_0$	-0.0001452	-0.0001453	-0.0001453	-0.0001453
E^2	0.0065641	0.0065641	0.0065641	0.0065641
$\tan\gamma$	-0.7382385	-0.7359258	-0.7358776	-0.7358772
γ	143°.5638290	143°.6496909	143°.6514824	143°.6514956
$\sin(Q_0-\gamma)$	0.9191739	0.9153972	0.9153184	0.9153178
$Q_0-\gamma$	113°.1943915	113°.7377954	113°.7490117	113°.7490943
Q_0	256°.7582205	257°.3874863	257°.4004941	257°.4005900
$\hat{\alpha}$	0.0612260	0.0542113	0.0540726	0.0540716
$\hat{\beta}$	-0.0354313	-0.0289638	-0.0288415	-0.0288406
Q	256°.7811599	257°.4078034	257°.4207593	257°.4208549
Δ	0.4303465	0.4415077	0.4417391	0.4417408
x	-0.9736709	-0.9760987	-0.9761477	-0.9761481
y	0.2272090	0.2166131	0.2163937	0.2163921
$\dot{z}$	0.2524169	0.2530491	0.2530619	0.2530620
k_x	0.5615058	0.5615554	0.5615565	0.5615565
k_y	0.1261367	0.1259670	0.1259634	0.1259634
$\dot{k}_x$	-0.0058227	-0.0058224	-0.0058224	-0.0058224
$\dot{k}_y$	0.0199162	0.0199170	0.0199170	0.0199170
$\dot{x}$	-0.0083278	-0.0079395	-0.0079315	-0.0079314
$\dot{y}$	-0.0356874	-0.0357770	-0.0357788	-0.0357788
$\dot{Q}$	-1.3005765	-1.2668579	-1.2661753	-1.2661703
$\dot{\Delta}$	0.0056056	-0.0005121	-0.0006386	-0.0006395
$\ddot{\Delta}$	0.7277251	0.7083823	0.7079899	0.7079871
$f(t)$	0.0033297	0.0000679	0.0000005	0.0000000
$\sim \dot{f}(t)$	0.3908024	0.3804131	0.3802023	0.3802008
Δt	-0.0085202	-0.0001785	-0.0000013	0.0000000

タイプ II_N の日食では S_1 と S_4 を結ぶ「南限界線」だけが描かれ，また，タイプ II_S の日食では，N_1 と N_4 を結ぶ「北限界線」だけが描かれる．限界線のこの状況は **図 5.2** を見ればわかる．そして，これらの線の描かれる時刻帯は**表 5.10** のようになる．

表 5.10 日食図の線の描かれる時刻帯 (3)

タイプ	北限界線	南限界線
I	$n_1 \to n_4$	$s_1 \to s_4$
II_N	——	$s_1 \to s_4$
II_S	$n_1 \to n_4$	——

5.5.1 半影の南北限界線，その条件と補助ベッセル要素

基準座標 $K(x, y, z)$ で表わされる点 K が南北限界線上にある条件はどのように書けるか．

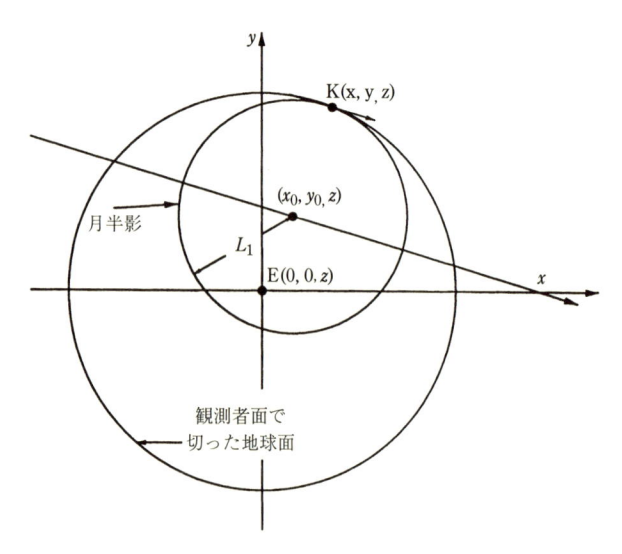

図 5.8 観測者面上の月半影

K 点は $z \geq 0$ で，一般に基準面と離れたところにある．この点を通り基準面に平行な観測者面を考える．観測者面上の月の半影の半径を L_1 とすると，

5.5 南北限界線

図 **5.8** に示す L_1 は,

$$L_1 = l_1 - z \tan f_1, \tag{5.47}$$

である.そして,観測者面上で考えて,K が月の半影円錐上にあるためには,

$$(x - x_0)^2 + (y - y_0)^2 = L_1^2, \tag{5.48}$$

の条件が必要になる.

　この条件は,単に K が半影円錐上にあることを示すだけで,これだけで「南北限界線」上にあることを示すわけではない.これらの半影円錐上の点が時刻によって移動するときに描く包絡線が限界線になる.ある点が時刻をパラメータとして変化する曲線群の包絡線であるときは,その曲線群を表わす条件式の時刻微分はゼロになる.つまり,(5.48) 式の時刻微分はゼロになり,

$$\frac{d}{dt}\{(x - x_0)^2 + (y - y_0)^2 - L_1^2\} = 0, \tag{5.49}$$

になる.(5.48),(5.49) の 2 式が,K が限界線上にある条件になる.

　しかし,このままでは (x, y, z) を求めにくいので,少し書き直しをする.まず (5.49) 式の微分を実行すると,

$$(x - x_0)(\dot{x} - \dot{x}_0) + (y - y_0)(\dot{y} - \dot{y}_0) - L_1 \dot{L}_1 = 0, \tag{5.50}$$

になる.ここで,観測者面上で月影軸の位置 (x_0, y_0, z) に対する $K(x, y, z)$ の位置を,観測者面上の月の半影の半径 L_1 と偏角 Q を使って,

$$\begin{aligned} x &= x_0 + L_1 \cos Q, \\ y &= y_0 + L_1 \sin Q, \end{aligned} \tag{5.51}$$

と書き表わす.ここの L_1, Q を求めることができれば (x, y) も求められる.これらの関係で (5.50) 式を書き直し,L_1 を約すと,

$$\begin{aligned} &(\dot{x} - \dot{x}_0)\cos Q + (\dot{y} - \dot{y}_0)\sin Q \\ &\quad - \{\dot{l}_1 - \dot{z}\tan f_1 - z\frac{d}{dt}(\tan f_1)\} = 0, \end{aligned} \tag{5.52}$$

となる.

ここで, (5.51) 式の関係を入れて (3.18) 式を書き直すと, $(\dot{x}, \dot{y}, \dot{z})$ は,

$$\begin{aligned}
\dot{x} &= \dot{\mu}(-y_0 \sin d + z \cos d - L_1 \sin d \sin Q), \\
\dot{y} &= \dot{\mu}(x_0 \sin d + L_1 \sin d \cos Q) - \dot{z}, \\
\dot{z} &= -\dot{\mu}(x_0 \cos d + L_1 \cos d \cos Q) + \dot{d}(y_0 + L_1 \sin Q),
\end{aligned} \quad (5.53)$$

になる. この関係と (5.47) 式とを使うと, (5.52) 式は,

$$\begin{aligned}
&- \{\dot{x}_0 + \dot{\mu} y_0 \sin d + \dot{\mu} l_1 \cos d \tan f_1 - \dot{\mu} z \cos d (1 + \tan^2 f_1)\} \cos Q \\
&+ \{-\dot{y}_0 + \dot{\mu} x_0 \sin d + \dot{d} l_1 \tan f_1 - \dot{d} z (1 + \tan^2 f_1)\} \sin Q \\
&+ \{-\dot{l}_1 - \dot{\mu} x_0 \cos d \tan f_1 + \dot{d} y_0 \tan f_1 + z \frac{d}{dt}(\tan f_1)\} = 0,
\end{aligned} \quad (5.54)$$

と書き直すことができる. ここで, (4.67) 式で定義した補助ベッセル要素,

$$\begin{aligned}
\hat{a}_1 &= -\dot{l}_1 - \dot{\mu} x_0 \cos d \tan f_1 + \dot{d} y_0 \tan f_1, \\
\hat{b}_1 &= -\dot{y}_0 + \dot{\mu} x_0 \sin d + \dot{d} l_1 \tan f_1, \\
\hat{c}_1 &= \dot{x}_0 + \dot{\mu} y_0 \sin d + \dot{\mu} l_1 \cos d \tan f_1,
\end{aligned} \quad (5.55)$$

を使うと (5.54) 式は,

$$\begin{aligned}
&\{\hat{a}_1 + z \frac{d}{dt}(\tan f_1)\} \\
&+ \{\hat{b}_1 - \dot{d} z (1 + \tan^2 f_1)\} \sin Q \\
&- \{\hat{c}_1 - \dot{\mu} z \cos d (1 + \tan^2 f_1)\} \cos Q = 0,
\end{aligned} \quad (5.56)$$

の形になる. さらにここで,

$$\begin{aligned}
A &= \hat{a}_1 + z \frac{d}{dt}(\tan f_1), \\
B &= \hat{b}_1 - \dot{d} z (1 + \tan^2 f_1), \\
C &= -\hat{c}_1 + \dot{\mu} z \cos d (1 + \tan^2 f_1),
\end{aligned} \quad (5.57)$$

とおけば, (5.56) 式は,

$$A + B \sin Q + C \cos Q = 0, \quad (5.58)$$

と書き直すことができる．A, B, C を定数，Q を未知数とするとき，この形の方程式を満たす解 Q は一般に二つ存在し，そこから一般的に，

$$\sin Q = \frac{-AB \pm C\sqrt{B^2 + C^2 - A^2}}{B^2 + C^2}, \tag{5.59}$$

$$\cos Q = \frac{-AC \mp B\sqrt{B^2 + C^2 - A^2}}{B^2 + C^2}, \tag{5.60}$$

が得られる．この2式は複号同順である．ここでは $C < 0$ であるから，$\sin Q$ の複号のマイナスは北限界線に対するもの，プラスは南限界線に対するものになる．複号同順であるから，対応する $\cos Q$ の複号は容易にわかる．

これまでの説明をまとめよう．(x, y) を (5.51) 式の形に書いたとき，(5.52) 式が成り立つことと (x, y) が地球楕円体の表面に存在することが，K が南北限界線上にあるための最終的な条件である．

5.5.2 南北限界線上の点の位置計算

与えられた時刻に対し，前節で考えた条件を満たす点 $K(x, y, z)$ を定めれば，それがその時刻に対する南北限界線上の点の位置になる．必要な条件式をすべて書き並べると，

$$\begin{aligned}
L_1 &= l_1 - z \tan f_1, \\
x &= x_0 + L_1 \cos Q, \\
y &= y_0 + L_1 \sin Q, \\
z &= \frac{-e^2 y \cos d \sin d + \sqrt{(1-e^2)\{1 - x^2 - y^2 - e^2(1-x^2)\cos^2 d\}}}{1 - e^2 \cos^2 d}, \\
A &= \hat{a}_1 + z \frac{d(\tan f_1)}{dt}, \\
B &= \hat{b}_1 - \dot{d} z (1 + \tan^2 f_1), \\
C &= -\hat{c}_1 + \dot{\mu} z \cos d (1 + \tan^2 f_1),
\end{aligned}$$

である．ここから，

$$\sin Q = \frac{-AB \pm C\sqrt{B^2 + C^2 - A^2}}{B^2 + C^2},$$

複号のマイナスは北限界線に対するもの，プラスは南限界線に対するもの，

$$\cos Q = \frac{-AC \mp B\sqrt{B^2 + C^2 - A^2}}{B^2 + C^2},$$

が得られる．ただし複号同順である．これで Q が決まる．

A, B, C 以下の式を Q を求める関係式としてひとつと見れば，ここには式が五つあり，未知数が x, y, z, Q, L_1 の五つであるから，原理的には解があってよい．しかし，これを解いて (x, y, z) を求めるのはいささか面倒である．ここでは，以下の手順で解くことにしよう．

半影による南北限界線の計算手順内容 すぐ上に示した5組の式を満たす点 $\mathrm{K}(x, y, z)$ の基準座標を求める．

---

(1) 与えられた時刻 t に対するベッセル要素 $d, x_0, y_0, \tan f_1, l_1, \mu$ およびベッセル要素の時刻微分 $\dot{d}, \dot{x}_0, \dot{y}_0, \frac{d}{dt}(\tan f_1), \dot{l}_1, \dot{\mu}$ を計算する．

(2) 同じく，補助ベッセル要素 $\hat{a}_1, \hat{b}_1, \hat{c}_1$ を計算する．

(3) z の近似値を仮定する．適当な時間間隔で限界線の位置を順次に計算するようなときは，その前の時刻で求めた z を近似値にとるとよい．そのような z が得られないときは，$z = 0$ を初期値とする．

(4) 仮定した z に対し，

$$\begin{aligned}
A &= \hat{a}_1 + z \frac{d(\tan f_1)}{dt}, \\
B &= \hat{b}_1 - \dot{d}z(1 + \tan^2 f_1), \\
C &= -\hat{c}_1 + \dot{\mu}z \cos d(1 + \tan^2 f_1),
\end{aligned}$$

で A, B, C を計算し，

$$\begin{aligned}
\sin Q &= \frac{-AB \pm C\sqrt{B^2 + C^2 - A^2}}{B^2 + C^2}, \\
\cos Q &= \frac{-AC \mp B\sqrt{B^2 + C^2 - A^2}}{B^2 + C^2},
\end{aligned}$$

で $\sin Q, \cos Q$ を計算する．この2式は複号同順である。ただし，$\sin Q$ の複号は，北限界線に対してはマイナス，南限界線に対してはプラスをとる．

5.5 南北限界線

それぞれの限界線に対して以降の計算を続行する．$\frac{d}{dt}(\tan f_1)$ はゼロに近い値なので，これをゼロと見なして計算を進めてもよい．

(5) 観測者面における月の半影の半径 L_1 を，

$$L_1 = l_1 - z \tan f_1,$$

で計算する．

(6)

$$\begin{aligned} x &= x_0 + L_1 \cos Q, \\ y &= y_0 + L_1 \sin Q, \end{aligned}$$

で (x, y) を計算する．

(7) こうして，仮定した z に対する x, y が得られる．しかし K 点は地球楕円体表面上の点であるから，この (x, y, z) は (5.2) 式を，あるいはそれを変形した (5.3) 式を満足しなければならない．得られた x, y から，

$$z = \frac{-e^2 y \cos d \sin d + \sqrt{(1-e^2)\{1-x^2-y^2-e^2(1-x^2)\cos^2 d\}}}{1-e^2 \cos^2 d},$$

で z を計算してみて，それがはじめに仮定した z と一致したら，条件はすべて満たされ，計算はそれで終わる．そしてそのときの (x, y, z) の組が求める結果になる．しかし，一般にそうはならない．そこで，いま計算した z を (3) に対する新たな近似値に取り直し，ここまでの計算を全部繰り返す．すると，また新しい z の近似値が得られる．

(8) この (3) から (7) までの計算を何回か繰り返すと，得られる z の値がだんだん変化しなくなり，やがて一定値に収束する．小数点以下 7 桁まで一致すれば十分である．そのとき計算される最後の (x, y, z) の組が求める解になる．

この計算では，与えられた時刻に対し，北，南の両方の限界線上の点が計算されることもあり，どちらか一方だけしか計算できないこともある (時刻によっては，どちらも計算できないこともある)．計算できないときは z を計

算する式の根号内が負になる.

表 5.11 南北限界線を計算する基礎データ

t		2.0	
d	$8°.0173844$	$\dot{d}$	-0.0002580
x_0	0.1464830	$\dot{x}_0$	0.5377720
y_0	0.3453226	$\dot{y}_0$	-0.1584679
$\tan f_1$	0.0046328	$\frac{d}{dt}(\tan f_1)$	0.0000001
$\tan f_2$	0.0046097	$\frac{d}{dt}(\tan f_2)$	0.0000000
l_1	0.5419422	$\dot{l}_1$	0.0001098
l_2	-0.0044212	$\dot{l}_2$	0.0001092
μ	$210°.0291635$	$\dot{\mu}$	0.2618804
$\hat{a}_1$	-0.0002862	$\hat{a}_2$	-0.0002848
$\hat{b}_1$	0.1638176	$\hat{b}_2$	0.1638183
$\hat{c}_1$	0.5510362	$\hat{c}_2$	0.5503798

表 5.12 半影の南北限界線の計算

i	1	2		4	5
z	0.0	0.3949709	$\cdots$	0.3968174	0.3968175
A	-0.0002862	-0.0002862	$\cdots$	-0.0002862	-0.0002862
B	0.1638176	0.1639195	$\cdots$	0.1639200	0.1639200
C	-0.5510362	-0.4486098	$\cdots$	-0.4481310	-0.4481310
$\sin Q$	0.9586800	0.9394674	$\cdots$	0.9393492	0.9393492
$\cos Q$	0.2844867	0.3426382	$\cdots$	0.3429621	0.3429621
L_1	0.5419422	0.5401123	$\cdots$	0.5401038	0.5401038
x	0.3006583	0.3315461	$\cdots$	0.3317181	0.3317181
y	0.8648717	0.8527405	$\cdots$	0.8526687	0.8526687
z	0.3949709	0.3968057	$\cdots$	0.3968175	0.3968175
z	0.0	0.9846944		0.9855857	
A	-0.0002862	-0.0002861	$\cdots$	-0.0002861	
B	0.1638176	0.1640717		0.1640719	
C	-0.5510362	-0.2956790	$\cdots$	-0.2954479	
$\sin Q$	-0.9583962	-0.8739904		-0.8738285	
$\cos Q$	-0.2854411	-0.4859432	$\cdots$	-0.4862342	
L_1	0.5419422	0.5373803		0.5373761	
x	-0.0082096	-0.1146533	$\cdots$	-0.1148077	
y	-0.1740727	-0.1243426		-0.1242520	
z	0.9846944	0.9855923	$\cdots$	0.9855857	

計算実例

ここでは，2035 年 9 月 2 日の皆既日食に対し，時刻 $t = 2^\mathrm{h}.0$ に半影の作る南北限界線の位置を計算しよう．本影の作る限界線をあとから計算することも考慮して，基礎データを**表 5.11** に示した．

つぎに，はじめに $z = 0$ を仮定し，$t = 2^\mathrm{h}.0$ に対する北限界線，南限界線の基準座標系における位置 (x, y, z) を計算する過程を，途中を少し省略しながら**表 5.12** に示した．4 回または 5 回の繰り返し計算で収束している．

こうして，北限界線上の点の基準座標として，

$$x = 0.3317181, \quad y = 0.8526687, \quad z = 0.3968175,$$

が計算される．同様に，南限界線上の点の基準座標として，

$$x = -0.1148077, \quad y = -0.1242520, \quad z = 0.9855857,$$

が計算される．

5.5.3 本影の南北限界線

皆既日食，金環日食などの中心食では，月の本影円錐，あるいはその延長部分が地球にかかる．この場合には，半影の南北限界線を計算したのとほとんど同様の手順で，本影 (またはその延長) の南北限界線を計算することができる．

本影 (またはその延長) の南北限界線は，中心線とほぼ並行し，中心線をはさむ形で描かれる．本影の北，南の限界線にはさまれる細い帯状地帯は，皆既日食を観測できる区域であり，本影円錐延長部分の北，南限界線にはさまれる同様の帯状地帯は，金環食を観測できる区域である．皆既食，金環食を観測するためには，あらかじめこの限界線を正しく計算しておくことが特に重要である．

いま述べたように，この計算は，半影の南北限界線とほとんど同様の手順で，ただ，「半影」という言葉を「本影」に置き換え，ベッセル要素，補助ベッセル要素などの添え字 1 を 2 に置き換えることで遂行できる．たとえば l_1 は l_2 とし，$\tan f_1$ は $\tan f_2$ に，$\hat{a}_1, \hat{b}_1, \hat{c}_1$ は $\hat{a}_2, \hat{b}_2, \hat{c}_2$ に置き換えればよい．

本影 (またはその延長) の南北限界線を計算するのに必要なのは，つぎの関係式である．まず，補助ベッセル要素，

$$
\begin{aligned}
\hat{a}_2 &= -\dot{l}_2 - \dot{\mu} x_0 \cos d \tan f_2 + \dot{d} y_0 \tan f_2, \\
\hat{b}_2 &= -\dot{y}_0 + \dot{\mu} x_0 \sin d + \dot{d} l_2 \tan f_2, \\
\hat{c}_2 &= \dot{x}_0 + \dot{\mu} y_0 \sin d + \dot{\mu} l_2 \cos d \tan f_2,
\end{aligned}
\tag{5.61}
$$

を計算する．すると，

$$
\begin{aligned}
A &= \hat{a}_2 + z \frac{d}{dt}(\tan f_2), \\
B &= \hat{b}_2 - \dot{d} z (1 + \tan^2 f_2), \\
C &= -\hat{c}_2 + \dot{\mu} z \cos d (1 + \tan^2 f_2),
\end{aligned}
\tag{5.62}
$$

の計算ができる．そして，

$$
\begin{aligned}
\sin Q &= \frac{-AB \pm C\sqrt{B^2 + C^2 - A^2}}{B^2 + C^2}, \\
\cos Q &= \frac{-AC \mp B\sqrt{B^2 + C^2 - A^2}}{B^2 + C^2}, \quad \text{(複号同順)}
\end{aligned}
\tag{5.63}
$$

で $\sin Q, \cos Q$ を求めることができる．ただし，本影の限界線では，$L_2 < 0$ となることがあるため，複号のとり方が半影の場合と少し変わってくる．$\sin Q$ の複号であるが，一般に $C < 0$ であることを考慮して，$L_2 > 0$ の金環食の場合，北限界線に対してマイナス，南限界線に対してプラスをとる．また，$L_2 < 0$ の皆既食の場合は逆で，北限界線に対してプラス，南限界線に対してマイナスをとる．

つぎに，

$$
\begin{aligned}
L_2 &= l_2 - z \tan f_2, \tag{5.64} \\
x &= x_0 + L_2 \cos Q, \\
y &= y_0 + L_2 \sin Q,
\end{aligned}
\tag{5.65}
$$

および，

$$
z = \frac{-e^2 y \cos d \sin d + \sqrt{(1-e^2)\{1 - x^2 - y^2 - e^2(1-x^2)\cos^2 d\}}}{1 - e^2 \cos^2 d},
\tag{5.66}
$$

5.5 南北限界線

表 5.13 本影の南北限界線の位置の計算

	i	1	2	3	4
北	z	0.0	0.9243691	0.9225988	0.9226020
	A	-0.0002848	-0.0002847	-0.0002847	-0.0002847
	B	0.1638183	0.1640568	0.1640563	0.1640563
	C	-0.5503798	-0.3106666	-0.3111257	-0.3111249
	$\sin Q$	-0.9583035	-0.8838958	-0.8841816	-0.8841811
	$\cos Q$	-0.2857525	-0.4676839	-0.4671433	-0.4671443
	L_2	-0.0044212	-0.0086823	-0.0086742	-0.0086742
	x	0.1477463	0.1505436	0.1505350	0.1505351
	y	0.3495595	0.3529969	0.3529921	0.3529922
	z	0.9243691	0.9225988	0.9226020	0.9226020
南	z	0.0	0.9279550	0.9296617	0.9296646
	A	-0.0002848	-0.0002847	-0.0002847	-0.0002847
	B	0.1638183	0.1640577	0.1640581	0.1640581
	C	-0.5503798	-0.3097367	-0.3092941	-0.3092934
	$\sin Q$	0.9585864	0.8840741	0.8837973	0.8837969
	$\cos Q$	0.2848019	0.4673467	0.4678699	0.4678708
	L_2	-0.0044212	-0.0086989	-0.0087067	-0.0087067
	x	0.1452238	0.1424176	0.1424093	0.1424093
	y	0.3410845	0.3376322	0.3376276	0.3376276
	z	0.9279550	0.9296617	0.9296646	0.9296646

で，(x,y) と，それに対する z の計算ができる．もちろん，z に対して，繰り返し代入法を適用する必要がある．具体的な計算法は 5.5.2 節に示した手順から推測してもらうことにし，ここでは省略する．

特に注意が必要なのは，月の本影の半径 l_2 は，基準面において，月の本影円錐の延長部分の半径として定義されていることである．本影円錐の先端が基準面に届かないとき $l_2 > 0$ であり，届くときは $l_2 < 0$ である．月の本影は地球表面に届いて皆既食になることもあり，また，届かずに金環食になることもある．太陽，月の大きさと，それぞれの地球までの距離はかなり微妙な関係にあり，ぎりぎりで皆既食になったり，金環食になったりする．したがって，最終的に (5.64) 式で求められた観測者面における半径 L_2 は，いま複号のとり方に関して述べたように，プラスになることも，マイナスになることもある．観測点では $L_2 < 0$ で皆既，$L_2 > 0$ で金環である．日食によっては，その進行中に本影円錐の先端が地表についたり離れたりすることもある．このときは，日食の途中で金環から皆既へ，あるいは皆既から金環へと移り変わる．この種の日食は**金環皆既食**といわれる．

本影 (またはその延長) の南北限界線の区別は，皆既，金環の区別なく，

$L_2 \sin Q > 0,$　で北限界線

$L_2 \sin Q < 0,$　で南限界線，

を表わす．

ここでも，2035 年 9 月 2 日の皆既日食に対して，時刻 $t = 2^h.0$ に対する，本影の南北限界線の位置を計算する過程を，**表 5.13** に示した．この計算に対する基礎データは，すでに**表 5.11** に示してある．

この結果から，時刻 $t = 2^h.0$ に対し，本影の北限界線上の点は，

$x = 0.1505351,\quad y = 0.3529922,\quad z = 0.9226020,$

になり，同じく南限界線上の点は，

$x = 0.1424093,\quad y = 0.3376276,\quad z = 0.9296646,$

となる．

5.5.4　本影南北限界線の端点

本影の南北限界線は，**図 5.9** に示すように，「日の出に食が最大になる線」の位置から始まって，「日の入りに食が最大になる線」の位置で終わる．つまり，東西の端点はこれらの線上にある．この端点が描かれる時刻と位置を計算しよう．現実の計算では，まず，この端点に対する時刻とその位置を計算し，それから，その間の時刻に対する各点の位置を前節で述べた方法で計算する順序になる．

わかりやすいように，本影南北限界線の端点に対して記号をつけておこう．まず，北限界線の西端の点を描く時刻を w_1，それに対する基準面上の点を w_1，地球表面上の点を W_1 とする．例によって，イタリック体は時刻，小文字ローマン体は基準面上の点，大文字ローマン体は地球表面上の点を表わす．ここでは w_1 は W_1 に一致している．同様に，北限界線の東端の点に対する時刻を e_1，対応する基準面上，地球表面上の点をそれぞれ e_1, E_1 とする．また，南限界線では，西端の点に対し，これらの時刻，位置をそれぞれ

$w_2, \mathrm{w}_2, \mathrm{W}_2$ とし,東端の点に対し $e_2, \mathrm{e}_2, \mathrm{E}_2$ とする.おくればせながら,この w_1, w_2, e_1, e_2 も基本時刻に加え,$\mathrm{W}_1, \mathrm{W}_2, \mathrm{E}_1, \mathrm{E}_2$ も基本点と考えることにしよう.

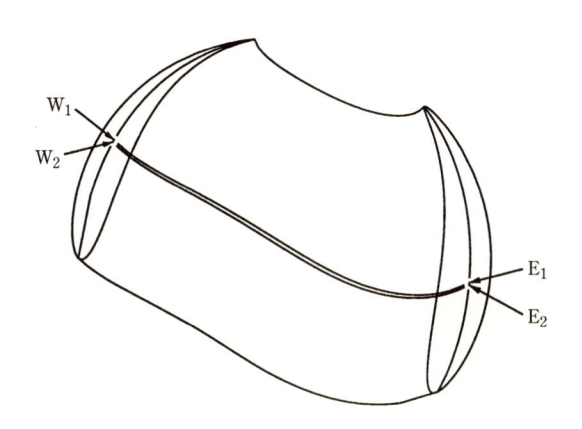

図 5.9 本影南北限界線の端点

これら端点が描かれるのは,日の出,あるいは日の入りの瞬間であるから,その基準座標で $z = 0$ である.したがって,端点の描かれる時刻を求めるには,本影(またはその延長)が南北限界線上にある条件を満たし,かつ,$z = 0$ となる時刻を探せばよい.この条件を満たす端点の位置を基準座標で (x, y, z) とすると,(x, y) は地球外周楕円上にあるから,$z = 0$ である.そして,

$$\begin{aligned} x &= x_0 + l_2 \cos Q, \\ y &= y_0 + l_2 \sin Q, \end{aligned} \tag{5.67}$$

と l_2, Q で月影軸との位置関係を表わすことにすると,(x, y) が地球外周楕円上にあること,また,$(x, y, z = 0)$ が南北限界線上にあることから,具体的な条件式として,

$$\begin{aligned} x^2 + \frac{y^2}{1 - E^2} &= 1, \\ \hat{a}_2 + \hat{b}_2 \sin Q - \hat{c}_2 \cos Q &= 0, \end{aligned} \tag{5.68}$$

の二つが得られる．$z = 0$ であるため，(5.62) 式の A, B, C がそれぞれ $\hat{a}_2, \hat{b}_2, -\hat{c}_2$ になるからである．ただし，

$$E^2 = \frac{e^2 \cos^2 d}{1 - e^2 \sin^2 d},$$

である．端点を描く時刻 t，その位置 (x, y) は，これらの条件をすべて満たす．これを求めるには，つぎの手順で計算すればよい．

本影南北限界線の端点の計算手順
内容

$$x^2 + \frac{y^2}{1 - E^2} = 1,$$

$$\hat{a}_2 + \hat{b}_2 \sin Q - \hat{c}_2 \cos Q = 0,$$
$$E^2 = \frac{e^2 \cos^2 d}{1 - e^2 \sin^2 d},$$

の関係式を満たす t および (x, y) を求める．

(1) 求める時刻を計算する初期値を t_0 とする．本影の南北限界線を描き始める時刻としては，$t_0 = c_1$ を，描き終わる時刻としては $t_0 = c_2$ を仮定するとよい．

(2) その時刻 t_0（一般的には t_i）に対し，ベッセル要素 $d, x_0, y_0, \tan f_2, l_2, \mu$ およびそこから計算される E^2，ベッセル要素の時刻微分 $\dot{d}, \dot{x}_0, \dot{y}_0, \dot{l}_2, \dot{\mu}$，補助ベッセル要素 $\hat{a}_2, \hat{b}_2, \hat{c}_2$ を計算する．

(3) 補助ベッセル要素から，$\sin Q, \cos Q$ を

$$\sin Q = \frac{-\hat{a}_2 \hat{b}_2 \pm \hat{c}_2 \sqrt{\hat{b}_2^2 + \hat{c}_2^2 - \hat{a}_2^2}}{\hat{b}_2^2 + \hat{c}_2^2},$$
$$\cos Q = \frac{\hat{a}_2 \hat{c}_2 \pm \hat{b}_2 \sqrt{\hat{b}_2^2 + \hat{c}_2^2 - \hat{a}_2^2}}{\hat{b}_2^2 + \hat{c}_2^2}, \quad \text{(複号同順)}$$

で計算する．ここで一般的に $\hat{c}_2 > 0$ であることを考慮すれば，$\sin Q$ の複号のプラスは $l_2 > 0$ なら北限界線，$l_2 < 0$ なら南限界線に対応し，同じく複号のマイナスは $l_2 > 0$ なら南限界線，$l_2 < 0$ なら北限界線に対応する．

(4)
$$\begin{aligned} x &= x_0 + l_2 \cos Q, \\ y &= y_0 + l_2 \sin Q, \end{aligned}$$

で (x, y) を計算する．

(5) (x, y) が地球外周楕円上にある条件，

$$f(t_{i-1}) = x^2 - \frac{y^2}{1 - E^2} - 1,$$

を計算する．もしここで $f(t_{i-1}) = 0$ となれば必要条件はすべて満たされ，仮定時刻がそのまま求める時刻になり，そのときの (x, y) が基準座標における端点の位置となる．そして，この計算は終了となる．しかし，一般にそうはならない．$f(t_{i-1}) \neq 0$ のときは，(6) に進む．

(6) 仮定時刻に対する補正値を計算するため，

$$\dot{f}(t_{i-1}) \sim 2(x\dot{x}_0 + y\dot{y}_0),$$

を計算する．

(7) 時刻の補正値 Δt_{i-1} を

$$\Delta t_{i-1} = -\frac{f(t_{i-1})}{\dot{f}(t_{i-1})},$$

で計算する．

(8) $t_i = t_{i-1} + \Delta t_{i-1}$ による t_i を新たな近似時刻にとり直し，i をひとつ増やして，(2) からの計算を繰り返す．繰り返すごとに $f(t_{i-1})$ はしだいにゼロに近付き，やがて必要精度でゼロとなる．小数点以下7桁までゼロになれば実用上収束と見なしてよく，そこから端点に対する基本時刻 t，基本点としての位置 (x, y) が得られる．

はじめの仮定時刻として，たとえば $t_0 = c_1$ を選んだのに対して得られる二つの Q は，最終的に，それぞれが北，南限界線の描き始めの点に対応する．同様に $t_0 = c_2$ に対する二つの Q は，それぞれが北，南限界線の描き終わりの点に対応する．

表 5.14　本影南限界線を描き始める時刻の計算

i	1	2	3
t_i	$0^\mathrm{h}.2705678$	$0^\mathrm{h}.2667454$	$0^\mathrm{h}.2667530$
d	$8°.0429452$	$8°.0430017$	$8°.0430016$
x_0	-0.7836244	-0.7856802	-0.7856761
y_0	0.6191925	0.6197974	0.6197962
$\tan f_2$	0.0046097	0.0046097	0.0046097
l_2	-0.0046455	-0.0046461	-0.0046461
μ	$184°.0796555$	$184°.0223029$	$184°.0224166$
E^2	0.0065642	0.0065642	0.0065642
$\dot{d}$	-0.0002579	-0.0002579	-0.0002579
$\dot{x}_0$	0.5378254	0.5378253	0.5378253
$\dot{y}_0$	-0.1582417	-0.1582412	-0.1582412
$\dot{l}_2$	0.0001501	0.0001502	0.0001502
$\dot{\mu}$	0.2618803	0.2618803	0.2618803
$\hat{a}_2$	0.0007858	0.0007882	0.0007882
$\hat{b}_2$	0.1295289	0.1294528	0.1294530
$\hat{c}_2$	0.5605077	0.5605300	0.5605299
$\sin Q$	0.9740138	0.9740440	0.9740439
$\cos Q$	0.2264888	0.2263589	0.2263591
x	-0.7846766	-0.7867319	-0.7867278
y	0.6146677	0.6152719	0.6152707
$f(t_{i-1})$	-0.0039698	0.0000079	0.0000000
$\sim \dot{f}(t_{i-1})$	-1.0385701	-1.0409713	
Δt_{i-1}	-0.0038223	0.0000076	
t_i	0.2667454	0.2667530	

ここでは，これまで計算してきた 2035 年 9 月 2 日の皆既日食における本影の南限界線の端点を描く時刻，位置を計算する．初期値として $t_0 = c_1 = 0^\mathrm{h}.2705678$ をとると，3 回の繰り返し計算で収束し，

$$w_2 = 0^\mathrm{h}.266753,$$
$$x = -0.7867278,$$
$$y = 0.6152707,$$

が得られる．**表 5.14** にその計算の経過を示した．

5.6 食分に関係する線

ここまでに説明を済ませた主要な各種の線以外にも，日食図に描かれる線がいくつかある．そのひとつが，地球表面で最大食分が同じである点を連ねた**等食分線**であり，また別のひとつが，同じ時刻に最大食分になる点を連ねた**最大食同時線**である．この節では，これらの線の位置を計算する手順を示す．

5.6.1 等食分線

まず，等食分線について考える．ここでいう等食分線とは，あるひとつの日食全体を通し，地球表面で最大食分が等しい値になる点を連ねた線のことである．

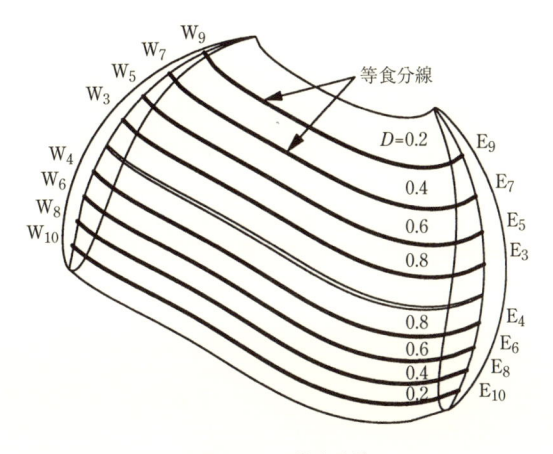

図 5.10 等食分線

ある瞬間に食分が D である点を連ねた線 C を地球表面に考えてみよう．この線は，一般的に，地球表面で円に似たひとつの閉曲線を描く．C の内側では食分が D より大きく，外側では食分が D より小さい．ただし C が地球外周楕円にかかっているとき，その交点は日の出あるいは日の入りに食分が D となる点であるから，C はそこで終わる開いた曲線になる．時間の経過にともなってこの線 C は地球上を移動する．このとき，地球表面に描かれる C の

包絡線が，ここで考えている食分 D の等食分線になる．

等食分線は，**図 5.10** に示したように，一般に 0.2 ごとの間隔で，$D = 0.8, 0.6, 0.4, 0.2$ の線が描かれる．それぞれの線は，「日の出に食が最大になる線」上で始まり，「日の入りに食が最大になる線」上で終わる．この場合，タイプ I の日食では中心線をはさんでその両側に等食分線が 4 本ずつ描かれる．タイプ II の日食では等食分線の本数は場合によって異なるが，中心食なら，少なくとも片側の 4 本は描かれる．最大食分が 0.2 に達しない部分食では 1 本も描かれることはない．一部を拡大した日食図には，0.2 よりも細かい間隔で等食分線が描かれることもある．日食図に等食分線を描くことで，あらゆる観測点に対して，太陽が最大でどのくらい欠けるか，だいたいの見当をつけることができる．

等食分線を計算する方法は，南北限界線を計算する方法に似ている．それは，南北限界線が $D = 0$ の等食分線だからである．

ここで，ある時刻 t を与えたとき，観測点 K(x, y, z) の食分が D であり，かつ，その点が食分 D の等食分線上にある条件を求めよう．

その条件のひとつは，その時刻 t に食分 D であることから，

$$(x - x_0)^2 + (y - y_0)^2 = \Delta^2, \tag{5.69}$$

が成り立つことである．ただし Δ は，食分の定義式を変形した，

$$\Delta = l_1 - z \tan f_1 - D\{l_1 + l_2 - z(\tan f_1 + \tan f_2)\}, \tag{5.70}$$

の関係で与えられる．つぎの条件は，K が食分 D の包絡線上にあることだから，

$$\frac{d}{dt}\{(x - x_0)^2 + (y - y_0)^2 - \Delta^2\} = 0, \tag{5.71}$$

で与えられる．(5.69),(5.71) の 2 式は，南北限界線を計算したときの (5.48),(5.49) の 2 式に相当する．

もうひとつ，K(x, y, z) が地球楕円体上にある条件が必要である．これは，以前に示した (5.3) 式，

$$z = \frac{-e^2 y \cos d \sin d + \sqrt{(1 - e^2)\{1 - x^2 - y^2 - e^2(1 - x^2)\cos^2 d\}}}{1 - e^2 \cos^2 d}, \tag{5.72}$$

5.6 食分に関係する線

で与えられる．時刻 t に対し (5.69),(5.71),(5.72) の 3 式を満たす点 $\mathrm{K}(x,y,z)$ が，食分 D の等食分線上の点になる．D を決めておいて，適当な間隔で時刻 t を変えながらそれぞれの点の位置を計算することで，食分 D の等食分線を描くことができる．

時刻 t を与えたときこれらの条件を満たす点 $\mathrm{K}(x,y,z)$ を直接に求めることは困難であるが，z に対する繰り返し代入法を使えば計算することができる．その手順を知るために，(5.69),(5.71) 式を少し変形し，z を与えたときに (x,y) を計算できる形に直しておこう．

まず，月影軸の位置 (x_0, y_0) に対する (x, y) の位置を，観測者面上の距離 Δ と偏角 Q を使って，

$$\begin{aligned} x &= x_0 + \Delta \cos Q, \\ y &= y_0 + \Delta \sin Q, \end{aligned} \tag{5.73}$$

と書き表わす．これは，偏角 Q を使って (5.69) 式を変形したものであり，x, y は Δ, Q を計算すれば得られる．まず Δ は (5.70) 式で求められる．Q の計算はやや面倒である．(5.73) 式によって (5.71) 式は，

$$(\dot{x} - \dot{x}_0)\cos Q + (\dot{y} - \dot{y}_0)\sin Q - \dot{\Delta} = 0, \tag{5.74}$$

と書き直すことができる．一方 (5.70) 式を時刻 t で微分すると，

$$\begin{aligned} \dot{\Delta} &= (1-D)\dot{l}_1 - D\dot{l}_2 + \dot{z}\{(D-1)\tan f_1 + D\tan f_2\} \\ &\quad + z\left\{(D-1)\frac{d}{dt}(\tan f_1) + D\frac{d}{dt}(\tan f_2)\right\}, \end{aligned} \tag{5.75}$$

となる．ここで，

$$\begin{aligned} F &= (1-D)\tan f_1 - D\tan f_2, \\ \dot{F} &= (1-D)\frac{d}{dt}(\tan f_1) - D\frac{d}{dt}(\tan f_2), \end{aligned} \tag{5.76}$$

と書き表わすことにすると，

$$\dot{\Delta} = (1-D)\dot{l}_1 - D\dot{l}_2 - \dot{z}F - z\dot{F}, \tag{5.77}$$

である．(3.18) 式を使って $(\dot{x}, \dot{y}, \dot{z})$ を書き直し，また (5.73) 式を使って x, y を書き直すと，(5.74) 式は，

$$A + B\sin Q + C\cos Q = 0, \tag{5.78}$$

の形になる．ただし，

$$
\begin{aligned}
A &= -\{(1-D)\dot{l}_1 - D\dot{l}_2\} - (\dot{\mu}x_0\cos d - \dot{d}y_0)F + z\dot{F}, \\
B &= -\dot{y}_0 + \dot{\mu}x_0\sin d - \dot{d}(z - \Delta F), \\
C &= -\dot{x}_0 + \dot{\mu}(-y_0\sin d + z\cos d - \Delta F\cos d),
\end{aligned}
\tag{5.79}
$$

である．(5.78) 式から，$\sin Q, \cos Q$ は，

$$
\begin{aligned}
\sin Q &= \frac{-AB \pm C\sqrt{B^2+C^2-A^2}}{B^2+C^2}, \\
\cos Q &= \frac{-AC \mp B\sqrt{B^2+C^2-A^2}}{B^2+C^2}, \quad \text{(複号同順)}
\end{aligned}
\tag{5.80}
$$

で計算できる．ただし，$C < 0$ であるから，$\sin Q$ の複号のマイナスは中心線より北側の等食分線に対するもの，プラスは南側の等食分線に対するものになる．

これだけ準備しておくと，計算しようとしている食分 D に対し，つぎの手順で K(x, y, z) の逐次近似計算ができる．

等食分線上の点の計算

内容 与えられた食分 D と時刻 t に対し，

$$
\begin{aligned}
&(x-x_0)^2 + (y-y_0)^2 = \Delta^2, \\
\Delta &= l_1 - z\tan f_1 - D\{l_1 + l_2 - z(\tan f_1 + \tan f_2)\}, \\
&\frac{d}{dt}\{(x-x_0)^2 + (y-y_0)^2 - \Delta^2\} = 0, \\
z &= \frac{-e^2 y\cos d\sin d + \sqrt{(1-e^2)\{1-x^2-y^2-e^2(1-x^2)\cos^2 d\}}}{1-e^2\cos^2 d},
\end{aligned}
$$

の関係を満たす点 K(x, y, z) を求める．

---

(1) 時刻 t に対し，ベッセル要素 $d, x_0, y_0, \tan f_1, \tan f_2, l_1, l_2, \mu$ およびベッセル要素の時刻微分 $\dot{d}, \dot{x}_0, \dot{y}_0, \frac{d}{dt}(\tan f_1), \frac{d}{dt}(\tan f_2), \dot{l}_1, \dot{l}_2, \dot{\mu}$ を計算する．

(2)
$$F = (1-D)\tan f_1 - D\tan f_2,$$
$$\dot{F} = (1-D)\frac{d}{dt}(\tan f_1) - D\frac{d}{dt}(\tan f_2),$$
を計算する.

(3) z の初期値を仮定する. 適当な初期値が得られないときは, 0 と 1 の間のどんな値でもよく, もちろん $z = 0$ でもよい. その z に対し,

$$\Delta = l_1 - z\tan f_1 - D\{l_1 + l_2 - z(\tan f_1 + \tan f_2)\},$$

で Δ を計算する.

(4) A, B, C を
$$A = -\{(1-D)\dot{l}_1 - D\dot{l}_2\} - (\dot{\mu}x_0\cos d - \dot{d}y_0)F + z\dot{F},$$
$$B = -\dot{y}_0 + \dot{\mu}x_0\sin d - \dot{d}(z - \Delta F),$$
$$C = -\dot{x}_0 + \dot{\mu}(-y_0\sin d + z\cos d - \Delta F\cos d),$$

で計算し, そこから $\sin Q, \cos Q$ を,
$$\sin Q = \frac{-AB \pm C\sqrt{B^2 + C^2 - A^2}}{B^2 + C^2},$$
$$\cos Q = \frac{-AC \mp B\sqrt{B^2 + C^2 - A^2}}{B^2 + C^2}, \quad \text{(複号同順)}$$

で求める. ただし, $\sin Q$ の複号のマイナスは中心線より北側の等食分線に対するもの, プラスは南側の等食分線に対するものである. 計算は南北のどちらか一方だけでいいこともあるが, 両側が必要な場合もある.

(5)
$$x = x_0 + \Delta\cos Q,$$
$$y = y_0 + \Delta\sin Q,$$

で (x, y) を計算する.

(6) いま求めた (x,y) に対し，それに対する地球楕円体上の点 z を，

$$z = \frac{-e^2 y \cos d \sin d + \sqrt{(1-e^2)\{1-x^2-y^2-e^2(1-x^2)\cos^2 d\}}}{1-e^2\cos^2 d},$$

で計算する．ここで得られた z が (3) で仮定した z の値に等しければ，このときの (x,y,z) の組は求める等食分線上の点である．現実の計算では，小数点以下 7 桁まで数値が一致すればよい．

(7) z が仮定値と一致しないときは，(6) で得られた z を新たな仮定値とし，(3) に戻って以下の計算をやり直す．そして，z が仮定値と一致するまでこの計算を繰り返す．

この手順によって，条件に適する点 $\mathrm{K}(x,y,z)$ を求めることができる．この繰り返しは，通常は 3,4 回で収束する．

表 5.15 等食分線を計算する基礎データ

D	0.6		
t	2.0		
d	$8°.0173844$	$\dot{d}$	-0.0002580
x_0	0.1464830	$\dot{x}_0$	0.5377720
y_0	0.3453226	$\dot{y}_0$	-0.1584679
$\tan f_1$	0.0046328	$\frac{d}{dt}(\tan f_1)$	0.0000001
$\tan f_2$	0.0046097	$\frac{d}{dt}(\tan f_2)$	0.0000000
l_1	0.5419422	$\dot{l}_1$	0.0001098
l_2	-0.0044212	$\dot{l}_2$	0.0001092
μ	$210°.0291635$	$\dot{\mu}$	0.2618804
F	-0.0009127	$\dot{F}$	0.0000000

計算実例

ここでは，2035 年 9 月 2 日の皆既日食で，食分 0.6 の北側の等食分線に対し，時刻 $t = 2^\mathrm{h}.0$ に対応する点の基準座標 $\mathrm{K}(x,y,z)$ を計算してみる．まず，時刻 $t = 2^\mathrm{h}.0$ に対する基礎データを**表 5.15** に示した．$F, \dot{F}$ を除けば，これらはすべてベッセル要素かその時刻微分である．

このデータをもとに，$D = 0.6, t = 2^\mathrm{h}.0$ に対する北側の等食分線の位置計算をする．その逐次近似の過程はつぎの**表 5.16** に示されている．ここでは初期値として $z = 0$ をとっている．

5.6　食分に関係する線

表 5.16　逐次近似による等食分線の位置計算

i	1	2	3	4
z	0.0	0.8028691	0.8018598	0.8018589
Δ	0.2194296	0.2201624	0.2201625	0.2201625
A	0.0000564	0.0000564	0.0000564	0.0000564
B	0.1638183	0.1640255	0.1640252	0.1640252
C	-0.5503331	-0.3421324	-0.3423941	-0.3423943
$\sin Q$	0.9584104	0.9016624	0.9017915	0.9017916
$\cos Q$	0.2853936	0.4324407	0.4321713	0.4321711
x	0.2091068	0.2416901	0.2416304	0.2416304
y	0.5556262	0.5438348	0.5438624	0.5438624
z	0.8028691	0.8018598	0.8018589	0.8018589

こうして，K 点の基準座標として，

$$x = 0.2416304, \quad y = 0.5438624, \quad z = 0.8018589,$$

が求められる．なお，同じ条件で南側の等食分線上の点の位置を計算すると，これに対して，

$$x = 0.0396217, \quad y = 0.1536718, \quad z = 0.9870404,$$

が得られる．

5.6.2　等食分線の端点

ある D に対する等食分線の計算は，時刻を少しずつ変えながら，そのそれぞれに対する点の位置を計算することで成し遂げられる．では，その時刻はどこから始めてどこで終わればいいのか．ここではそれを説明する．現実には，まず，これら東西の端点に対応する二つの時刻を求め，それから，その両者にはさまれる時刻に対する等食分線上の点の位置を計算する順序になる．

ここでも，わかりやすいように，$D = 0.8, 0.6, 0.4, 0.2$ に対する等食分線の東西の端点それぞれの時刻，位置に，便宜上，**図 5.10** に示す記号をつけることにした．

等食分線の始まる点は「日の出に食が最大になる線」の上にあり，また，終わりの点は「日の入りに食が最大になる線」の上にある．これらはどちらもその時刻に $z = 0$ である．したがって，等食分線の条件を満たしながら $z = 0$ である時刻が，その始まり，終わりの時刻になる．その時刻も逐次近似法を

使って求めることができる．それは，5.5.4 節に述べた，本影の南北限界線の端点の時刻を計算する手順とほぼ同じである．ここではくどくどと説明せずに，必要な式を計算手順にしたがって示すだけとする．

等食分線の端点に対する時刻，位置の計算

内容 与えられた食分 D の等食分線に対し，基準座標 $z=0$ となる点を描く時刻 t とその位置 (x, y) を求める．

(1) 食分 D に対し，求める時刻の初期値 t を仮定する．「日の出，あるいは日の入りに食が最大になる線」はすでに計算されているから，およその時刻はすぐに見当がつく．

(2) 仮定した初期値 t に対し，ベッセル要素 $d, x_0, y_0, \tan f_1, \tan f_2, l_1, l_2, \mu$，およびベッセル要素の時刻微分 $\dot{d}, \dot{x}_0, \dot{y}_0, \dot{l}_1, \dot{l}_2, \dot{\mu}$ を計算する．

(3) 以下の式を順次に計算する．

$$\Delta = (1-D)l_1 - Dl_2,$$

$$F = (1-D)\tan f_1 - D\tan f_2,$$

$$A = -\{(1-D)\dot{l}_1 - D\dot{l}_2\} - (\dot{\mu}x_0\cos d - \dot{d}y_0)F,$$

$$B = -\dot{y}_0 + \dot{\mu}x_0\sin d + \dot{d}\Delta F,$$

$$C = -\dot{x}_0 + \dot{\mu}(-y_0\sin d - \Delta F\cos d),$$

$$\sin Q = \frac{-AB \pm C\sqrt{B^2+C^2-A^2}}{B^2+C^2},$$

$$\cos Q = \frac{-AC \mp B\sqrt{B^2+C^2-A^2}}{B^2+C^2}, \quad \text{(複号同順)}$$

$$x = x_0 + \Delta\cos Q,$$

$$y = y_0 + \Delta\sin Q,$$

ただし，北側の等食分線に対しては，$\sin Q$ の複号はマイナスをとり，南側の等食分線に対してはプラスをとる．

5.6 食分に関係する線

(4)
$$f(t) = x^2 + \frac{y^2}{1-E^2} - 1,$$

を計算する．ただし，

$$E^2 = \frac{e^2 \cos^2 d}{1 - e^2 \sin^2 d},$$

である．ここで $f(t) = 0$ となれば計算は収束で，そのときの仮定時刻が求める時刻に，また，そのときの (x, y) が求める端点の位置になる．

(5) $f(t) \neq 0$ のときは，

$$\dot{f}(t) \sim 2(x\dot{x}_0 + y\dot{y}_0),$$
$$\Delta t = -\frac{f(t)}{\dot{f}(t)},$$

で t に対する補正値 Δt を計算する．そして，$t + \Delta t$ を新たな近似時刻 t にとり直し，(2) に戻って計算を繰り返す．この繰り返しを (4) で計算が収束するまでおこなう．

計算実例

ここでは，前節で計算した $D = 0.6$ の北側の等食分線の描き始めの時刻，位置の計算経過を，**表 5.17** に示しておく．初期値の仮定時刻は $t = 0^\text{h}.5$ である．計算の結果，

$$t = 0^\text{h}.510125,$$
$$x = -0.6035705, \quad y = 0.7946884,$$

が得られる．

なお，最初の近似時刻として，「日の出に食が最大になる線」を描く時刻に近い値をとれば等食分線の描き始めの時刻が得られ，「日の入りに食が最大になる線」に近い時刻をとれば描き終わりの時刻が得られる．この計算によって，その時刻に対する等食分線の端点の基準座標 $(x, y, z = 0)$ が得られ，経緯度に換算することができる．

表 5.17　等食分線の端点の計算

i	1	2	3	4
t	0.5000000	0.5102458	0.5101233	0.5101252
d	$8°.0395548$	$8°.0394034$	$8°.0394052$	$8°.0394052$
x_0	-0.6602298	-0.6547193	-0.6547852	-0.6547842
y_0	0.5828831	0.5812614	0.5812808	0.5812805
$\tan f_1$	0.0046327	0.0046327	0.0046327	0.0046327
$\tan f_2$	0.0046097	0.0046097	0.0046097	0.0046097
l_1	0.5417508	0.5417522	0.5417522	0.5417522
l_2	-0.0046117	-0.0046102	-0.0046102	-0.0046102
μ	$187°.5222033$	$187°.6759379$	$187°.6740993$	$187°.6741279$
E^2	0.0065643	0.0065643	0.0065643	0.0065643
$\dot{d}$	-0.0002579	-0.0002579	-0.0002579	-0.0002579
$\dot{x}_0$	0.5378267	0.5378267	0.5378267	0.5378267
$\dot{y}_0$	-0.1582741	-0.1582756	-0.1582756	-0.1582756
$\dot{l}_1$	0.0001454	0.0001452	0.0001452	0.0001452
$\dot{l}_2$	0.0001447	0.0001445	0.0001445	0.0001445
$\dot{\mu}$	0.2618803	0.2618803	0.2618803	0.2618803
Δ	0.2194673	0.2194670	0.2194670	0.2194670
F	-0.0009127	-0.0009127	-0.0009127	-0.0009127
$\dot{F}$	0.0000000	0.0000000	0.0000000	0.0000000
A	-0.0001275	-0.0001262	-0.0001262	-0.0001262
B	0.1340928	0.1342965	0.1342941	0.1342941
C	-0.5591232	-0.5590634	-0.5590642	-0.5590641
$\sin Q$	0.9724772	0.9723907	0.9723917	0.9723917
$\cos Q$	0.2329982	0.2333589	0.2333546	0.2333547
x	-0.6090943	-0.6035047	-0.6035716	-0.6035705
y	0.7963100	0.7946691	0.7946887	0.7946884
$f(t)$	0.0092954	-0.0001104	0.0000017	0.0000000
$\sim \dot{f}(t)$	-0.9072448	-0.9007153	-0.9007903	
Δt	0.0102458	-0.0001225	0.0000019	
t	0.5102458	0.5101233	0.5101252	

5.6.3　最大食同時線

　ある日食を特定の観測点でずっと見ていれば，その間に最大食となる瞬間が 1 回だけある．最大食になる時刻が同じ観測点を連ねた線が，**最大食同時線**である．これは，等食分線におおむね直交する形で，ほぼ南北方向に描かれる．図 **5.11** に示したように，日食図にはこの線が 30 分ぐらいの間隔で描かれることが多い．一部を拡大した図であれば，もっと細かい間隔で描かれることもある．

5.6 食分に関係する線

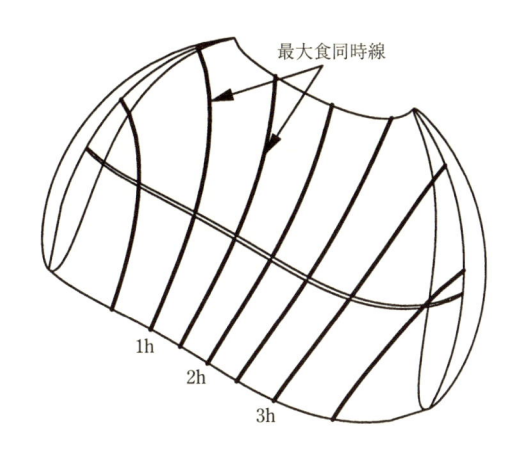

図 5.11 最大食同時線

ある 1 本の最大食同時線は，タイプ I の日食では，北限界線と南限界線をつなぐ形で描かれる．しかし，計算する時刻が「日の出に食が最大になる線」，あるいは「日の入りに食が最大になる線」を描く時刻に含まれるときは，その線上で終わりになる．タイプ II の日食では，どの時刻の計算でも，一方の端は，必ず「日の出に食が最大になる線」，または「日の入りに食が最大になる線」の上で終わる．最大食同時線の位置の計算はどのようにするか．ここでは，最大食になる時刻 t を定めておき，その同時線上で，月影軸からの距離が Δ である点の基準座標 $K(x, y, z)$ を求めることを考える．$0 \leq \Delta \leq l_1$ であるから，Δ をゼロから l_1 まで，適当な間隔で変えながら計算し，それらの点をなめらかにつなぐことで，その時刻に対する最大食同時線を描くことができる．ただし，月影軸から Δ の距離の点が地球外周楕円の外側になるとき，その点をとることはできない．同じ Δ に対しては条件を満たす点が南北の 2 か所に存在する可能性もある．タイプ I の日食なら，必ず南北に存在する．

ある点 $K(x, y, z)$ が最大食同時線上にある条件はどのようなものか．まず，基準面から z の高さの観測者面でその点が月影軸から Δ の距離にあるとい

う条件から，
$$(x - x_0)^2 + (y - y_0)^2 = \Delta^2, \tag{5.81}$$
である必要がある．つぎに，食分が最大であることから，
$$\frac{dD}{dt} = 0, \tag{5.82}$$
が条件のひとつになる．もうひとつ，K が地球楕円体の上にあるという条件から，
$$z = \frac{-e^2 y \cos d \sin d + \sqrt{(1-e^2)\{1 - x^2 - y^2 - e^2(1-x^2)\cos^2 d\}}}{1 - e^2 \cos^2 d}, \tag{5.83}$$
が成り立つ必要もある．これがすべての条件である．したがって，t, Δ を与えたとき，K が最大食同時線上にある条件は，この (5.81),(5.82),(5.83) 式の三つである．未知数も (x, y, z) の三つであるから，条件に過不足はない．

この条件を満たす $\mathrm{K}(x, y, z)$ も直接求めるのは困難である．ここでも z に対する逐次近似法を使って計算しよう．つまり，まず z を仮定し，(5.82) 式からそれに対応する (x, y) を求め，その (x, y, z) の組が (5.83) 式の条件を満たすかどうかを調べる．条件が満たされないときは z を修正して同じ手順の計算を繰り返し，最終的に両方の条件を満たす (x, y, z) に到達しようというのである．

具体的な条件を書くために，基準面からの高さが z である観測者面で，求めようとしている (x, y) の点を，前と同様に月影軸の位置 (x_0, y_0) からの動径 Δ，偏角 Q で，
$$\begin{aligned} x &= x_0 + \Delta \cos Q, \\ y &= y_0 + \Delta \sin Q, \end{aligned} \tag{5.84}$$
と表わすことにする．これは (5.81) 式を偏角 Q を使って変形したものである．ここで，(5.82) 式の微分を実行して具体的な関係式を出してみる．すると，その式の分子から (5.31) 式に示したように，
$$\frac{dD}{dt} = (l_1 \dot{l}_2 - \dot{l}_1 l_2) - \Delta(\dot{l}_1 + \dot{l}_2) + \dot{\Delta}(l_1 + l_2)$$

5.6 食分に関係する線

$$+ z\left[(\dot{l}_1\tan f_2 - \dot{l}_2\tan f_1) - \left\{l_1\frac{d}{dt}(\tan f_2) - l_2\frac{d}{dt}(\tan f_1)\right\}\right]$$
$$+ z^2\left\{\tan f_1\frac{d}{dt}(\tan f_2) - \tan f_2\frac{d}{dt}(\tan f_1)\right\}$$
$$+ \dot{z}\{\Delta(\tan f_1 + \tan f_2) - (l_1\tan f_2 - l_2\tan f_1)\}$$
$$- \dot{\Delta}z(\tan f_1 + \tan f_2), \tag{5.85}$$

の関係が得られる.これをゼロとおいたものが食分を最大にする条件である.ここにはまだ $\dot{\Delta}, \dot{z}$ などの関係が入っているから,もう少し書き直しをする.まず (5.74) 式の,

$$\dot{\Delta} = (\dot{x} - \dot{x}_0)\cos Q + (\dot{y} - \dot{y}_0)\sin Q,$$

に対し (3.18) 式の,

$$\dot{x} = -\dot{\mu}(y\sin d - z\cos d),$$
$$\dot{y} = \dot{\mu}x\sin d - \dot{d}z,$$

を代入すると,

$$\begin{aligned}\dot{\Delta} &= \{-(\dot{\mu}y\sin d + \dot{x}_0) + \dot{\mu}z\cos d\}\cos Q \\ &\quad + \{(\dot{\mu}x\sin d - \dot{y}_0) - \dot{d}z\}\sin Q,\end{aligned} \tag{5.86}$$

となる.ここでさらに,(5.84) 式の関係を使うと,

$$\begin{aligned}\dot{\Delta} &= \{-(\dot{\mu}y_0\sin d + \dot{x}_0) + \dot{\mu}z\cos d\}\cos Q \\ &\quad + \{(\dot{\mu}x_0\sin d - \dot{y}_0) - \dot{d}z\}\sin Q,\end{aligned} \tag{5.87}$$

の形が得られる.この変形は,結果として,x, y をそれぞれ x_0, y_0 に置き換えただけの形である.この $\dot{\Delta}$ および (3.18) 式の,

$$\dot{z} = -\dot{\mu}x\cos d + \dot{d}y,$$

の関係を代入し,(5.85) 式を $\cos Q$ を含む項,$\sin Q$ を含む項,どちらも含まない項に分け,z, Δ について整理すると,

$$\begin{aligned}&k_0 + k_1\Delta + k_3z + k_4z^2 \\ &+ (i_0 + i_1\Delta + i_2\Delta^2 + i_3z + i_4z^2)\sin Q \\ &+ (j_0 + j_1\Delta + j_2\Delta^2 + j_3z + j_4z^2)\cos Q,\end{aligned} \tag{5.88}$$

の形に書くことができる．これをゼロとおいたものは

$$A + B\sin Q + C\cos Q = 0,$$

の形である．ただし，

$$\begin{align}
k_0 &= -(l_1\dot{l}_2 - \dot{l}_1 l_2) - (\dot{\mu}x_0\cos d - \dot{d}y_0)(l_1\tan f_2 - l_2\tan f_1), \\
k_1 &= (\dot{\mu}x_0\cos d - \dot{d}y_0)(\tan f_1 + \tan f_2) + (\dot{l}_1 + \dot{l}_2), \\
k_3 &= \{(l_1\frac{d}{dt}(\tan f_2) - l_2\frac{d}{dt}(\tan f_1)\} - (\dot{l}_1\tan f_2 - \dot{l}_2\tan f_1), \\
k_4 &= -\{\tan f_1\frac{d}{dt}(\tan f_2) - \tan f_2\frac{d}{dt}(\tan f_1)\},
\end{align} \tag{5.89}$$

$$\begin{align}
i_0 &= -(\dot{\mu}x_0\sin d - \dot{y}_0)(l_1 + l_2), \\
i_1 &= \dot{d}(l_1\tan f_2 - l_2\tan f_1), \\
i_2 &= -\dot{d}(\tan f_1 + \tan f_2), \\
i_3 &= (\dot{\mu}x_0\sin d - \dot{y}_0)(\tan f_1 + \tan f_2) + \dot{d}(l_1 + l_2), \\
i_4 &= -\dot{d}(\tan f_1 + \tan f_2),
\end{align} \tag{5.90}$$

$$\begin{align}
j_0 &= (\dot{\mu}y_0\sin d + \dot{x}_0)(l_1 + l_2), \\
j_1 &= -\dot{\mu}\cos d(l_1\tan f_2 - l_2\tan f_1), \\
j_2 &= \dot{\mu}\cos d(\tan f_1 + \tan f_2), \\
j_3 &= -(\dot{\mu}y_0\sin d + \dot{x}_0)(\tan f_1 + \tan f_2) - \dot{\mu}(l_1 + l_2)\cos d, \\
j_4 &= \dot{\mu}\cos d(\tan f_1 + \tan f_2),
\end{align} \tag{5.91}$$

である．この係数の中で，k_3, k_4 はほとんどゼロに近い数値になるから，現実の計算で考慮に入れる必要はない．

この形を求めておけば，つぎの計算手順による逐次近似法で，条件を満たす $K(x, y, z)$ を求めることができる．

最大食同時線上の点の位置計算

内容 時刻 t および観測者面上の動径 Δ を与えたとき，

$$(x - x_0)^2 + (y - y_0)^2 = \Delta^2,$$

5.6 食分に関係する線

$$\frac{dD}{dt} = 0,$$
$$z = \frac{-e^2 y \cos d \sin d + \sqrt{(1-e^2)\{1-x^2-y^2-e^2(1-x^2)\cos^2 d\}}}{1-e^2 \cos^2 d},$$

の条件を満たす点 $K(x, y, z)$ を求める.

(1) 時刻 t に対し，ベッセル要素 $d, x_0, y_0, \tan f_1, \tan f_2, l_1, l_2, \mu$，ベッセル要素の時刻微分 $\dot{d}, \dot{x}_0, \dot{y}_0, \dot{l}_1, \dot{l}_2, \dot{\mu}$ を計算する．

(2) 上記の値の組み合わせの $l_1 \tan f_2 - l_2 \tan f_1, \dot{l}_1 l_2 - l_1 \dot{l}_2, \dot{l}_1 + \dot{l}_2$,
$\tan f_1 + \tan f_2, \dot{\mu} y_0 \sin d + \dot{x}_0, \dot{\mu} x_0 \sin d - \dot{y}_0, \dot{\mu} x_0 \cos d - \dot{d} y_0$ を計算しておく．

(3) $k_0, k_1, i_0, i_1, i_2, i_3, i_4, j_0, j_1, j_2, j_3, j_4$ を

$$\begin{aligned}
k_0 &= -(\dot{l}_1 l_2 - l_1 \dot{l}_2) - (\dot{\mu} x_0 \cos d - \dot{d} y_0)(l_1 \tan f_2 - l_2 \tan f_1), \\
k_1 &= (\dot{\mu} x_0 \cos d - \dot{d} y_0)(\tan f_1 + \tan f_2) + (\dot{l}_1 + \dot{l}_2), \\
i_0 &= -(\dot{\mu} x_0 \sin d - \dot{y}_0)(l_1 + l_2), \\
i_1 &= \dot{d}(l_1 \tan f_2 - l_2 \tan f_1), \\
i_2 &= -\dot{d}(\tan f_1 + \tan f_2), \\
i_3 &= (\dot{\mu} x_0 \sin d - \dot{y}_0)(\tan f_1 + \tan f_2) + \dot{d}(l_1 + l_2), \\
i_4 &= -\dot{d}(\tan f_1 + \tan f_2), \\
j_0 &= (\dot{\mu} y_0 \sin d + \dot{x}_0)(l_1 + l_2), \\
j_1 &= -\dot{\mu} \cos d (l_1 \tan f_2 - l_2 \tan f_1), \\
j_2 &= \dot{\mu} \cos d (\tan f_1 + \tan f_2), \\
j_3 &= -(\dot{\mu} y_0 \sin d + \dot{x}_0)(\tan f_1 + \tan f_2) - \dot{\mu}(l_1 + l_2) \cos d, \\
j_4 &= \dot{\mu} \cos d (\tan f_1 + \tan f_2),
\end{aligned}$$

で計算する．

(4) z を仮定する．$0 \leq z \leq 1$ の値なら何でもよい．

(5)　t, Δ に対して，以下の A, B, C を計算する．

$$A = k_0 + k_1\Delta,$$
$$B = i_0 + i_1\Delta + i_2\Delta^2 + i_3z + i_4z^2,$$
$$C = j_0 + j_1\Delta + j_2\Delta^2 + j_3z + j_4z^2,$$

(6)
$$\sin Q = \frac{-AB \pm C\sqrt{B^2 + C^2 - A^2}}{B^2 + C^2},$$
$$\cos Q = \frac{-AC \mp B\sqrt{B^2 + C^2 - A^2}}{B^2 + C^2}, \quad (\text{複号同順})$$

で $\sin Q, \cos Q$ を計算する．$\sin Q$ の複号は，$C > 0$ の場合，中心線より北側の点に対してプラス，南側の点に対してマイナスをとる．また，$C < 0$ の場合，中心線より北側の点に対してマイナス，南側の点に対してプラスをとる．

(7)
$$x = x_0 + \Delta \cos Q,$$
$$y = y_0 + \Delta \sin Q,$$

で (x, y) を計算する．

(8)
$$z = \frac{-e^2 y \cos d \sin d + \sqrt{(1-e^2)\{1 - x^2 - y^2 - e^2(1-x^2)\cos^2 d}}{1 - e^2 \cos^2 d},$$

で z を計算し，先に仮定した z の値と比較する．

　計算した z が仮定値と一致したときは，この計算で得られた (x, y, z) の組が求める値である．現実には，小数点以下 7 桁まで一致すればよく，この t, Δ に対する逐次近似計算はそれで終了となる．

　(9)　一致しないときは，ここで計算した z を新しい仮定値にとり直し，(5) 以下の計算を収束するまで繰り返す．

5.6 食分に関係する線

表 5.18　最大食同時線の基礎データ

t		2.0	
d	$8°.0173844$	$\dot{d}$	-0.0002580
x_0	0.1464830	$\dot{x}_0$	0.5377720
y_0	0.3453226	$\dot{y}_0$	-0.1584679
l_1	0.5419422	$\dot{l}_1$	0.0001098
l_2	-0.0044212	$\dot{l}_2$	0.0001092
μ	$210°.0291635$	$\dot{\mu}$	0.2618804
$\tan f_1$	0.0046328	$\tan f_1 + \tan f_2$	0.0092426
$\tan f_2$	0.0046097	$l_1 \tan f_2 - l_2 \tan f_1$	0.0025187
$l_1 + l_2$	0.5375209	$\dot{\mu} y_0 \sin d + \dot{x}_0$	0.5503851
$\dot{l}_1 + \dot{l}_2$	0.0002190	$\dot{\mu} x_0 \sin d - \dot{y}_0$	0.1638183
$l_1 \dot{l}_2 - \dot{l}_1 l_2$	0.0000597	$\dot{\mu} x_0 \cos d - \dot{d} y_0$	0.0380752
k_0	-0.0001556	k_1	0.0005710
i_0	-0.0880557	j_0	0.2958435
i_1	-0.0000006	j_1	-0.0006531
i_2	0.0000024	j_2	0.0023968
i_3	0.0013754	j_3	-0.1444773
i_4	0.0000024	j_4	0.0023968

　こうして，決めた時刻に対し，南北のそれぞれに対して Δ をゼロから l_1 まで適当な間隔で変えながら計算することで，その時刻に対する最大食同時線の位置を求めることができる．その端点はすでに述べた南北限界線の位置であるから，とりたてて説明する必要はないであろう．その端が「日の出に食が最大になる線」や「日の入りに食が最大になる線」の上で終わる場合には Δ をゼロまで変えることはできないが，この場合も，時刻が決まっているから，そのそれぞれの線上の同時刻の点をとればよい．

計算実例

　ここでは $t = 2^{\rm h}.0$ の最大食同時線に対し，$\Delta = 0.2$ の位置を計算してみよう．まず，$t = 2^{\rm h}.0$ に対する基礎データは**表 5.18** になる．

　これを基に，$\Delta = 0.2$ として，中心線より北側の点を計算するとき，逐次近似の過程は**表 5.19**の経過になる．ここでは $z = 0$ から近似を始めている．

　こうして，基準座標，

$$x = 0.2337198, \quad y = 0.5252941, \quad z = 0.8165365,$$

が計算される．なお，同じ条件での南側の最大食同時線上の点を計算すると，

$$x = 0.0493620, \quad y = 0.1704869, \quad z = 0.9838020,$$

となる.

表 5.19　逐次近似による最大食同時線の位置計算

i	1	2	3	4
z	0.0	0.8169321	0.8165371	0.8165365
A	-0.0000414	-0.0000414	-0.0000414	-0.0000414
B	-0.0880558	-0.0869306	-0.0869311	-0.0869311
C	0.2958087	0.1793802	0.1794357	0.1794358
$\sin Q$	0.9583983	0.8998055	0.8998574	0.8998575
$\cos Q$	0.2854341	0.4362913	0.4361841	0.4361840
x	0.2035698	0.2337412	0.2337198	0.2337198
y	0.5370023	0.5252837	0.5252941	0.5252941
z	0.8169321	0.8165371	0.8165365	0.8165365

5.7　本影の輪郭線

日食図には，ある特定の時刻に対し，本影，あるいはその延長部分の輪郭線が描かれることがある．これが**本影の輪郭線**である．**図 5.12** に示すように，この線は円または楕円状の形で，最大でも直径数 100km 程度の大きさである．本影が地球にかかる場合は，この線の内部が皆既日食の領域になるし，本影の延長部分がかかる場合は，その内部が金環食の領域になる．また，この線上は，同時に皆既食になる点または金環食になる点であるか，同時に皆既食が終わる点または金環食が終わる点になる．この線は日食図に 30 分くらいの間隔で描かれることが多い．場合によってはその径がごく小さくて，日食の全体図に描き入れるのが困難なこともある．本書の**図 1.3** にも描き入れていない．

時刻 t を与えたとき，本影の輪郭線上の点 K(x,y,z) はどのような条件を満たすか．基準面からの高さが z の観測者面上で，本影の半径 Δ は

$$\Delta = l_2 - z \tan f_2, \tag{5.92}$$

で与えられる．$\Delta < 0$ で皆既，$\Delta > 0$ で金環である．したがって，観測者面上で，

$$(x-x_0)^2 + (y-y_0)^2 = \Delta^2, \tag{5.93}$$

の関係を満たさなければならない．また，(x,y,z) が地球表面にあることか

5.7 本影の輪郭線

ら,例によって,

$$z = \frac{-e^2 y \cos d \sin d + \sqrt{(1-e^2)\{1-x^2-y^2-e^2(1-x^2)\cos^2 d}}{1-e^2 \cos^2 d}, \tag{5.94}$$

が成り立たなければならない.必要な条件は (5.92),(5.93),(5.94) 式の三つである.

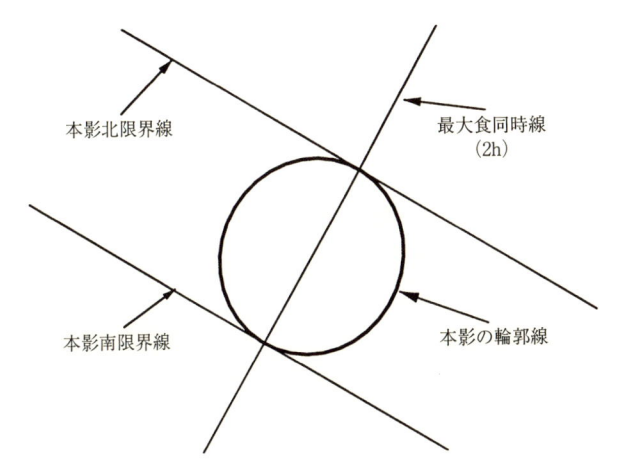

図 5.12 本影の輪郭線

(x, y, z) と Δ の 4 量が未知量であるのに,条件が三つではおかしいと思われるかもしれないが,そうではない.これは 1 点を決めるための関係ではなく,輪郭線上のどこでも成り立つ条件だからである.(5.93) 式を偏角 Q を使っていつものように,

$$\begin{aligned} x &= x_0 + \Delta \cos Q, \\ y &= y_0 + \Delta \sin Q, \end{aligned} \tag{5.95}$$

と変形する.こうすれば,Q を与えることで,(x, y) にはそれぞれひとつの値が決まる.ここで,たとえば Q を 15° ずつ変えながら,そのそれぞれに対し K(x, y, z) を計算すれば,輪郭線上の点の位置を順次計算していくことができる.あるひとつの Q に対して,具体的にはつぎの手順をとればよい.

本影輪郭線上の点の位置計算
内容

$$\Delta = l_2 - z\tan f_2,$$
$$(x - x_0)^2 + (y - y_0)^2 = \Delta^2,$$
$$z = \frac{-e^2 y \cos d \sin d + \sqrt{(1-e^2)\{1 - x^2 - y^2 - e^2(1-x^2)\cos^2 d\}}}{1 - e^2 \cos^2 d},$$

の三つの式で与えられる条件を満たす点 $\mathrm{K}(x, y, z)$ を求める.

(1) 与えた時刻 t に対してベッセル要素 $d, x_0, y_0, l_2, \tan f_2, \mu$ を計算し,さらに偏角 Q を決める.Q は変えながらいくつもの値を計算するので,どこに決めてもよい.

(2) z を仮定する.$0 \leq z \leq 1$ ならどんな値でもよい.

(3) $\Delta = l_2 - z\tan f_2$ を計算する.

(4)
$$x = x_0 + \Delta \cos Q,$$
$$y = y_0 + \Delta \sin Q,$$

で (x, y) を求める.

(5)
$$z = \frac{-e^2 y \cos d \sin d + \sqrt{(1-e^2)\{1 - x^2 - y^2 - e^2(1-x^2)\cos^2 d\}}}{1 - e^2 \cos^2 d},$$

で z を計算する.(2) で仮定した z の値と一致すれば,その Q に対する逐次近似計算は終了である.現実には,小数点以下 7 桁まで一致すればよい.

(6) 一致しないときは,いま得られた z を新たな仮定値にとって,(2) 以下の計算を繰り返す.通常,4, 5 回の計算で収束する.

なお,計算された結果が $\Delta < 0$ であれば,それは皆既日食,$\Delta > 0$ であれば金環日食である.

5.7 本影の輪郭線

計算実例

ここでは，$t = 2^{\mathrm{h}}$ に対し，$Q = 30°$ の場合を計算してみる．基礎データはすでに**表 5.18** に与えてあるが，必要なものだけを再録すると，

$$
\begin{aligned}
d &= 8°.0173844, \\
x_0 &= 0.1464830, \\
y_0 &= 0.3453226, \\
\tan f_2 &= 0.0046097, \\
l_2 &= -0.0044212, \\
\mu &= 210°.0291635,
\end{aligned}
$$

である．$Q = 30°$ に対し，$z = 1.0$ の仮定値から逐次近似をおこなう計算過程は，**表 5.20** に示した．

表 5.20 逐次近似による本影輪郭線の位置計算

i	1	2	3	4
z	1.0	0.9290604	0.9289576	0.9289574
Δ	-0.0090310	-0.0087040	-0.0087035	-0.0087035
x	0.1386619	0.1389451	0.1389455	0.1389455
y	0.3408071	0.3409706	0.3409709	0.3409709
z	0.9290604	0.9289576	0.9289574	0.9289574

こうして，

$$x = 0.1389455, \quad y = 0.3409709, \quad z = 0.9289574,$$

が得られる．

ひとつの輪郭線を描くには，たとえば Q を 15° 間隔にとるなどして，0° から 360° まで 1 周分の計算をしなくてはならない．いくつもの輪郭線を描くなら，そのそれぞれの時刻に対し，この計算を繰り返す必要がある．

なお，この計算では $\Delta = -0.0087035 < 0$ であるから，これが皆既日食であることが確認できる．ここで，$l_2, \tan f_2$ に代えて $l_1, \tan f_1$ を使えば，ここに示したのとほとんど同じ方法で月の半影の輪郭線を描くことができる．半影の輪郭線は，地球表面で，その日食が同時に欠け始めるか，あるいは同時に食が終わる点の連なりである．しかし，日食の全体図に描かれることは少ないので，ここでは，これ以上の説明を省略する．

一部の地域を拡大して示す日食の部分図には，これまでに説明した線以外に，太陽面の欠け始め，食の終わりの点の方向角 (観測点から見た場合の天頂方向からの角) が等しい地点を連ねた**等方向角線**，あるいはその欠け始め，食の終わりの点の北極方向角が等しい地点を連ねた**等北極方位角線**，あるいはその他の線を描く場合もある．しかし，ここではそれらの説明をすべて省略する．

第6章　特定の観測点で見る日食

　ある特定の日食に対し，いままでの章では，その日食が見える範囲はどこか，その日食が地球上でもっとも早く見えるのはどこで何時か，もっとも遅くまで見られるのはどこで何時かといった，日食の全般的状況を調べてきた．しかし，ある個人が実際に日食を観測するのは，東京であるとかハワイであるとか，どこかの1地点に限られる．その場合に知りたいことは，その地点で日食が始まるのは何時で，終わるのは何時か，また，最大食分はどのくらいかといった情報である．5章で述べた日食図が描かれていれば，その地点で日食が起こるか起こらないか，最大食分がどのくらいで，何時頃になるか，そのおおまかな見当はつけられる．しかし，日食図だけでは詳しい状況を知ることはできない．6章では，地球上のどこかに1地点を定めたとき，その地点でどのように日食が起こるか，その具体的状況を精密に求めることを考える．

6.1　日食の欠け始め，食の終わりの時刻

　ある地点で日食の起こるのがわかったとき，もっとも知りたいことは，その日食が何時に始まり，何時に終わるか，また，もっとも大きく欠けるのが何時かといった，時刻に関する情報である．これらはどうしたら計算できるか．
　まず，観測点Kの経緯度を$K(\lambda, \phi)$としよう．λが経度，ϕが緯度である．ここでは楕円体面からの高さhも考慮し，この点の基準座標を$K(x, y, z)$で表わすことにしよう．ただし，この(x, y, z)は一定値ではなく，時刻の経過にともなって刻々変化する量である．
　まず，欠け始めの時刻，食の終わりの時刻を計算することを考えよう．太陽の欠け始め，あるいは食の終わりの時刻に，観測点Kは月の半影の縁にあ

る. 図 **6.1** を参照すると，基準面から z の高さにある観測者面上では，月の半影は半径 $l_1 - z\tan f_1$ の円である．一方，月影軸は $\mathrm{m}(x_0, y_0)$ にあるから，このとき，

$$(x - x_0)^2 + (y - y_0)^2 = (l_1 - z\tan f_1)^2, \tag{6.1}$$

の関係がある．その観測点における太陽の欠け始め，また食の終わりは，この条件の成り立つ時刻である．したがって，

$$f(t) = (x - x_0)^2 + (y - y_0)^2 - (l_1 - z\tan f_1)^2 = 0, \tag{6.2}$$

の方程式を t について解くことで，その時刻を求めることができる．

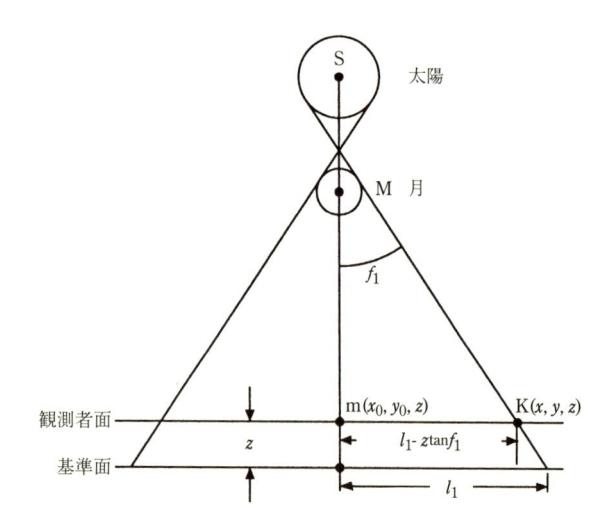

図 6.1　日食の開始，終了の条件

(6.2) 式で，時刻 t を与えれば，$x_0, y_0, l_1, \tan f_1$ はベッセル要素として得られる．しかし，観測点 K の位置 (x, y, z) はすぐには計算できない．これらは K の経緯度，高さ (λ, ϕ, h) から以下の手順で計算する必要がある．

まず，与えられた時刻 t に対するベッセル要素 d, μ を計算する．つぎに 5.1 節を参照しながら，東西線曲率半径 N を，

$$N = \frac{d_\mathrm{e}}{\sqrt{1 - e^2 \sin^2 \phi}}, \tag{6.3}$$

6.1 日食の欠け始め，食の終わりの時刻

で計算する．ただし $d_e = 1$ である．ついで K の地心直交座標 (u, v, w) を，

$$
\begin{align}
u &= (N+h)\cos\phi\cos\lambda, \\
v &= (N+h)\cos\phi\sin\lambda, \\
w &= \{N(1-e^2)+h\}\sin\phi,
\end{align}
\tag{6.4}
$$

で計算する．観測点の経緯度，高さが与えられれば，この (u, v, w) は時刻とは無関係に計算できる．先に計算しておいた d, μ を使って，これらを，

$$
\begin{pmatrix} x \\ y \\ z \end{pmatrix} = \mathbf{R}_1\left(\frac{\pi}{2}-d\right)\mathbf{R}_3\left(\frac{\pi}{2}-\mu\right)\begin{pmatrix} u \\ v \\ w \end{pmatrix},
\tag{6.5}
$$

の関係で変換すれば，基準座標 (x, y, z) が得られる．(6.5) 式の行列表現を通常の形で書けば，

$$
\begin{align}
x &= u\sin\mu + v\cos\mu, \\
y &= -u\cos\mu\sin d + v\sin\mu\sin d + w\cos d, \\
z &= u\cos\mu\cos d - v\sin\mu\cos d + w\sin d,
\end{align}
\tag{6.6}
$$

である．

 時刻 t に対し，(6.2) 式に含まれる変数はこれですべて得られたので，そこから (6.2) 式の成り立たせる t を探し出すことは原理的には可能である．しかし，その t を直接求めるのはむずかしい．そこで逐次近似法を使うことにする．逐次近似法を使うには，解の近似値がわかっていると都合がよい．それには，(6.2) 式の $f(t)$ の値をいくつかの時刻に対して計算して $f(t)$ のグラフを描き，そこから $f(t) = 0$ となる時刻の近似値を求めるとよい．この近似値は一般に二つ求められる．早い方が太陽の欠け始めの時刻の近似値，遅い方が食の終わりの時刻の近似値である．時刻の流れに沿って考えるなら，$f(t)$ が正から負に変わりながらゼロになるときが太陽の欠け始めの時刻，負から正に変わりながらゼロになるときが食の終わりの時刻になる．ただし，太陽が地平線より下にあって，どちらか一方しか観測できない場合もある．

 この計算は，つぎの手順でおこなうとよい．

日食の欠け始めまたは食の終わりの時刻の計算手順

目的 与えられた観測地点に対し，

$$f(t) = (x - x_0)^2 + (y - y_0)^2 - (l_1 - z \tan f_1)^2 = 0,$$

となる時刻を求める．

(1) 観測点 K の経緯度，高さ (λ, ϕ, h) から，その地心直交座標 (u, v, w) を，

$$\begin{aligned}
N &= \frac{1}{\sqrt{1 - e^2 \sin^2 \phi}}, \\
u &= (N + h) \cos \phi \cos \lambda, \\
v &= (N + h) \cos \phi \sin \lambda, \\
w &= \{N(1 - e^2) + h\} \sin \phi,
\end{aligned}$$

によって計算する．

(2) 日食の開始，または終了の近似時刻を t とする．

(3) その t に対し，ベッセル要素 $d, x_0, y_0, \tan f_1, l_1, \mu$ を計算する．また，ベッセル要素の時刻微分 $\dot{d}, \dot{x}_0, \dot{y}_0, \dot{\mu}$ も計算しておく．

(4) その時刻における観測点 K の基準座標 (x, y, z) を

$$\begin{aligned}
x &= u \sin \mu + v \cos \mu, \\
y &= -u \cos \mu \sin d + v \sin \mu \sin d + w \cos d, \\
z &= u \cos \mu \cos d - v \sin \mu \cos d + w \sin d,
\end{aligned}$$

の関係式で計算する．

(5)

$$f(t) = (x - x_0)^2 + (y - y_0)^2 - (l_1 - z \tan f_1)^2,$$

を計算する．$f(t) = 0$ であればその時刻 t が求める時刻であり，計算はそこで打ち切りにしてよい．現実には $f(t)$ が小数点以下 7 桁までゼロになれば十分である．

6.1 日食の欠け始め，食の終わりの時刻

(6) $f(t) \neq 0$ のときは，(3.18) 式により，

$$\dot{x} = -\dot{\mu}(y \sin d - z \cos d),$$
$$\dot{y} = \dot{\mu} x \sin d - \dot{d} z,$$
$$\dot{z} = -\dot{\mu} x \cos d + \dot{d} y,$$

で，$(\dot{x}, \dot{y}, \dot{z})$ を計算する．

(7) $\dot{f}(t)$ を，

$$\dot{f}(t) \sim 2\{(x-x_0)(\dot{x}-\dot{x}_0) + (y-y_0)(\dot{y}-\dot{y}_0) + \dot{z}\tan f_1(l_1 - z\tan f_1)\},$$

で計算する．この式では，$\dot{f}(t)$ に含まれる小さい項を省いている．

(8) 近似時刻に対する補正値 Δt を，

$$\Delta t = -\frac{f(t)}{\dot{f}(t)},$$

で計算する．

(9) $t + \Delta t$ を新しい時刻の近似値にとり，(2) 以降の計算を繰り返す．その時刻が前回の近似値と小数点以下 6 桁まで一致するようになれば，それで収束したと考え，計算を打ち切ってよい．

計算実例 例によって，2035 年 9 月 2 日の皆既日食に対し，水戸 ($\lambda = 140°.475, \phi = 36°.363$) における日食の開始時刻を求めてみよう．高さ h はゼロとする．

まず，観測地の地心直交座標 (u, v, w) を計算しよう．与えられた経緯度から，

$$N = \frac{1}{\sqrt{1 - e^2 \sin^2 \phi}} = 1.0011787,$$
$$u = (N+h)\cos\phi\cos\lambda = -0.6218800,$$
$$v = (N+h)\cos\phi\sin\lambda = 0.5130942,$$
$$w = \{N(1-e^2) + h\}\sin\phi = 0.5896241,$$

になる．これらを使って，$f(t)$ の値を 1 時間おきに計算したものが，つぎの**表 6.1** であり，それをグラフに描いたものが**図 6.2** である．

表 6.1　日食の欠け始め，食の終わりの時刻の推定

t	-1.0	0.0	1.0	2.0	3.0
$\dot{x}_0$	-1.4669	-0.9291	-0.3913	0.1465	0.6842
$\dot{y}_0$	0.8201	0.6620	0.5037	0.3453	0.1868
l_1	0.5415	0.5417	0.5418	0.5419	0.5420
$\tan f_1$	0.0046	0.0046	0.0046	0.0046	0.0046
d	$8°.0617$	$8°.0469$	$8°.0322$	$8°.0174$	$8°.0026$
μ	$165°.0152$	$180°.0199$	$195°.0245$	$210°.0292$	$225°.0338$
x	-0.6564	-0.5129	-0.3343	-0.1330	0.0774
y	0.5181	0.4967	0.4813	0.4730	0.4722
z	0.5462	0.6985	0.8088	0.8696	0.8768
$f(t)$	0.4576	-0.0893	-0.2857	-0.1949	0.1602

この表から，$f(t)$ の符号の変わるところとして，日食の欠け始めは $-1^{\rm h}.0$ と $0^{\rm h}.0$ の間，食の終わりは $2^{\rm h}.0$ と $3^{\rm h}.0$ の間であることがわかる．**図 6.2** のグラフからは，およその値として，

欠け始め $\sim -0^{\rm h}.2$，

食の終わり $\sim 2^{\rm h}.7$，

であることが読み取れる．

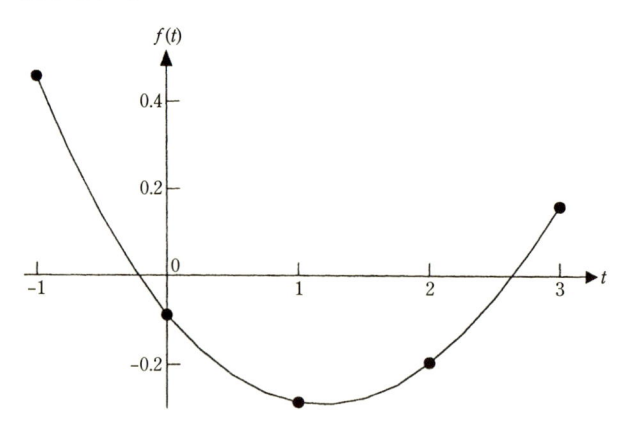

図 6.2　$f(t)$ のグラフ

これで欠け始め時刻の近似値がわかったから，逐次近似法でその精密時刻を求めよう．先に述べた手順でその計算をしたものを**表 6.2** に示す．これに

よって，水戸における日食の欠け始めの時刻は，

$$-0^{\text{h}}.224731(\text{UT}) = -0^{\text{h}}13^{\text{m}}29^{\text{s}}.0(\text{UT}) = 8^{\text{h}}46^{\text{m}}31^{\text{s}}.0(\text{JST})$$

となる．食の終わりの近似時刻 $2^{\text{h}}.7$ をとって同様の計算をすれば，水戸での食の終わりの精密時刻は，

$$2^{\text{h}}.665597(\text{UT}) = 2^{\text{h}}38^{\text{m}}08^{\text{s}}.2(\text{UT}) = 11^{\text{h}}38^{\text{m}}08^{\text{s}}.2(\text{JST})$$

となることがわかる．

表 6.2　欠け始め時刻の計算

t	-0.2	-0.2250015	-0.2247307
x_0	-1.0367056	-1.0501518	-1.0500061
y_0	0.6936400	0.6975945	0.6975516
l_1	0.5416431	0.5416391	0.5416391
$\tan f_1$	0.0046327	0.0046327	0.0046327
d	$8°.0498984$	$8°.0502678$	$8°.00502638$
μ	$177°.0189568$	$176°.6438183$	$176°.6478816$
x	-0.5447411	-0.5486209	-0.5485790
y	0.5005835	0.5010804	0.5010750
z	0.6710665	0.6675257	0.6675642
$f(t)$	-0.0107193	0.0001186	-0.0000000
$\dot{x}_0$	0.5378146	0.5378138	
$\dot{y}_0$	-0.1581730	-0.1581693	
$\dot{d}$	-0.0002579	-0.0002579	
$\dot{\mu}$	0.2618803	0.2618803	
$\dot{x}$	0.1556498	0.1547124	
$\dot{y}$	-0.0198040	-0.0199481	
$\dot{z}$	0.1411222	0.1421280	
$\sim \dot{f}(t)$	-0.4287450	-0.4378899	
Δt	-0.0250015	-0.2247307	
t	-0.2250015	-0.2247307	

6.2　食分が最大になる時刻と最大食分

ある地点で観測していて，食分が最大になる時刻が何時であるかも知りたいことのひとつである．5 章で述べたように，食分が最大になる時刻の条件は，

$$\frac{dD}{dt} = 0, \tag{6.7}$$

である．これを計算して書き直したものが (5.31) 式で，

$$f(t) = (l_1\dot{l}_2 - \dot{l}_1 l_2) - \Delta(\dot{l}_1 + \dot{l}_2) + \dot{\Delta}(l_1 + l_2)$$

$$
\begin{aligned}
&+\ z\left[(\dot{l}_1\tan f_2 - \dot{l}_2\tan f_1) - \left\{l_1\frac{d}{dt}(\tan f_2) - l_2\frac{d}{dt}(\tan f_1)\right\}\right] \\
&+\ z^2\left\{\tan f_1\frac{d}{dt}(\tan f_2) - \tan f_1\frac{d}{dt}(\tan f_1)\right\} \\
&+\ \dot{z}\{\Delta(\tan f_1 + \tan f_2) - (l_1\tan f_2 - l_2\tan f_1)\} \\
&-\ \dot{\Delta}z(\tan f_1 + \tan f_2) = 0, \qquad\qquad (6.8)
\end{aligned}
$$

になる. ただし,

$$
\begin{aligned}
\Delta^2 &= (x-x_0)^2 + (y-y_0)^2, \\
\dot{\Delta} &= \frac{1}{\Delta}\{(x-x_0)(\dot{x}-\dot{x}_0) + (y-y_0)(\dot{y}-\dot{y}_0)\}, \qquad (6.9)
\end{aligned}
$$

である. この (6.8) 式の成り立つ時刻 t が, 食分が最大になる時刻 $t_{\max}$ である.

現実にこの時刻を知るには, その $t_{\max}$ に対し $f(t_{\max})$ が十分ゼロに近い時刻を求めればよい. 一方, この式の z, z^2 の項は, その絶対値が 10^{-7} より小さいので, $f(t) = 0$ を求める計算では事実上無視してよい. その結果,

$$
\begin{aligned}
f(t) &= (l_1\dot{l}_2 - \dot{l}_1 l_2) - \dot{\Delta}(\dot{l}_1 + \dot{l}_2) + \dot{\Delta}(l_1 + l_2) \\
&+\ \dot{z}\{\Delta(\tan f_1 + \tan f_2) - (l_1\tan f_2 - l_2\tan f_1)\} \\
&-\ \dot{\Delta}z(\tan f_1 + \tan f_2) = 0, \qquad\qquad (6.10)
\end{aligned}
$$

を満たす t を求めればよいことになる.

この時刻を求めるには逐次近似法が必要になる. 近似値 t に対する補正値 Δt を計算するのに, これまでは $\Delta t = -f(t)/\dot{f}(t)$ の関係を使ってきた. しかしここでは, $\dot{f}(t)$ の計算がかなり面倒になる. そこで, 少し違う方法で近似値の精度を高めることにしよう.

いま, ある時刻 t_1 で計算して $f(t_1) < 0$ であり, 別の時刻 t_2 で計算して $f(t_2) > 0$ であったとする. このとき, $f(t) = 0$ の解 t は t_1 と t_2 の間にある. そして, より精度の高い近似解が,

$$
t = \frac{t_1 f(t_2) - t_2 f(t_1)}{f(t_2) - f(t_1)}, \qquad\qquad (6.11)
$$

で与えられる. この t で計算して, もし $f(t) < 0$ であれば, 新たに $t_1 = t$ と取り直し, また $f(t) > 0$ であれば $t_2 = t$ と取り直す. これによって新しい t_1

と t_2 の組が得られる．このとき t_1 と t_2 の間隔は前より小さくなり，(6.11)式でまた新たな近似値の t が計算できる．この手順を繰り返せば t_1 と t_2 の間隔はしだいに小さくなる．t はいつでも t_1 と t_2 の間にあるから，最後には必要な精度で方程式を満たす解としての t が得られる．こうして方程式の解を求める方法を**はさみうち法**という．このやり方は，$f(t_1) > 0, f(t_2) < 0$ の場合でもほとんど同様に成り立つ．これは容易にわかることであろう．

はさみうち法で求める1ステップ先の近似値をグラフ上で考えると，**図 6.3** に示したように，(6.11) 式の t は，点 $(t_1, f(t_1))$ と，点 $(t_2, f(t_2))$ を結んだ直線が t 軸と交わる点に相当する．したがって，考えている領域で曲線 $f(t)$ が直線に近ければ近いほど，その精度はよくなる．

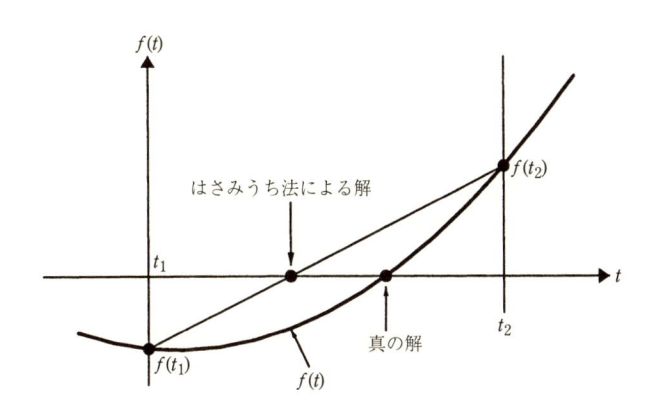

図 6.3 はさみうち法

はさみうち法で解を求めるには，とにかく $f(t_1) < 0$ および $f(t_2) > 0$ の成り立つ t_1, t_2 を発見する必要がある．日食の食分が最大になる時刻を求めるなら，前節で計算した「欠け始めの時刻」と「食の終わりの時刻」の中間付近の時刻でいくつか $f(t)$ を計算して，その時刻 t_1, t_2 を見出すとよい．

これによって，食分が最大になる時刻 $t_{\max}$ は，つぎの手順で計算できる．

食分が最大となる時刻の計算手順

目的 与えられた観測地点 $\mathrm{K}(\lambda, \phi)$ に対し，

$$f(t_{\max}) = (l_1 \dot{i}_2 - \dot{i}_1 l_2) - \Delta(\dot{i}_1 + \dot{i}_2) + \dot{\Delta}(l_1 + l_2)$$

$$+ \quad \dot{z}\{\Delta(\tan f_1 + \tan f_2) - (l_1 \tan f_2 - l_2 \tan f_1)\}$$
$$- \quad \dot{\Delta}z(\tan f_1 + \tan f_2) = 0,$$

となる時刻 $t_{\max}$ を求める.

---

(1) 観測点 K の地心直交座標 (u, v, w) を,

$$N = \frac{1}{\sqrt{1 - e^2 \sin^2 \phi}},$$
$$u = (N + h)\cos\phi\cos\lambda,$$
$$v = (N + h)\cos\phi\sin\lambda,$$
$$w = \{N(1 - e^2) + h\}\sin\phi,$$

によって計算する.

(2) 食分が最大となる時刻の近似値 t をとる.

(3) その t に対し, ベッセル要素 $d, x_0, y_0, \tan f_1, \tan f_2, l_1, l_2, \mu$ およびベッセル要素の時刻微分 $\dot{d}, \dot{x}_0, \dot{y}_0, \dot{l}_1, \dot{l}_2, \dot{\mu}$ を計算する.

(4) その時刻 t に対する観測点の基準座標 $\mathrm{K}(x, y, z)$ を,

$$x = u\sin\mu + v\cos\mu,$$
$$y = -u\cos\mu\sin d + v\sin\mu\sin d + w\cos d,$$
$$z = u\cos\mu\cos d - v\sin\mu\cos d + w\sin d,$$

で計算する.

(5) 基準座標における観測点 K の位置変化の速度成分 $(\dot{x}, \dot{y}, \dot{z})$ を,

$$\dot{x} = -\dot{\mu}(y\sin d - z\cos d),$$
$$\dot{y} = \dot{\mu}x\sin d - \dot{d}z,$$
$$\dot{z} = -\dot{\mu}x\cos d + \dot{d}y,$$

で計算する.

6.2 食分が最大になる時刻と最大食分

(6) 観測者面における月影軸と観測点 K との距離 Δ と，その時刻変化 $\dot{\Delta}$ を，

$$\Delta^2 = (x-x_0)^2 + (y-y_0)^2,$$
$$\dot{\Delta} = \frac{1}{\Delta}\{(x-x_0)(\dot{x}-\dot{x}_0) + (y-y_0)(\dot{y}-\dot{y}_0)\},$$

で計算する．

(7) 以上の計算結果を使って，

$$\begin{aligned}f(t) &= (l_1\dot{l}_2 - \dot{l}_1 l_2) - \Delta(\dot{l}_1+\dot{l}_2) + \dot{\Delta}(l_1+l_2) \\ &+ \dot{z}\{\Delta(\tan f_1 + \tan f_2) - (l_1\tan f_2 - l_2\tan f_1)\} \\ &- \dot{\Delta}z(\tan f_1 + \tan f_2) = 0,\end{aligned}$$

を計算する．

(8) (2) から (6) までの計算をいくつかの t に対しておこない，

$$f(t_1) < 0,$$
$$f(t_2) > 0,$$

となる t_1, t_2 を探し出す．その地点の欠け始めの時刻と食の終わりの時刻のちょうど中間あたりを，$0^\mathrm{h}.1$ ぐらいの間隔で t を変えながら探すとよい．こうして発見した t_1, t_2 は，どちらも食分が最大になる時刻の近似値と考えてよい．

(9) 上記の t_1, t_2 が発見できたら，

$$t = \frac{t_1 f(t_2) - t_2 f(t_1)}{f(t_2) - f(t_1)},$$

を，食分が最大になる時刻の新しい近似値とする．この新しい近似値 t が前回の近似値と，1 時間の単位で小数点以下 6 桁まで一致したなら計算は収束したと見なしてよく，その時刻を決定値とする．

(10) 収束しない場合は，新しい近似値 t に対して (2) から (7) までの計算をおこなって，その $f(t)$ を計算し，

$f(t) < 0,$ ならこの t を新しく t_1 にとり,

$f(t) > 0,$ ならこの t を新しく t_2 にとって,

(9) に戻って計算をする. どこであれ, 計算の過程で $f(t)$ が小数点以下 7 桁までゼロになることがあれば, そのときの t を $t_{\max}$ の決定値として差し支えない. なお, 食分が最大になる時刻を求めることができれば, 最大食分は (5.28) 式によってすぐに計算できる.

計算実例

2035 年 9 月 2 日の皆既日食に対し, 水戸 ($\lambda = 140°.475, \phi = 36°.363$) において食分が最大になる時刻 $t_{\max}$ を求める.

表 6.3 食分が最大となる時刻の推定

t	1.1	1.2	1.3
x_0	-0.3375355	-0.2837539	-0.2299725
y_0	0.4878939	0.4720577	0.4562203
l_1	0.5418337	0.5418467	0.5418595
l_2	-0.0045291	-0.0045162	-0.0045035
d	$8°.0306876$	$8°.0292096$	$8°.0277315$
μ	$196°.5249869$	$198°.0254509$	$199°.5259149$
$\tan f_1$	0.0046328	0.0046328	0.0046328
$\tan f_2$	0.0046097	0.0046097	0.0046097
x	-0.3150178	-0.2954769	-0.2757334
y	0.4801631	0.4790675	0.4780442
z	0.8172296	0.8251331	0.8325273
$\dot{x}_0$	0.5378180	0.5378148	0.5378112
$\dot{y}_0$	-0.1583554	-0.1583684	-0.1583814
$\dot{l}_1$	0.0001311	0.0001288	0.0001264
$\dot{l}_2$	0.0001305	0.0001281	0.0001258
$\dot{d}$	-0.0002580	-0.0002580	-0.0002580
$\dot{\mu}$	0.2618804	0.2618804	0.2618804
$\dot{x}$	0.1943506	0.1964441	0.1984029
$\dot{y}$	-0.0113143	-0.0105954	-0.0098694
$\dot{z}$	0.0815641	0.0764975	0.0713782
Δ	0.0238079	0.0136590	0.0506986
$\dot{\Delta}$	-0.3726021	0.3688251	0.3702815
$f(t)$	-0.1975089	0.1952517	0.1960334

前節の計算で, 欠け始めの時刻が $-0^{\mathrm{h}}.224731$, 食の終わりの時刻が

6.2 食分が最大になる時刻と最大食分

$2^{\mathrm{h}}.635597$ であったから,その中央の時刻はほぼ $1^{\mathrm{h}}.205$ になる.そこで,$t = 1.1, 1.2, 1.3$ について (6.11) 式の $f(t)$ を計算する.その結果が**表 6.3** であり,

$$f(1.1) = 0.1975089 > 0,$$
$$f(1.2) = -0.1952517 < 0,$$

であるから,求める時刻は,$1^{\mathrm{h}}.1$ と $1^{\mathrm{h}}.2$ の間にあることがわかる.

表 6.4 食分が最大となる時刻の精密計算

t	1.1502874	1.1745400	$\cdots$	1.1636304	1.1636305
x_0	-0.3104901	-0.2974466	$\cdots$	-0.3033140	-0.3033139
y_0	0.4799305	0.4760898	$\cdots$	0.4778175	0.4778174
l_1	0.5418403	0.5418434	$\cdots$	0.5418420	0.5418420
l_2	-0.0045226	-0.0045195	$\cdots$	-0.0045209	-0.0045209
d	$8°.0299443$	$8°.0295859$	$\cdots$	$8°.0297471$	$8°.0297471$
μ	$197°.2795305$	$197°.6434327$	$\cdots$	$197°.4797381$	$197°.4797400$
$\tan f_1$	0.0046328	0.0046328	$\cdots$	0.0046328	0.0046328
$\tan f_2$	0.0046097	0.0046097	$\cdots$	0.0046097	0.0046097
x	-0.3052174	-0.3004718	$\cdots$	-0.3026080	-0.3026080
y	0.4796032	0.4793396	$\cdots$	0.4794576	0.4794576
z	0.8212674	0.8231690	$\cdots$	0.8223173	0.8223173
$\dot{x}_0$	0.5378164	0.5378157	$\cdots$	0.5378160	0.5378160
$\dot{y}_0$	-0.1583620	-0.1583651	$\cdots$	-0.1583637	-0.1583637
$\dot{l}_1$	0.0001300	0.0001294	$\cdots$	0.0001296	0.0001296
$\dot{l}_2$	0.0001293	0.0001288	$\cdots$	0.0001290	0.0001290
$\dot{d}$	-0.0002580	-0.0002580	$\cdots$	-0.0002580	-0.0002580
$\dot{\mu}$	0.2618804	0.2618804	$\cdots$	0.2618804	0.2618804
$\dot{x}$	0.1954201	0.1959238	$\cdots$	0.1956982	0.1956982
$\dot{y}$	-0.0109537	-0.0107791	$\cdots$	-0.0108577	-0.0108577
$\dot{z}$	0.0790230	0.0777926	$\cdots$	0.0783464	0.0783464
Δ	0.0052829	0.0044399	$\cdots$	0.0017857	0.0017857
$\dot{\Delta}$	-0.3508722	0.3409745	$\cdots$	0.0002289	0.0002379
$f(t)$	-0.1859924	0.1804961	$\cdots$	-0.0000052	-0.0000011
t_1	1.2000000	1.1745400	$\cdots$	1.1636352	
t_2	1.1502874	1.1502874	$\cdots$	1.1636304	
$f(t_1)$	0.1952517	0.1804961	$\cdots$	0.0001925	
$f(t_2)$	-0.1859924	-0.1859924	$\cdots$	-0.0000052	
t	1.1745400	1.1625956	$\cdots$	1.1636305	

そこで,$t_1 = 1.2, t_2 = 1.1$ として (6.11) 式を計算し,新しい近似値として,

$$t = 1.1502874,$$

が得られる．以後の計算は**表 6.4** に示され，最終的に $t_{\max} = 1.1636305$ となる．

食分が最大になる時刻がわかれば，最大食分 D は (5.28) 式,

$$D = \frac{l_1 - z\tan f_1 - \Delta}{l_1 + l_2 - z(\tan f_1 + \tan f_2)}, \tag{6.12}$$

によって，すぐに計算できる．ここの計算例で，水戸における最大食分は，**表 6.4** の最終欄の数値,

$$
\begin{aligned}
l_1 &= 0.5418420, \\
l_2 &= -0.045209, \\
\tan f_1 &= 0.0046328, \\
\tan f_2 &= 0.0046097, \\
z &= 0.8223173, \\
\Delta &= 0.0017857,
\end{aligned}
$$

を使って，

$$D = 1.0123194,$$

となる．

6.3 皆既あるいは金環の開始，終了時刻

　皆既日食が見られる地域では，太陽がすべて月に隠されて皆既になる時刻，また，皆既の時間帯が終わって再び太陽が見え出す**生光**の時刻も，あらかじめ知っていたい重要な時刻である．同様に，金環食の見られる場合は，月が太陽面に完全に入りこんで金環になる時刻，そして，その金環の終わる時刻も，前もって知っておきたい．ここでは，それらの時刻を計算する方法を考えよう．
　地球上の一地点で観測する場合には，皆既あるいは金環の状態はそれほど長く続くものではなく，もっとも長い場合でも，皆既でせいぜい 7 分，金環で 10 分を少し越えるといった程度である．そして，その開始，終了の時刻

6.3 皆既あるいは金環の開始，終了時刻

は，食分が最大になる時刻 $t_{\max}$ をほぼ中央にはさんでいる．その事実が計算に役立つ．

図 **6.4** を参照すると，基準面から z の高さにある観測者面上では，月の本影またはその延長は，半径 $|l_2 - z\tan f_2|$ の円になる．ただし，皆既食の場合はそれが半影ではなく本影になり $l_2 - z\tan f_2 < 0$，金環食の場合は本影の延長になり $l_2 - z\tan f_2 > 0$ である．

観測点 K の基準座標を K(x, y, z) とし，観測者面上で考えると，皆既食または金環食の開始，終了の時刻に観測点 K は本影またはその延長の円の縁にあるから，

$$f(t) = (x - x_0)^2 + (y - y_0)^2 - (l_2 - z\tan f_2)^2 = 0, \tag{6.13}$$

である．この式の成り立つ時刻が，皆既または金環の開始，終了の時刻になる．したがって，その時刻を求めればこの節の目的は達成できる．

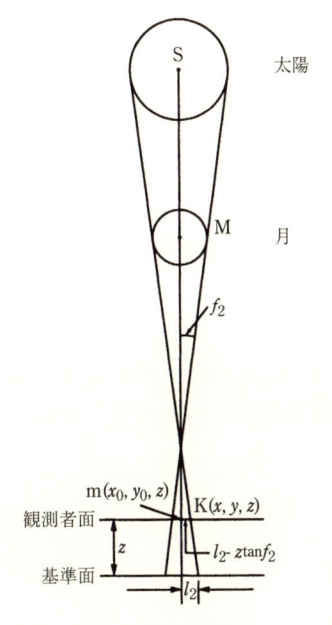

図 **6.4** 皆既，金環の開始，終了の条件

注意しなければならないのは，皆既食または金環食の起こる地点でないとこの式が成り立たないことである．ある地点で皆既食か金環食が起こるかど

うかはどうしたら判断できるか．それは 6.2 節で述べた方法でその地点で食分が最大になる時刻 $t_{\max}$ を求め，(6.13) 式で $f(t_{\max})$ の符号を確認すればよい．$f(t_{\max}) < 0$ になればその地点で皆既食，金環食のどちらかが起こる．その時刻に $l_2 - z\tan f_2 < 0$ なら皆既食，$l_2 - z\tan f_2 > 0$ なら金環食である．$f(t_{\max}) > 0$ なら，皆既食も金環食も起こらない．

(6.13) 式は (6.2) 式とほとんど同じ形であるから，同様の手順で皆既または金環の開始終了時刻を求めることができると思われるかもしれない．しかし，食分が最大になる時刻付近では $\dot{f}(t) \sim 0$ であるため計算がやりにくい．その解法はなんでもよいが，とにかく (6.13) 式を t について解きさえすればよい．ここでは問題を解決するために，**2 次のはさみうち法**を紹介する．

2 次のはさみうち法

時刻 t の関数 $f(t)$ に対し，$f(t) = 0$ となる時刻を求める場合を考える．$f_1 = f(t_1)$ と $f_3 = f(t_3)$ の符号が異なるとき，$f(t) = 0$ の解 t が t_1 と t_3 の間にあることは確実である．いま $t_1 < t_3$ であるとし，これに対し，$t_1 < t_2 < t_3$ である適当な時刻 t_2（t_1 と t_3 の正確な中点である必要はない）をとって $f_2 = f(t_2)$ を計算してみる．その結果が $f_1 < f_2 < f_3$ または $f_1 > f_2 > f_3$ のどちらかであれば，$f(t) = 0$ の解の近似値 t_0 は，

$$
\begin{aligned}
t_0 &= \frac{f_2 f_3}{(f_1 - f_2)(f_1 - f_3)} t_1 + \frac{f_1 f_3}{(f_2 - f_1)(f_2 - f_3)} t_2 \\
&\quad + \frac{f_1 f_2}{(f_3 - f_1)(f_3 - f_2)} t_3,
\end{aligned}
\tag{6.14}
$$

で与えられる．これが 2 次のはさみうち法の基本的関係になる．

この関係の成り立つ理由を簡単に説明する．いま，考えている範囲で t が $f(t)$ の 2 次式（$f(t)$ が t の 2 次式ではない）で近似できると仮定する．そうして，

$$
\begin{aligned}
t &= \frac{(f - f_2)(f - f_3)}{(f_1 - f_2)(f_1 - f_3)} t_1 + \frac{(f - f_1)(f - f_3)}{(f_2 - f_1)(f_2 - f_3)} t_2 \\
&\quad + \frac{(f - f_1)(f - f_2)}{(f_3 - f_1)(f_3 - f_2)} t_3,
\end{aligned}
\tag{6.15}
$$

の式を考える．この式の右辺は明らかに f の 2 次式である．そして，$f = f_1$ とおけば $t = t_1$ になることは，代入してみればすぐにわかる．同様に $f = f_2$

6.3 皆既あるいは金環の開始，終了時刻   235

とおけば $t = t_2$，$f = f_3$ とおけば $t = t_3$ になる．したがって (6.15) 式は仮定した 2 次式である．求める解は $f = 0$ に対するものであるから，(6.15) 式で $f = 0$ と置くことで，それに対する解が得られる．

こうして計算した t_0 も正確な解とは限らない．そこで $f(t_0)$ を計算してその正負を見る．ついで，すでに計算してある f_1, f_2, f_3 の中から，$f(t_0)$ と符号が異なり，t の差がもっとも小さい f_j を選び出す．その $f(t_0), f_j$ を新たに f_1, f_3 と考え直せば，上記の計算手順を繰り返すことができる．計算を繰り返すごとに t_1 と t_3 の間隔は小さくなり，何回かの繰り返しによって，必要な精度で $f(t) = 0$ を満たす解 t が得られる．これが 2 次のはさみうち法である．この方法によれば，皆既または金環の開始，終了時刻の計算に対し，6.2 節で述べた (1 次の) はさみうち法に比べて，繰り返しの回数をかなり減らすことができる．

これから，皆既または金環の開始，終了時刻を計算する具体的な方法を説明しよう．

まず，条件式，

$$f(t) = (x - x_0)^2 + (y - y_0)^2 - (l_2 - z \tan f_2)^2 = 0,$$

に対し，その観測地点で食分が最大になる時刻 $t_{\max}$ をはさんで s の間隔で，前に 2 点，後に 2 点の $f(t)$ の計算をする．s には $s = 0^{\mathrm{h}}.05(3^{\mathrm{m}})$ くらいがよい．$f(t)$ の計算手順は 6.1 節の「日食の欠け始めまたは食の終わりの時刻の計算手順」の (1) から (5) を参照する．ただし，計算時刻にはここで示した時刻を使い，また，l_1, f_1 に代わって l_2, f_2 を使う．その結果を**表 6.5** として表わした．

表 6.5　皆既，金環時刻前後の $f(t)$

t	$f(t)$
$t_{\max} - 2s$	$f(t_{\max} - 2s)$
$t_{\max} - s$	$f(t_{\max} - s)$
$t_{\max}$	$f(t_{\max})$
$t_{\max} + s$	$f(t_{\max} + s)$
$t_{\max} + 2s$	$f(t_{\max} + 2s)$

ここで，$f(t_{\max}) < 0$ である．また，一般に $f(t_{\max} - 2s) > 0, f(t_{\max} + 2s) > 0$ となる (そうならない場合には，s をもう少し大きく取ってこの条件が成り立

つようにする). そして, 皆既, 金環の開始時刻を求めるなら,

$$\begin{aligned} t_1 &= t_{\max} - 2s, & f_1 &= f(t_{\max} - 2s), \\ t_3 &= t_{\max}, & f_3 &= f(t_{\max}), \end{aligned} \quad (6.16)$$

としてはさみうち法を適用すればよい. 同様に皆既, 金環の終了時刻を求めるなら,

$$\begin{aligned} t_1 &= t_{\max}, & f_1 &= f(t_{\max}), \\ t_3 &= t_{\max} + 2s, & f_3 &= f(t_{\max} + 2s), \end{aligned} \quad (6.17)$$

として, 計算を始めればよい.

表 6.5 からは逆補間によって $f(t) = 0$ の解を求めることもできるが, ここではその説明を省略する.

計算実例

ここでは, 2035 年 9 月 2 日の皆既日食の水戸 ($\lambda = 140°.475, \phi = 36°.363$) における皆既の開始時刻を計算する.

表 6.4 で, この地点で食分が最大になる時刻が $t_{\max} = 1^{\mathrm{h}}.1636305$ であることを求めてある. そこから計算すると, $f(t_{\max}) = -0.0000659 < 0$, $l_2 - z \tan f_2 = -0.0083115 < 0$ となるから, この地点で太陽が皆既になるのは確実である. ここで, **表 6.5** を具体的な数値で示したものが **表 6.6** であり,

表 6.6　皆既時刻前後の $f(t)$

t	$f(t)$
1.0636305	0.0013289
1.1136305	0.0002821
1.1636305	-0.0000659
1.2136305	0.0002803
1.2636305	0.0013163

となる. ここに 2 次のはさみうち法を適用したときの計算過程が **表 6.7** である.

表 6.7 に少し注釈を加えよう.

1 回目のはさみうち法の計算で $t_0 = 1.1653193$ に対し $f(t_0) = -0.0000655$ が得られた ($f(t)$ に対し, 表ではゼロを省略して末尾の数字だけを示した. この場合は -655 である). これが負であるから, t_0 にもっとも近い t_j で $f(t_j) > 0$

6.3 皆既あるいは金環の開始，終了時刻

となるものを探す．これが $j = 2$ で，$t_2 = 1.1136305, f(t_2) = 0.0002821$ である．そこで新たに t_1, t_3 を，

$$t_1 = 1.1136305, \qquad t_3 = 1.1653193,$$

と取り直す．さらに t_1 と t_3 の中間に $t_2 = 1.1394749$ をとって(これは必ずしもこの時刻である必要はなく，この近くの時刻ならなんでもよい)2回目のはさみうち法を適用する．以下，その繰り返しになる．3回目のはさみうちの結果，

$$t = 1^{\text{h}}.1418639 = 1^{\text{h}}08^{\text{m}}30^{\text{s}}.7,$$

が得られ，小数点以下7桁まで $f(t) = 0$ となる．

表 6.7 皆既の開始時刻を求める二次のはさみうち法

i	1	2	3
t_1	1.0636305	1.1136305	1.1394749
t_2	1.1136305	1.1394749	1.1416004
t_3	1.1636305	1.1653193	1.1437258
f_1	13829	2821	153
f_2	2821	153	16
f_3	-659	-655	-108
t_0	1.1653193	1.1437258	1.1418639
$f(t_0)$	-655	-108	0

実をいうと，$f(t)$ を小数点以下7桁までゼロにするのに，t にこれだけの桁数の必要はない．この場合は，

$$1.141858 < t < 1.141874,$$

の範囲で $f(t)$ は小数点以下7桁までゼロになる．しかし，この範囲での時刻の違いは，現実の時間にして0.1秒に満たないから，時刻決定に支障が起こることはない．

水戸における皆既の終了時刻の計算は，

$$t_1 = 1.1636305,$$
$$t_2 = 1.2136305,$$
$$t_3 = 1.2636305,$$

として，同様に二次のはさみうち法で計算するとよい．その結果，$f(t) = 0$ の解として，

$$t = 1^{\mathrm{h}}.1854390 = 1^{\mathrm{h}}11^{\mathrm{m}}07^{\mathrm{s}}.6,$$

が得られる．したがって，この日食の水戸での皆既の継続時間は $2^{\mathrm{m}}36^{\mathrm{s}}.9$ となる．

6.4　太陽の欠けぐあい

　ある特定の地点で日食を観測する場合，太陽の欠け始めの時刻，食が終わる時刻がわかり，食分が最大になる時刻も求めることができた．その地点で皆既または金環になる場合には，その時刻も知ることができた．あとは，その地点で太陽がどの方向にあり，欠けぐあいがどのようであるかを時刻の経過にしたがって知ることができれば，知りたい情報はそれでほぼすべてである．

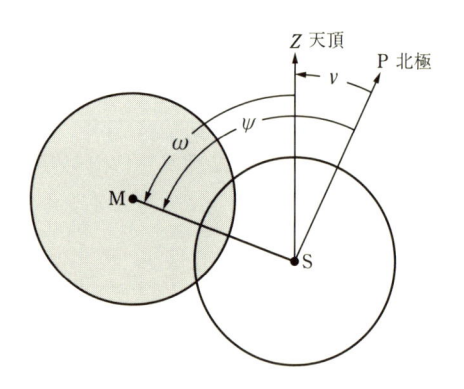

図 6.5　北極方向角 ψ と天頂方向角 ω

　太陽の欠けぐあいを示すひとつの要素は食分 D である．この計算式はすでに 5.4 節に (5.28) 式として示してあり，それぞれの時刻に対してベッセル要素と観測点の基準座標 $\mathrm{K}(x, y, z)$ から計算できる．これについては，ここでは述べない．

6.4 太陽の欠けぐあい

太陽の欠けぐあいを示すもうひとつの要素は，上側が欠けているとか，左側が欠けているとか，その欠けている方向を示すものである．その方向には二つの表わし方がある．ひとつは天の北極を基準とする方向の**北極方向角** ψ であり，もうひとつは天頂を基準とする**天頂方向角** ω である．

図 6.5 に示すように，太陽の欠けている方向は，天球上で太陽の中心 S から月の中心 M を見る方向 SM が，太陽の縁のどの向きにあるかで表わす．SM 方向を太陽中心 S から天の北極 P に向かう向き SP から測ったとき，この ∠PSM を，太陽から見た月の北極方向角という．ここではこれを ψ で表わす．また，太陽中心 S からその地点の天頂 Z に向かう向き SZ から測ったとき，この ∠ZSM を，太陽から見た月の天頂方向角といい，ここでは ω で表わす．これらの角はどちらも，天球の内側から見て反時計回りに測ると定められている．

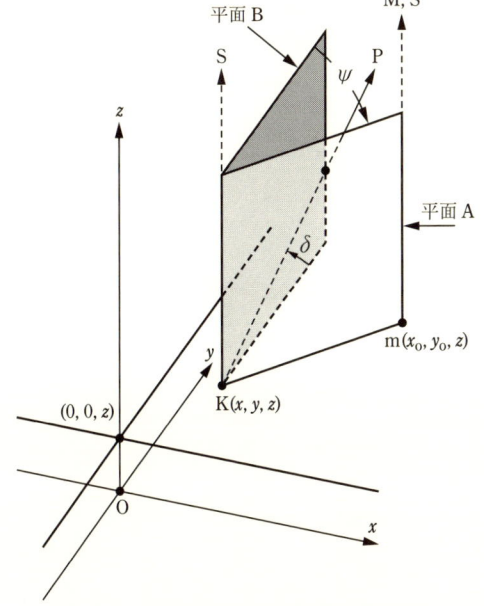

図 6.6 基準座標系における月の北極方向角 ψ

まず，北極方向角 ψ を考えよう．**図 6.6** に示すように，基準座標系で，観測点 $K(x, y, z)$ と月影軸 SM を含む平面 **A** を考える．この平面 **A** は K,S,M を含むから，この面が天球を切る線は，**図 6.7** に示すように，太陽 S，月 M

を通る大円である．

つぎに，観測点 K を通り yz 面に平行な平面 B を考える．天の北極 P は無限に遠いと考えてよいから，この面上にあると見なすことができる．また，太陽 S までの距離もここに現われる x_0, y_0, x, y などの長さに比べると十分に大きいから，太陽もこの平面 B 上にあると見なしてよい．したがって B は K,P,S を含む面であり，図 6.7 に示すように，天の北極 P，太陽 S を通る大円として天球を切る．

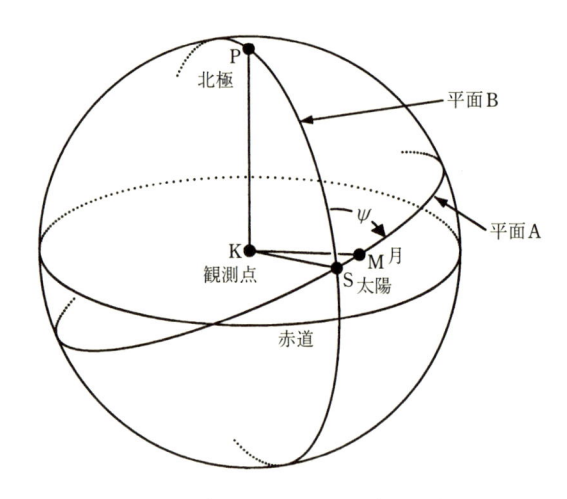

図 6.7 天球上における月の北極方向角 ψ

これらの図から考えると，月の北極方向角 ψ は，二つの平面 A,B のはさむ角であり，

$$\tan\psi = \frac{x_0 - x}{y_0 - y} = \frac{x - x_0}{y - y_0}, \tag{6.18}$$

となる．ただし，

$y - y_0 < 0,$ で ψ は 1 または 4 象限 $(-90° < \psi < 90°)$

$y - y_0 > 0,$ で ψ は 2 または 3 象限 $(90° < \psi < 270°)$

である．また，

$$\Delta = \sqrt{(x - x_0)^2 + (y - y_0)^2},$$

6.4 太陽の欠けぐあい

$$\cos Q = \frac{x - x_0}{\Delta},\tag{6.19}$$
$$\sin Q = \frac{y - y_0}{\Delta},$$

であるから，

$$\tan \psi = \frac{1}{\tan Q},\tag{6.20}$$

と書くこともできる．

　ここでは，太陽は十分に遠いと考えて (6.18) 式を導いた．しかし，厳密に考えると，太陽 S は月影軸上にあるから，天の北極 P と太陽 S を含む平面 **B** は yz 面に平行ではなく，ほんの少し平面 **A** に倒れかかる形になる．その結果，月の北極方向角 ψ が (6.18) 式に示したものとわずかに変わる．ここでその影響を見積もっておく．

　太陽の赤道地平視差 (太陽中心から地球の赤道半径を見込む角) を π_s として，上記の理由で生ずる誤差を π_s の 1 次項まで計算すると，

$$\tan \psi = \frac{x - x_0}{y - y_0} - \pi_\mathrm{s} \frac{(x - x_0)\tan d}{d_\mathrm{e} \sin^2 Q}\tag{6.21}$$

となる．d はベッセル要素，d_e は地球の赤道半径であり，ここでは $d_\mathrm{e} = 1$ である．理論的にはその時点の太陽距離を使って π_s を計算するべきであるが，現実には，平均的な値の，

$$\pi_\mathrm{s} = 8''.794148 = 0.0000426,\tag{6.22}$$

を使って差し支えない．この補正は非常に小さい値なので，0°.1 くらいの精度で計算するなら，(6.18) 式の結果だけで十分である．

　ここで $Q \to 0$ とした場合，つまり $y \to y_0$ の場合は補正量が見かけ上大きくなる．このとき $\tan\psi \to \infty$ となるので特に問題はないが，なんとなく不安だという方があるかもしれない．このときは，

$$\cos \psi = \sin Q + \pi_\mathrm{s} \frac{x - x_0}{d_\mathrm{e}} \cos Q \tan d,\tag{6.23}$$

の関係で ψ を計算することもできる．どちらの計算も本質的な差はない．これら補正式の導出法はここでは省略する．ところで，現実の日食観測で太陽の欠けている方向を示すには，月の北極方向角で表現するよりも，天頂方向

角でいい表わした方が一般的にはわかりやすい．そこで，太陽から見た月の天頂方向角 ω を求めることを考えよう．**図 6.5** からわかるように，天球上で太陽 S から天頂 Z への向き SZ の北極方向角を ν とすると，

$$\omega = \psi - \nu, \tag{6.24}$$

である．したがって，天頂方向の北極方向角 ν を求めれば，月の天頂方向角はすぐに計算できる．そこで ν を求めることを考えよう．

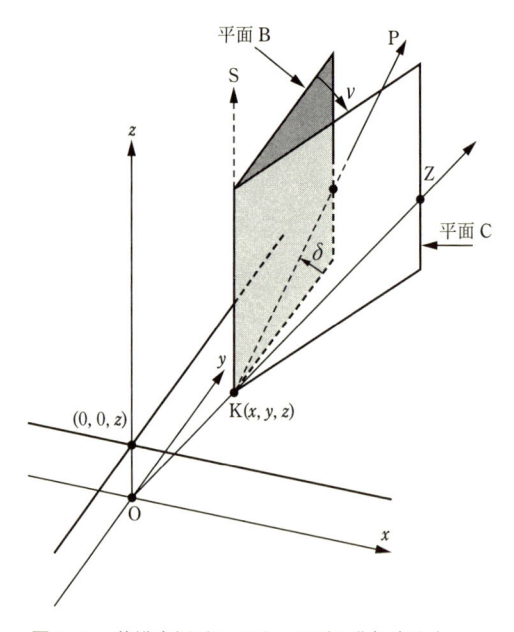

図 6.8 基準座標系における天頂の北極方向角 ν

こんどは，**図 6.8** に示すように，基準座標系の原点 O と観測点 K を結ぶ向き OK を考える．O は地球中心であるから，この延長は観測点 K の (地心) 天頂方向 Z である．もうひとつ，K を通り月影軸に平行にとった方向 KS を考え，この OK 方向と KS 方向を含む平面を C とする．太陽が無限に遠いと考えた場合この平面は K,S,Z を含むから，平面 C は，**図 6.9** に示すように，天頂 Z と太陽 S を通る大円で天球を切る．先に定めた平面 B は天の北極 P と太陽 S を通る大円で天球を切っているから，

天頂の北極方向角 $\nu = \angle\mathrm{ZSP}$ は平面 **B**,**C** の交角であり，

$$\tan\nu = \frac{x}{y}, \tag{6.25}$$

である．ただし，

$y > 0$，で ν は 1 または 4 象限 $(-90° < \nu < 90°)$

$y < 0$，で ν は 2 または 3 象限 $(90° < \nu < 270°)$

である．

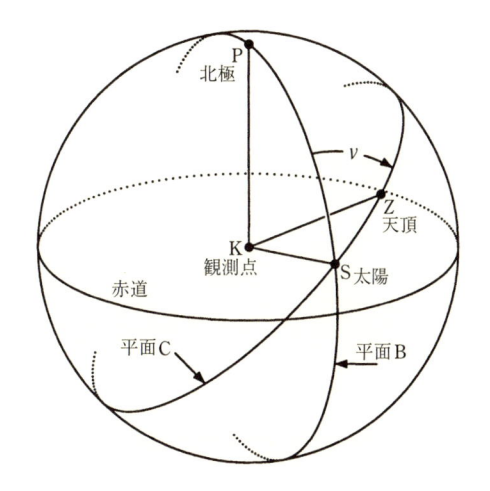

図 **6.9**　天球上における天頂方向の北極方向角 ν

ここでも考えなければならないことがある．いまとった天頂方向は，地球中心 O から観測点 K へ向けた直線 OK の延長であり，**地心天頂**と呼ばれる向きである．しかし，地球を離心率 e の回転楕円体と考えたときに，観測点 K における楕円体面の法線方向として定義される天頂があり，これは**測地天頂**と呼ばれる．単に天頂というときは通常測地天頂を指し，地心天頂とは一般に向きが少し異なる．いい方を換えると，この差は**図 6.10** に示すように観測点 K の**地心緯度** ϕ' と**測地緯度** ϕ の差 $\Delta\phi$ に相当し，

$$\Delta\phi = \phi - \phi', \tag{6.26}$$

である．

この差は，地球楕円体の離心率 e を使って，

$$\begin{aligned}\Delta\phi &= \left(\frac{1}{2}e^2 + \frac{1}{4}e^4 + \frac{5}{64}e^6\right)\sin 2\phi - \left(\frac{1}{8}e^4 + \frac{7}{64}e^6\right)\sin 4\phi, \\ &\quad +\frac{11}{192}e^6 \sin 6\phi - \frac{1}{128}e^6 \sin 8\phi,\end{aligned} \qquad (6.27)$$

の形に書くことができる (e^8 以上の項は省略). 本書で使っている

$$e^2 = 0.006694385,$$

を代入すると，これは，

$$\begin{aligned}\Delta\phi &= 3.3584196 \times 10^{-3} \sin 2\phi - 5.635 \times 10^{-6} \sin 4\phi \\ &\quad +1.7 \times 10^{-8} \sin 8\phi, \qquad (6.28)\\ &= 692''.724 \sin 2\phi - 1''.162 \sin 4\phi + 0''.004 \sin 6\phi,\end{aligned}$$

の形になる．$\Delta\phi$ は $\phi = 45°$ で最大となり，$\Delta\phi = 11'32''.7$ に達する．

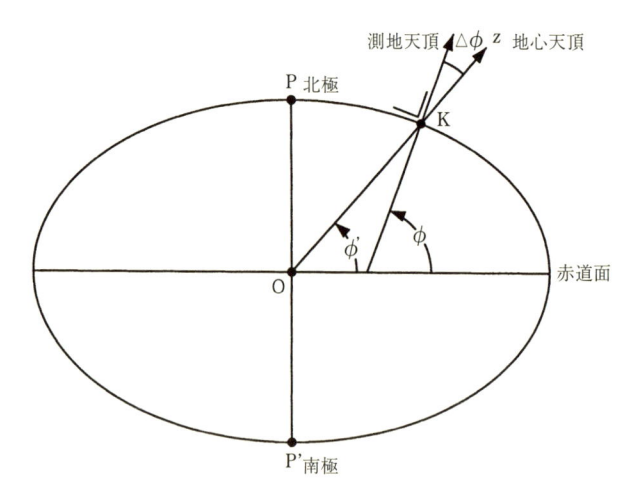

図 6.10 測地緯度 ϕ と地心緯度 ϕ' の差 $\Delta\phi$

天頂方向にこの $\Delta\phi$ の差があるため，真の (測地) 天頂方向を考えた場合の北極方向角は (6.25) 式と多少の違いが生じる．これに対する補正を $\Delta\phi$ の一

6.4 太陽の欠けぐあい

次項について示すと,

$$\tan\nu = \frac{x}{y} - \Delta\phi\frac{rx\cos d}{y^2\cos\phi}, \tag{6.29}$$

となる.この計算で $\Delta\phi$ はラジアン単位を使用する.d はベッセル要素であり,また $r^2 = x^2 + y^2 + z^2$ である.この式でも,$y \to 0$ のときは見かけ上補正項が非常に大きくなる.これが気になるときは,

$$\cos\nu = \frac{y}{\sqrt{x^2+y^2}} + \Delta\phi\frac{rx^2\cos d}{(x^2+y^2)^{3/2}}, \tag{6.30}$$

を使うこともできる.これは上の (6.29) 式と本質的に同じ関係である.これらの式の導き方もここでは省略する.

太陽から見た天頂の北極方向角のこの計算も,太陽が無限に遠くにあることを仮定している.太陽が有限距離にあるとして,それによって生ずる補正式を (6.21) 式のように書くこともできる.しかし,この補正量は非常に小さいので,ここではその式を省略する.

ここで,太陽の欠けぐあいを知るための計算手順を示しておく.

月の北極方向角,天頂方向角,食分の計算手順

内容 任意の時点で,与えられた観測地 (λ, ϕ, h) に対し,太陽中心から見た月の北極方向角 ψ,天頂方向角 ω,食分 D を計算する.

(1) 観測点の測地緯度,地心緯度の差 $\Delta\phi = \phi - \phi'$ を,

$$\begin{aligned}\Delta\phi &= 3.3584196 \times 10^{-3}\sin 2\phi - 5.635 \times 10^{-6}\sin 4\phi \\ &\quad + 1.7 \times 10^{-8}\sin 8\phi,\end{aligned}$$

で計算する.

(2) 観測点 K の地心直交座標 (u, v, w) を,

$$\begin{aligned}u &= (N+h)\cos\phi\cos\lambda, \\ v &= (N+h)\cos\phi\sin\lambda, \\ w &= \{N(1-e^2)+h\}\sin\phi,\end{aligned}$$

によって計算する.ただし,

$$N = \frac{1}{\sqrt{1-e^2\sin^2\phi}},$$

である.

(3) 計算時刻 t に対し，ベッセル要素 $d, x_0, y_0, \tan f_1, \tan f_2, l_1, l_2$ を計算する.

(4) その時刻 t に対する観測点の基準座標 $\mathrm{K}(x,y,z)$ を，

$$\begin{aligned} x &= u\sin\mu + v\cos\mu, \\ y &= -u\cos\mu\sin d + v\sin\mu\sin d + w\cos d, \\ z &= u\cos\mu\cos d - v\sin\mu\cos d + w\sin d, \end{aligned}$$

によって計算する.

(5) r, Δ を，

$$\begin{aligned} r &= \sqrt{x^2+y^2+z^2}, \\ \Delta &= \sqrt{(x-x_0)^2+(y-y_0)^2} \end{aligned}$$

で計算する. ここでは $r \sim 1$ になる.

(6) $\cos Q, \sin Q$ を，

$$\begin{aligned} \cos Q &= \frac{x-x_0}{\Delta}, \\ \sin Q &= \frac{y-y_0}{\Delta}, \end{aligned}$$

で計算する. ただし $\cos Q$ の計算は必ずしも必要ではない.

(7) 月の北極方向角 ψ を，

$$\tan\psi = \frac{x-x_0}{y-y_0} + \pi_\mathrm{s}\frac{(x-x_0)\tan d}{\sin^2 Q},$$

で計算する. ψ は $y-y_0<0$ で 1, 4 象限, $y-y_0>0$ で 2, 3 象限である. この第 2 項は補正項であり，厳密な考慮をしないときは計算に含めなくてよい. $\pi_\mathrm{s} = 0.0000426$ である.

6.4 太陽の欠けぐあい

(8) 天頂の北極方向角 ν を,

$$\tan\nu = \frac{x}{y} - \Delta\phi\frac{rx\cos d}{y^2\cos\phi},$$

で計算する. ν は $y > 0$ で第 1, 第 4 象限, $y < 0$ で第 2, 第 3 象限である. この第 2 項は補正項であり, おおまかな計算の場合は考慮しなくてよい.

(9) 月の天頂方向角 ω を,

$$\omega = \psi - \nu,$$

で求める.

(10) 月による太陽の食分 D を,

$$D = \frac{l_1 - z\tan f_1 - \Delta}{l_1 + l_2 - z(\tan f_1 + \tan f_2)},$$

で計算する.

計算実例

ここでは, 2035 年 9 月 2 日の皆既日食で, 水戸 ($\lambda = 140°.475, \phi = 36°.363$), $h = 0$ における $1^\mathrm{h}30^\mathrm{m}$ (UT) の太陽の欠けぐあいを計算する.

表 **6.8** 太陽の欠けぐあいの計算

t		1.5	
x_0	-0.1124112	$\sin Q$	0.4150268
y_0	0.4245414	$(x-x_0)/(y-y_0)$	-0.4561690
d	$8°.0247754$	$\pi_s(x-x_0)\tan d/\sin^2 Q$	0.0000039
l_1	0.5418843	$\tan\psi$	-0.2912661
l_2	-0.0044788	ψ	$114°.52104$
$\tan f_1$	0.0046328	x/y	-0.4949274
$\tan f_2$	0.0046097	$\Delta\phi rx\cos d/(y^2\cos\phi)$	-0.0040894
x	-0.2356929	$\tan\nu$	-0.4908380
y	0.4762170	ν	$26°.14351$
z	0.8457678	$\omega = \psi - \nu$	$140°.86307$
r	0.9988278	D	0.7807091
Δ	0.1245115		

まず, $\phi = 36°.363$ に対する $\Delta\phi$ を計算すると,

$$\Delta\phi = 11'49''.1 = 0.0032037,$$

が得られる．以下の計算は**表 6.8** に示した．この計算によって，水戸における 1^h30^m (UT) の太陽の欠けぐあいは，**図 6.11** のようになることがわかる．

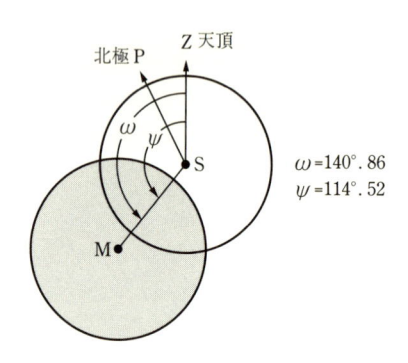

図 6.11　水戸における 1^h30^m (UT) の太陽の欠けぐあい

6.5　太陽と月の視半径の比

図 6.5，**図 6.11** のような図を描こうとすると，月と太陽の視半径の値が必要となる．視半径そのものよりも，太陽の視半径 s_s に対する月の視半径 s_m の比 s_m/s_s がより以上に必要である．

太陽の実半径 d_s は月の実半径 d_m のおよそ 400 倍であるが，太陽までの距離 r_s も月までの距離 r_m のおよそ 400 倍であるので，地球から見た月と太陽の見かけの大きさはほぼ等しくなる．視半径にしてどちらもほぼ角度の 16′ である．しかし，太陽も月も地球からの距離がある程度変化するため，ときによって，月の視半径が大きいことも，太陽の視半径が大きいこともある．それによって日食も，皆既日食になったり，金環日食になったりする．稀には，ひとつの日食でも，時刻によって金環食になったり皆既食になったりする金環皆既食といわれる日食が起こることもある．このような日食に対しては，その時刻に応じて視半径の比をきちんと求めることが重要になる．

地球中心から見たと考えた場合の月，太陽の視半径の計算式は (2.45) 式に

6.5 太陽と月の視半径の比

示され,

$$\sin s_\mathrm{m} = \frac{d_\mathrm{m}}{r_\mathrm{m}},$$
$$\sin s_\mathrm{s} = \frac{d_\mathrm{s}}{r_\mathrm{s}}, \tag{6.31}$$

である. $d_\mathrm{m}, d_\mathrm{s}$ はそれぞれ月, 太陽の実半径, $r_\mathrm{m}, r_\mathrm{s}$ はそれぞれ地球中心から月, 太陽の中心までの距離である. $s_\mathrm{m}, s_\mathrm{s}$ はどちらも $16'$ ぐらいの小さい角であるから,

$$s_\mathrm{m} = \sin s_\mathrm{m},$$
$$s_\mathrm{s} = \sin s_\mathrm{s}, \tag{6.32}$$

と考えて事実上差し支えない. この近似で生ずる誤差は, 1.7×10^{-8} 程度にすぎない.

ただし, (6.31) 式は地球中心から見た場合の視半径である. 基準座標が K(x, y, z) の観測点から見た場合は,

$$s_\mathrm{m} = \frac{d_\mathrm{m}}{\sqrt{(x-x_0)^2 + (y-y_0)^2 + (r_\mathrm{m}-z)^2}} \sim \frac{d_\mathrm{m}}{r_\mathrm{m}}\left(1 + \frac{z}{r_\mathrm{m}}\right),$$
$$s_\mathrm{s} = \frac{d_\mathrm{s}}{\sqrt{(x-x_0)^2 + (y-y_0)^2 + (r_\mathrm{s}-z)^2}} \sim \frac{d_\mathrm{s}}{r_\mathrm{s}}\left(1 + \frac{z}{r_\mathrm{s}}\right), \tag{6.33}$$

となる. この計算に必要な月, 太陽までの距離 $r_\mathrm{m}, r_\mathrm{s}$ は, **表 3.1** のような表から, 考えている時刻に対し補間して求めなくてはならない.

ここからは, いま述べた方法とは別に, 月と太陽の視半径の比 $s_\mathrm{m}/s_\mathrm{s}$ を計算する方法を示す. ここではまず, 月影軸が観測者面と交わる点 E(x_0, y_0, z) から見た場合の $s_\mathrm{m}/s_\mathrm{s}$ を計算する. **図 3.14** を参照すると,

$$\sin f_1 = \frac{d_\mathrm{s} + d_\mathrm{m}}{r_\mathrm{s} - r_\mathrm{m}},$$
$$\sin f_2 = \frac{d_\mathrm{s} - s_\mathrm{m}}{r_\mathrm{s} - r_\mathrm{m}}, \tag{6.34}$$

である. $d_\mathrm{s} \gg d_\mathrm{m}, r_\mathrm{s} \gg r_\mathrm{m}$ であるから, f_1 と f_2 はほぼ等しい角になり, $r_\mathrm{s} - r_\mathrm{m}$ が最小のとき f_1 と f_2 の差がもっとも大きくなる. このとき $\cos f_1$ と $\cos f_2$ の差ももっとも大きくなる. この差の最大値を求めるため, 最小の

$r_{\rm s}$ として $r_{\rm s} = 1.470 \times 10^8 {\rm km}$，最大の $r_{\rm m}$ として $r_{\rm m} = 4.055 \times 10^5 {\rm km}$ をとって計算してみると，

$$\cos f_2 - \cos f_1 = 0.00000010,$$

である．したがって，小数点以下 6 桁までの範囲なら，$\cos f_1 = \cos f_2$ と考えても差し支えない．この事実をまず頭に入れておくことにしよう．

さて，月影軸上の点 $\mathrm{E}(x_0, y_0, z)$ から見たとき，月の視半径 $s_{\rm m}$，太陽の視半径 $s_{\rm s}$ は，

$$\begin{aligned} s_{\rm m} &= \sin s_{\rm m} = \frac{d_{\rm m}}{r_{\rm m} - z}, \\ s_{\rm s} &= \sin s_{\rm s} = \frac{d_{\rm s}}{r_{\rm s} - z}, \end{aligned} \tag{6.35}$$

である．一方，観測者面上の月の半影，本影 (またはその延長) の半径は，それぞれ $l_1 - z \tan f_1, l_2 - z \tan f_2$ で与えられる．**図 3.14** からこれを考えると，

$$\begin{aligned} l_1 - z \tan f_1 &= (r_{\rm m} - z) \tan f_1 + \frac{d_{\rm m}}{\cos f_1}, \\ l_2 - z \tan f_2 &= (r_{\rm m} - z) \tan f_2 - \frac{d_{\rm m}}{\cos f_2}, \end{aligned} \tag{6.36}$$

である．この 2 式の和を作ると，

$$\begin{aligned} & l_1 + l_2 - z(\tan f_1 + \tan f_2) \\ &= (r_{\rm m} - z)(\tan f_1 + \tan f_2) + d_m \left(\frac{1}{\cos f_1} - \frac{1}{\cos f_2} \right) \\ &= (r_{\rm m} - z) \frac{\sin f_1 + \sin f_2}{\cos f_1}, \end{aligned} \tag{6.37}$$

である．この計算では $\cos f_2 = \cos f_1$ の関係を 2 回使っている．さらにここに (6.34) 式の関係を代入すると，

$$\begin{aligned} l_1 + l_2 - z(\tan f_1 + \tan f_2) &= \frac{r_{\rm m} - z}{r_{\rm s} - r_{\rm m}} \frac{2 d_{\rm s}}{\cos f_1} \\ &= \frac{2 d_{\rm m} d_{\rm s}}{s_{\rm m}(r_{\rm s} - r_{\rm m}) \cos f_1}, \end{aligned} \tag{6.38}$$

となる．

6.5 太陽と月の視半径の比

つぎに，(6.36) の 2 式の差を作る．ここでも $\cos f_1 = \cos f_2$ の関係を使えば，

$$
\begin{aligned}
& l_1 - l_2 - z(\tan f_1 - \tan f_2) \\
=\ & (r_{\mathrm{m}} - z)(\tan f_1 - \tan f_2) + d_{\mathrm{m}} \left(\frac{1}{\cos f_1} + \frac{1}{\cos f_2} \right) \\
=\ & (r_{\mathrm{m}} - z) \frac{\sin f_1 - \sin f_2}{\cos f_1} + \frac{2 d_{\mathrm{m}}}{\cos f_1},
\end{aligned}
\tag{6.39}
$$

である．先と同様に (6.34) 式を代入すると，

$$
\begin{aligned}
l_1 - l_2 - z(\tan f_1 - \tan f_2) &= \left(\frac{r_{\mathrm{m}} - z}{r_{\mathrm{s}} - r_{\mathrm{m}}} + 1 \right) \frac{2 d_{\mathrm{m}}}{\cos f_1} \\
&= \left(\frac{r_{\mathrm{s}} - z}{r_{\mathrm{s}} - r_{\mathrm{m}}} \right) \frac{2 d_{\mathrm{m}}}{\cos f_1}, \\
&= \frac{2 d_{\mathrm{m}} d_{\mathrm{s}}}{s_{\mathrm{s}} (r_{\mathrm{m}} - r_{\mathrm{s}}) \cos f_1},
\end{aligned}
\tag{6.40}
$$

となる．ここで (6.38) 式と (6.40) 式の比をとると，

$$
\frac{s_{\mathrm{m}}}{s_{\mathrm{s}}} = \frac{l_1 - l_2 - z(\tan f_1 - \tan f_2)}{l_1 + l_2 - z(\tan f_1 + \tan f_2)},
\tag{6.41}
$$

の形が得られる．これによって，ベッセル要素と観測点の位置の成分 z から，太陽の視半径に対する月の視半径の比が計算できる．

ここで求めた関係は，はじめに述べたように，観測者面と月影軸の交点 $\mathrm{E}(x_0, y_0, z)$ から見た月と太陽の視半径の比であり，観測点 $\mathrm{K}(x, y, z)$ から見たものではない．これを観測点 K から見た場合の値に直すと，

$$
\begin{aligned}
\frac{s_{\mathrm{m}}}{s_{\mathrm{s}}} &= \frac{l_1 - l_2 - z(\tan f_1 - \tan f_2)}{l_1 + l_2 - z(\tan f_1 + \tan f_2)} \\
&\quad \times \frac{(r_m - z)\sqrt{(x - x_0)^2 + (y - y_0)^2 + (r_s - z)^2}}{(r_s - z)\sqrt{(x - x_0)^2 + (y - y_0)^2 + (r_m - z)^2}} \\
&\sim \frac{l_1 - l_2 - z(\tan f_1 - \tan f_2)}{l_1 + l_2 - z(\tan f_1 + \tan f_2)} \left(1 - \frac{\Delta^2}{2 r_{\mathrm{m}}^2} \right),
\end{aligned}
\tag{6.42}
$$

となる．ただし，

$$
\Delta^2 = (x - x_0)^2 + (y - y_0)^2
\tag{6.43}
$$

である．この式で計算した数値と月影軸上の m 点で見た場合の数値との差は，どんなに大きくても，太陽の視半径の 0.00014 倍程度にしかならない．

計算実例 ここでも，2035 年 9 月 2 日の皆既日食に対し，$1^\text{h}30^\text{m}$ (UT) に水戸 ($\lambda = 140°.475, \phi = 36°.363$) で観測するとき，月と太陽の視半径の比を計算しよう．

表 6.8 のデータをとって計算すると，

$$l_1 - l_2 - z(\tan f_1 - \tan f_2) = 0.5463436,$$
$$l_1 + l_2 - z(\tan f_1 + \tan f_2) = 0.5295885,$$

であるから，すぐに，

$$\frac{s_\text{m}}{s_\text{s}} = 1.031638,$$

となる．計算式を導くときに $\cos f_1 = \cos f_2$ の近似を使っているから，あまり長い桁数をとっても無意味である．

ここでこの結果を，観測点 K から見た場合の数値に換算してみよう．**表 3.1** の補間から，$1^\text{h}30^\text{m}$ に対する月の距離 r_m は，

$$r_\text{m} = 0.002479096 (\text{AU}),$$
$$= 58.14665 (地球の赤道半径単位),$$

である．つぎに，**表 6.8** のデータから，

$$x - x_0 = -0.1132817,$$
$$y - y_0 = 0.0516756,$$
$$\Delta^2 = (x - x_0)^2 + (y - y_0)^2 = 0.0155031,$$

であり，

$$1 - \frac{\Delta^2}{2r_\text{m}^2} = 0.9999977,$$

となる．したがって，補正した数値は，

$$\frac{s_\text{m}}{s_\text{s}} \left(1 - \frac{\Delta^2}{2r_m^2}\right) = 1.031636,$$

となる．ここに示しただけの桁数が現実に必要になることはめったにないから，この補正の必要はほとんどない．

6.6 太陽の見える向き

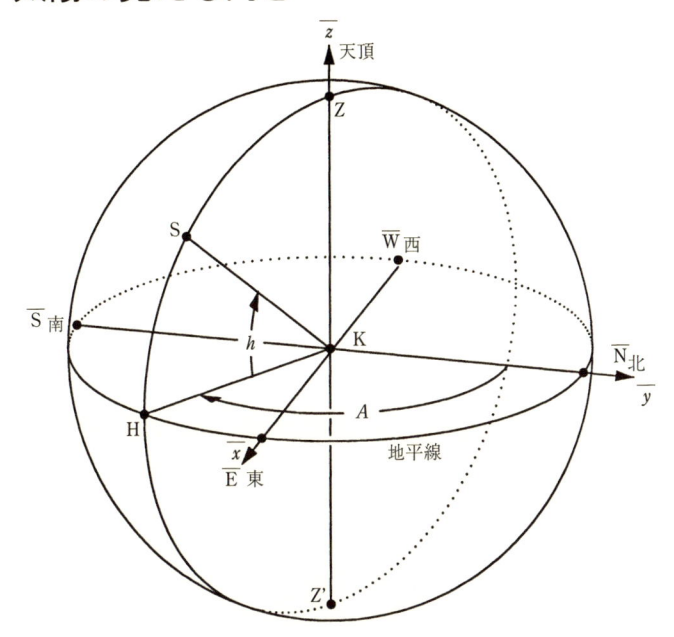

図 6.12 地平座標系

　日食を観測する場合に，観測点から太陽がどの方向に見えるかも，あらかじめ知っておきたい情報である．太陽の見える方向は時々刻々に変わるから，たとえば，10分，あるいは15分おきくらいに太陽の方向をリストにしておくと，観測機器をセットするにも都合がよい．

　太陽の見える方向は日食に直接関係するわけではない．しかし極端な例を挙げると，太陽が欠けていても，観測点で日の出前であったり日没後であったりすれば，その時刻に日食は観測できない．

　欠けた太陽が昇ってくるとき，その日食を**日出帯食(日の出帯食)**といい，欠けた状態で太陽が沈むとき，**日入帯食(日の入り帯食)**という．観測点で日出帯食，あるいは日入帯食であるかどうかを知ることも，観測の立場からは必要であろう．

　ある観測点から見た場合，太陽の向きは，地平線からの高度 h と，基準点からの方位角 A で表わすことができる．この方位角と高度のひと組 (A, h)

を一般に**地平座標**という．ただし，方位角の定め方には通常二つの方式がある．基準点として南をとる方式と，北をとる方式である．本書では**図6.12**に示すように，北を基準点として，東回りに方位角を測る方式を採用し，以下の説明をする．

観測点 K を中心とする天球を考え，K の鉛直上方の天球上の点を**天頂** Z，鉛直下方の点を**天底** Z′ という．また，K を通って ZZ′ に直交する平面を考え，その平面が天球を切る大円を**地平線**という．地平線の上には東西南北に対応して方位を示す点 $\bar{\text{E}}, \bar{\text{W}}, \bar{\text{S}}, \bar{\text{N}}$ を図 **6.12** のようにとることができる．いま，天球上の任意の 1 点 S の方向を，方位角，高度で表わすことにしよう．天頂 Z と S を通る大円を考え，その大円が地平線と交わる点を H とする．この大円は地平線と一般に 2 点で交わるが，Z と Z′ を結ぶ半大円 ZHZ′ が S を通る方に H を選ぶ．このとき，**図 6.12** のように，

$$A = \angle \bar{\text{N}}\text{KH}, \tag{6.44}$$
$$h = \angle \text{HKS}, \tag{6.45}$$

として，方位角 A と高度 h を定める．先に述べたように，方位角は $\bar{\text{N}}$ から東へ回る向きに測る．したがって，北の方位角は $0°$，東は $90°$，南は $180°$，西は $270°$ になる．太陽の見える方向はこの地平座標 (A, h) で表わすことができる．

ここで，K を原点として，東向きに $\bar{x}$ 軸，北向きに $\bar{y}$ 軸，天頂向きに $\bar{z}$ 軸をとった直交座標系を考えたとき，S 方向の方向余弦 $(\bar{l}, \bar{m}, \bar{n})$ は，

$$\begin{aligned}\bar{l} &= \cos h \sin A, \\ \bar{m} &= \cos h \cos A, \\ \bar{n} &= \sin h,\end{aligned} \tag{6.46}$$

として表わすことができる．

地平座標に対し，このように $(\bar{x}, \bar{y}, \bar{z})$ の地平直交座標系を定義しておくと，基準座標系 (x, y, z) は，つぎの回転をすることでその向きを $(\bar{x}, \bar{y}, \bar{z})$ 系に一致させることができる．

(1) x 軸を軸として，時計回りに $\pi/2 - \delta$ の回転．
(2) 移動してきた z 軸を軸として反時計回りに $\mu + \lambda$ の回転．

6.6 太陽の見える向き

(3) 移動してきた x 軸を軸として反時計回りに $\pi/2 - \phi$ の回転.

基準座標系で太陽方向の方向余弦は (0,0,1) であるから，地平直交座標系におけるその方向余弦 $(\bar{l}, \bar{m}, \bar{n})$ は，上記の回転を考慮して，

$$\begin{pmatrix} \bar{l} \\ \bar{m} \\ \bar{n} \end{pmatrix} = \mathbf{R}_1\left(\frac{\pi}{2} - \phi\right) \cdot \mathbf{R}_3(\mu + \lambda) \cdot \mathbf{R}_1\left\{-\left(\frac{\pi}{2} - \delta\right)\right\} \begin{pmatrix} 0 \\ 0 \\ 1 \end{pmatrix}, \quad (6.47)$$

で表わすことができる．これをより具体的な形に書けば，

$$\begin{aligned} \bar{l} &= -\sin(\mu + \lambda)\cos\delta, \\ \bar{m} &= -\cos(\mu + \lambda)\cos\delta\sin\phi + \sin\delta\cos\phi, \\ \bar{n} &= \cos(\mu + \lambda)\cos\delta\cos\phi + \sin\delta\sin\phi, \end{aligned} \quad (6.48)$$

である．ここから，

$$\begin{aligned} \tan A &= \frac{\bar{l}}{\bar{m}}, \\ \tan h &= \frac{\bar{n}}{\sqrt{\bar{l}^2 + \bar{m}^2}}, \end{aligned} \quad (6.49)$$

が計算できる．ただし，A に関しては，

$$\bar{m} > 0, \quad \text{で } A \text{ は 1, または 4 象限 } (-90° < A < 90°)$$
$$\bar{m} < 0, \quad \text{で } A \text{ は 2, または 3 象限 } (90° < A < 270°)$$

である．h は $-90° \leq h \leq 90°$ の範囲で決めればよい．

太陽の見える向き (地平座標) は原則的にこれで定まる．$h < 0$ のとき太陽は地平線下にあって，観測点からは見えない．

現実には，これだけでは少し説明不足である．まず，山などの地形によって，$h > 0$ でも太陽の見えない場合がある．一方，太陽は $16'$ ほどの視半径をもつから，$h > -16'$ なら，$h < 0$ でも太陽の一部は地平線の上に出る勘定になる．さらに，地球大気の屈折によって，見かけの太陽は (6.49) 式で計算した高度よりも浮き上がって見える．この浮き上がりの量は，最大で角度の $35'$ くらいにもなる．したがって，太陽が現実に見えるか見えないかは，これらの影響をすべて考慮しなければならない．

さらに，日食に関していうと，図 **6.13** に示すように，太陽は欠けていて，その太陽が見えていても，欠けている部分が地平線の下にあって観測できないとか，欠けていなければ見えるはずの太陽が，欠けているためにまったく見えないなど，さまざまな場合が想定される．しかしここでは，そういう場合があるという指摘をするだけとし，大気屈折による浮き上がり量 (**大気差**) の近似式を示すだけに留めておく．

大気差は大気の状態によって多少異なり，必ずしも一定ではないが，ここでは，大気状態が標準的なとき，浮き上がり量 $R(h)$ は (6.49) 式の計算で求めた h から，近似的に，

$$R(h) = \frac{0°.0167}{\tan\left(h + \dfrac{8°.6}{h + 4.4}\right)}, \tag{6.50}$$

によって表わされる．ただし，上式の $h + 4.4$ のところの h は，(6.49) 式で計算した h を角度単位で表わした数値を入れるものとする．これによって見かけ上の太陽の高度 h' は，

$$h' = h + R(h), \tag{6.51}$$

で表わすことができる．

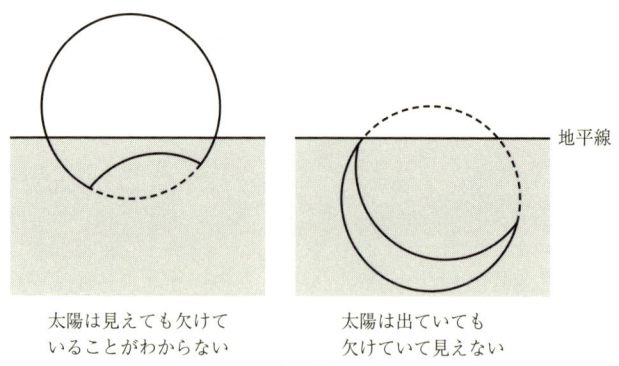

図 6.13 変則的な日食の状況

計算実例

ここでは，2035 年 9 月 2 日の皆既日食で，水戸 ($\lambda = 140°.475, \phi = 36°.363$) における $1^\mathrm{h}30^\mathrm{m}$ (UT) の太陽の地平座標を計算しよう．この計算には逐次近

似の必要もなく，ただ順次に計算を進めるだけでよい．計算過程は，**表 6.9** に示すとおりである．

表 6.9 太陽の地平座標の計算

t	1.5
d	$8°.0247754$
μ	$202°.5268429$
$\lambda + \mu$	$343°.0018429$
$\cos(\lambda + \mu)$	0.9563150
$\sin(\lambda + \mu)$	-0.2923383
$\cos \delta$	0.9902078
$\sin \delta$	0.1396013
$\bar{l}$	0.2894757
$\bar{m}$	-0.4490283
$\bar{n}$	0.8453268
$\tan A$	-0.6446713
$\tan h$	1.5822695
A	$147°.191$
h	$57°.707$

したがって，このときの太陽は真南よりやや東寄りの位置にあることがわかる．このように太陽が地平線から大きく離れている場合には，大気差の影響は小さく，特に計算するまでもないが，あえて計算すると，

$$R(h) = 0°.041,$$

であり，見かけの太陽の高度は，

$$h' = 50°.748,$$

になる．

付録

A 章動の計算

本文 3.3.2 節「月の位置の補正」の中の (3.22) 式には，黄道傾斜角の章動 $\Delta\varepsilon$ が出てくる．また，3.3.3 節「ベッセル要素の計算」の (3.41) 式では，分点差 E_q が必要になる．これらの量を求めるには章動計算をしなければならない．これらはどちらも小さい量なので，省略しても大きな影響はない．それでも，なるべく厳密に計算する場合のために，ここで地球の章動の計算法を述べる．さまざまな章動理論の中から，ここでは J.M.Whar の 1980 年 IAU 章動理論による計算法を示す．ただし，内容についてくどくど説明するのは止めて，単に計算手順だけの説明に止める．得られるのは黄経の章動 $\Delta\phi$ と黄道傾斜角の章動 $\Delta\varepsilon$ の二つの量である．計算量はやや多いが，一度きちんとプログラムをすれば，たやすい計算である．

ある時刻の章動を計算するには，まず，その時刻を J2000.0(2000 年 1 月 1 月力学時正午) からの力学時による経過時間で表わし，それをユリウス世紀 (36525 日) 単位で表わした時刻変数 T_s に直す必要がある．この時刻変数はすでに (3.21) 式で使われている．ここでは，この T_s を単に T と表記する．そして以下の式で，つぎの五つの変数 l, l', F, D, Ω を計算する．

$$l = 134°57'46''.733 + (1325^r + 198°52'02''.633)T + 31''.310T^2 + 0''.064T^3,$$

$$l' = 357°31'39''.804 + (99^r + 359°03'01''.224)T - 0''.577T^2 - 0''.012T^3,$$

$$F = 93°16'18''.877 + (1342^r + 82°01'03''.137)T - 13''.257T^2 + 0''.011T^3,$$

$$D = 297°51'01''.307 + (1236^{\mathrm{r}} + 307°06'41''.328)T - 6''.891T^2$$
$$+ 0''.019T^3,$$
$$\Omega = 125°02'40''.280 - (5^{\mathrm{r}} + 134°08'10''.539)T + 7''.455T^2$$
$$+ 0''.008T^3,$$

これらの式の中で，$1^{\mathrm{r}} = 360°$ である．

つぎに，この節の最後に示されている章動表を使って，
$$\Delta\phi = \sum A\sin(al + bl' + cF + eD + f\Omega),$$
$$\Delta\varepsilon = \sum B\cos(al + bl' + cF + eD + f\Omega),$$

として $\Delta\phi, \Delta\varepsilon$ を計算する．ただし章動表は，一般項が

引		数			$\Delta\phi$	$\Delta\varepsilon$
l	l'	F	D	Ω	sin の係数	cos の係数
a	b	c	e	f	A	B

の形をしているものと考えている．全部で 106 項の総和を計算しなくてはならない．章動表で，a, b, c, e, f，あるいは A, B のところに数字が入っていない欄があるが，それらはすべてゼロである．A, B には T を含んだ式の形をしているものがあるが，そこでは上記の l, l', F, D, Ω を計算したものと同じ T を使用する．こうして計算される $\Delta\phi, \Delta\varepsilon$ は，絶対値がそれぞれ $20'', 10''$ 以下の小さい角度になる．

なお，(3.41) 式の分点差 E_{q} は，

$$E_{\mathrm{q}} = \Delta\phi\cos(\bar\varepsilon + \Delta\varepsilon),$$

で計算できる．$\bar\varepsilon$ は (3.21) 式で計算される平均黄道傾斜角である．

プログラムを自作する人の参考のため，数値例を示しておこう．3.3.2 節 **表 3.3** で扱っている 2035 年 9 月 2 日 1 時 (UT) に対する，

$$T_{\mathrm{s}} = 0.3566746776,$$

の計算を例にとる．そこからは，

$l = 59°.7162689,$

$l' = 237°.4773767,$

$F = 359°.1952630,$

$D = 353°.3535528,$

$\Omega = 155°.1873585,$

が得られる．ここに示したのは 360° の整数倍を差し引いた角度である．さらに章動表を使って，

$\Delta\varepsilon = -6''.4438,$

$\Delta\phi = -7''.9222,$

が計算される．

章動表

| | 引 | | 数 | | | $\Delta\phi$ | | $\Delta\varepsilon$ | |
	l	l'	F	D	Ω	sin の係数		cos の係数	
1					1	$-17''.1996$	$-0''.01742T$	$9''.2025$	$+0''00089T$
2					2	0.2062	+0.00002T	−0.0895	+0.00005T
3	−2		2		1	0.0046		−0.0024	
4	2		−2			0.0011			
5	−2		2		2	−0.0003		0.0001	
6	1	−1		−1		−0.0003			
7		−2	2	−2	1	−0.0002		0.0001	
8	2		−2		1	0.0001			
9			2	−2	2	−1.3187	−0.00016T	0.5736	−0.00031T
10		1				0.1426	−0.00034T	0.0054	−0.00001T
11		1	2	−2	2	−0.0517	+0.00012T	0.0224	−0.00006T
12		−1	2	−2	2	0.0217	−0.00005T	−0.0095	+0.00003T
13			2	−2	1	0.0129	+0.00001T	−0.0070	
14	2			−2		0.0048		0.0001	
15			2	−2		−0.0022			
16		2				0.0017	−0.00001T		
17		1			1	−0.0015		0.0009	
18		2	2	−2	2	−0.0016	+0.00001T	0.0007	
19		−1			1	−0.0012		0.0006	
20	−2			2	1	−0.0006		0.0003	

	引数					$\Delta\phi$		$\Delta\varepsilon$	
	l	l'	F	D	Ω	sin の係数		cos の係数	
21		−1	2	−2	1	−0″.0005		0″.0003	
22	2			−2	1	0.0004		−0.0002	
23		1	2	−2	1	0.0004		−0.0002	
24	1			−1		−0.0004			
25	2	1		−2		0.0001			
26			−2	2	1	0.0001			
27		1	−2	2		−0.0001			
28		1			2	0.0001			
29	−1			1	1	0.0001			
30		1	2	−2		−0.0001			
31			2		2	−0.2274	−0″.00002T	0.0977	−0″.00005T
32	1					0.0712	+0.00001T	−0.0007	
33			2		1	−0.0386	−0.00004T	0.0200	
34	1		2		2	−0.0301		0.0129	−0.00001T
35	1			−2		−0.0158		−0.0001	
36	−1		2		2	0.0123		−0.0053	
37				2		0.0063		−0.0002	
38	1				1	0.0063	+0.00001T	−0.0033	
39	−1				1	−0.0058	−0.00001T	0.0032	
40	−1		2	2	2	−0.0059		0.0026	
41	1		2		1	−0.0051		0.0027	
42			2	2	2	−0.0038		0.0016	
43	2					0.0029		−0.0001	
44	1		2	−2	2	0.0029		−0.0012	
45	2		2		2	−0.0031		0.0013	
46			2			0.0026		−0.0001	
47	−1		2		1	0.0021		−0.0010	
48	−1			2	1	0.0016		−0.0008	
49	1			−2	1	−0.0013		0.0007	
50	−1		2	2	1	−0.0010		0.0005	
51	1	1		−2		−0.0007			
52		1	2		2	0.0007		−0.0003	
53		−1	2		2	−0.0007		0.0003	
54	1		2	2	2	−0.0008		0.0003	
55	1			2		0.0006			
56	2		2	−2	2	0.0006		−0.0003	
57				2	1	−0.0006		0.0003	
58			2	2	1	−0.0007		0.0003	
59	1		2	−2	1	0.0006		−0.0003	
60				−2	1	−0.0005		0.0003	
61	1	−1				0.0005			
62	2		2		1	−0.0005		0.0003	
63		1		−2		−0.0004			
64	1		−2			0.0004			
65				1		−0.0004			

| | 引数 | | | | | $\Delta\phi$ | $\Delta\varepsilon$ |
	l	l'	F	D	Ω	sin の係数	cos の係数
66	1	1				$-0''.0003$	
67	1		2			0.0003	
68	1	-1	2		2	-0.0003	$0''.0001$
69	-1	-1	2	2	2	-0.0003	0.0001
70	-2				1	-0.0002	0.0001
71	3		2		2	-0.0003	0.0001
72		-1	2	2	2	-0.0003	0.0001
73	1	1	2		2	0.0002	-0.0001
74	-1		2	-2	1	-0.0002	0.0001
75	2				1	0.0002	-0.0001
76	1				2	-0.0002	0.0001
77	3					0.0002	
78			2	1	2	0.0002	-0.0001
79	-1				2	0.0001	-0.0001
80	1			-4		-0.0001	
81	-2		2	2	2	0.0001	-0.0001
82	-1		2	4	2	-0.0002	0.0001
83	2			-4		-0.0001	
84	1	1	2	-2	2	0.0001	-0.0001
85	1		2	2	1	-0.0001	0.0001
86	-2		2	4	2	-0.0001	0.0001
87	-1		4		2	0.0001	
88	1	-1		-2		0.0001	
89	2		2	-2	1	0.0001	-0.0001
90	2		2	2	2	-0.0001	
91	1			2	1	-0.0001	
92			4	-2	2	0.0001	
93	3		2	-2	2	0.0001	
94	1		2	-2		-0.0001	
95		1	2		1	0.0001	
96	-1	-1		2	1	0.0001	
97			-2		1	-0.0001	
98			2	-1	2	-0.0001	
99		1		2		-0.0001	
100	1		-2	-2		-0.0001	
101		-1	2		1	-0.0001	
102	1	1		-2	1	-0.0001	
103	1		-2	2		-0.0001	
104	2			2		0.0001	
105			2	4	2	-0.0001	
106		1		1		0.0001	

B 日食図の線の位置

本文で計算例として使用した，2035年9月2日の皆既日食に対し，まず，基本時刻および基本点の経緯度を以下に示す．

	基本時刻	経 度	緯 度
C_0	$1^{\mathrm{h}}.923465$	$158°.036181$	$29°.088200$
C_1	0.270568	79.611563	38.057228
C_3	1.727616	154.057859	31.072830
C_4	3.578902	-142.959809	5.433276
P_1	-0.743372	96.444256	30.174814
P_2	1.457243	45.460545	70.018451
P_3	2.394596	-119.630470	38.214425
P_4	4.593352	-159.281383	-2.439780
N_1	1.239137	22.917595	79.399371
N_4	2.614220	-119.829997	49.494324
S_1	0.100180	87.528838	6.721459
S_4	3.745532	-150.120389	-26.000999
Q_1	0.091480	86.830376	12.454990
Q_4	3.755010	-149.277908	-20.038857
W_1	0.274450	79.488585	38.340502
W_2	0.266753	79.732932	37.774370
E_1	3.575350	-142.869450	5.696432
E_2	3.582382	-143.048987	5.170572

また，この日食で日食図に描かれる，

(1) 日の出に欠け始める線，食が終わる線
(2) 日の入りに欠け始める線，食が終わる線
(3) 日の出，または日の入りに食が最大になる線
(4) 半影の南北限界線
(5) 本影の南北限界線

のそれぞれに対し，以下に，計算時刻6分ごとの点の経緯度の表を示した．なめらかな線で日食図を描きたいときは，計算の時間間隔をもっと短くとる方がよい線もある．等食分線，最大食同時線の位置は省略した．

日の出に欠け始める，または食が終わる線

時刻	経度	緯度	経度	緯度
	P_1		P_1	
$-0^{\text{h}}.7$	97°.044167	23°.104395	94°.251814	37°.666499
-0.6	96.402002	17.760250	91.170963	44.033488
-0.5	95.402425	14.478445	88.367854	48.416540
-0.4	94.258632	12.078718	85.617595	52.004882
-0.3	93.026410	10.244255	82.850587	55.125677
-0.2	91.728995	8.840950	80.027232	57.925043
-0.1	90.377633	7.803507	77.116880	60.482267
0.0	88.977775	7.100713	74.091066	62.844957
0.1	87.531481	6.721848	70.920517	65.043143
0.2	86.038462	6.670787	67.573586	67.095840
0.3	84.496496	6.963510	64.015578	69.014369
0.4	82.901498	7.627488	60.209126	70.804082
0.5	81.247300	8.702294	56.116357	72.465205
0.6	79.525102	10.241285	51.704401	73.993156
0.7	77.722445	12.314383	46.957016	75.378552
0.8	75.821336	15.012230	41.896909	76.607045
0.9	73.794718	18.452413	36.625584	77.658935
1.0	71.599357	22.789171	31.390029	78.507866
1.1	69.159996	28.230573	26.689718	79.115225
1.2	66.328174	35.076160	23.453992	79.406747
1.3	62.744956	43.831564	23.392792	79.170360
1.4	57.066974	55.828354	30.066959	77.428018
	P_2		P_2	

日の入りに欠け始める，または食が終わる線

時刻	経度	緯度	経度	緯度
	P_3		P_3	
$2^h.4$	$-118°.918168$	$41°.531479$	$-120°.563642$	$34°.275378$
2.5	-118.488706	48.352544	-125.115963	16.779434
2.6	-119.629048	49.456568	-128.122522	6.479464
2.7	-121.160286	49.369897	-130.718826	-1.333904
2.8	-122.878140	48.715384	-133.082961	-7.473703
2.9	-124.697053	47.721185	-135.284856	-12.343653
3.0	-126.573006	46.495446	-137.359649	-16.204376
3.1	-128.481217	45.096309	-139.327757	-19.242247
3.2	-130.407145	43.557007	-141.202466	-21.596500
3.3	-132.342191	41.896671	-142.993309	-23.373199
3.4	-134.281416	40.125516	-144.707699	-24.653682
3.5	-136.222262	38.247439	-146.351731	-25.500087
3.6	-138.163824	36.261249	-147.930547	-25.959056
3.7	-140.106440	34.161019	-149.448464	-26.064116
3.8	-142.051514	31.935724	-150.908924	-25.836937
3.9	-144.001526	29.568038	-152.314320	-25.287445
4.0	-145.960260	27.031902	-153.665634	-24.412410
4.1	-147.933373	24.287811	-154.961782	-23.191562
4.2	-149.929650	21.273219	-156.198292	-21.578654
4.3	-151.963950	17.880645	-157.364316	-19.480083
4.4	-154.065520	13.896675	-158.434303	-16.694321
4.5	-156.312047	8.754200	-159.333937	-12.664487
	P_4		P_4	

日の出，または日の入りに食が最大になる線

時刻	経度	緯度	時刻	経度	緯度
	S_1			N_4	
$0^h.1$	$87°.523337$	$6°.779044$	$2^h.7$	$-122°.080486$	$46°.449585$
	Q_1		2.8	-124.600577	42.798372
0.1	85.893617	17.815071	2.9	-127.035124	39.016858
0.2	81.899702	32.240048	3.0	-129.406353	35.076627
0.3	78.681592	40.139924	3.1	-131.733500	30.939414
0.4	75.514823	46.365410	3.2	-134.034747	26.551725
0.5	72.235172	51.726194	3.3	-136.329475	21.834750
0.6	68.729334	56.526588	3.4	-138.641874	16.663428
0.7	64.869552	60.921114	3.5	-141.008774	10.815940
0.8	60.480078	64.995609	3.6	-143.505623	3.800889
0.9	55.292749	68.795040	3.7	-146.386072	-6.064774
1.0	48.869891	72.330937		Q_4	
1.1	40.463224	75.574477		S_4	
1.2	28.786431	78.429716			
	N_1				

半影の南北限界線

時刻	経度	緯度	経度	緯度
	S_1			
$0^h.2$	$101°.703404$	$8°.321105$		
0.3	107.852980	8.627925		
0.4	112.309350	8.652715		
0.5	115.893157	8.528144		
0.6	118.925869	8.306295		
0.7	121.573811	8.013867		
0.8	123.936788	7.666490		
0.9	126.080655	7.274016		
1.0	128.051895	6.842899		
1.1	129.885048	6.377411		
1.2	131.606858	5.880331		N_1
1.3	133.238765	5.353352	$106°.791019$	$84°.623379$
1.4	134.798489	4.797346	153.767428	81.594809
1.5	136.301090	4.212540	170.602230	78.147096
1.6	137.759712	3.598639	179.990793	75.010022
1.7	139.186125	2.954911	-173.436056	72.143508
1.8	140.591153	2.280250	-168.215800	69.482970
1.9	141.985012	1.573229	-163.714530	66.978259
2.0	143.377610	0.832126	-159.587411	64.590817
2.1	144.778832	0.054951	-155.603138	62.288732
2.2	146.198817	-0.760550	-151.565327	60.042282
2.3	147.648258	-1.616893	-147.254333	57.818662
2.4	149.138758	-2.516880	-142.336525	55.571795
2.5	150.683244	-3.463639	-136.078348	53.208931
2.6	152.296520	-4.460689	-124.776723	50.292358
2.7	153.995989	-5.512056		N_4
2.8	155.802675	-6.622442		
2.9	157.742716	-7.797491		
3.0	159.849645	-9.044215		
3.1	162.168081	-10.371693		
3.2	164.760078	-11.792281		
3.3	167.716977	-13.323864		
3.4	171.184056	-14.994516		
3.5	175.420510	-16.853739		
3.6	-179.012094	-19.007423		
3.7	-170.225239	-21.805700		
	S_4			

本影の南北限界線

時刻	経度	緯度	経度	緯度
	W_1		W_2	
$0^h.3$	$90°.839004$	$39°.753249$	$92°.808167$	$39°.244421$
0.4	104.326711	40.654271	105.288658	39.895113
0.5	112.365375	40.698202	113.011363	39.843138
0.6	118.536033	40.434505	118.976151	39.520855
0.7	123.652560	39.992777	123.933118	39.040014
0.8	128.065012	39.430216	128.212982	38.450984
0.9	131.964104	38.778478	131.998133	37.781874
1.0	135.468608	38.057373	135.402960	37.050316
1.1	138.659324	37.280276	138.505597	36.268210
1.2	141.594828	36.456678	141.362828	35.443975
1.3	144.319713	35.593541	144.017934	34.583763
1.4	146.869294	34.696085	146.505212	33.692155
1.5	149.272486	33.768266	148.852750	32.772599
1.6	151.553677	32.813088	151.084240	31.827687
1.7	153.734005	31.832807	153.220218	30.859345
1.8	155.832281	30.829073	155.278966	29.868952
1.9	157.865689	29.803021	157.277195	28.857435
2.0	159.850355	28.755335	159.230602	27.825318
2.1	161.801836	27.686281	161.154349	26.772754
2.2	163.735592	26.595723	163.063528	25.699538
2.3	165.667463	25.483112	164.973630	24.605099
2.4	167.614214	24.347455	166.901077	23.488464
2.5	169.594203	23.187251	168.863876	22.348207
2.6	171.628249	22.000390	170.882473	21.182346
2.7	173.740868	20.783986	172.980957	19.988194
2.8	175.962094	19.534119	175.188829	18.762118
2.9	178.330365	18.245403	177.543805	17.499147
3.0	-179.102614	16.910255	-179.903495	16.192302
3.1	-176.263001	15.517548	-177.081029	14.831382
3.2	-173.036875	14.049896	-173.878264	13.400525
3.3	-169.228354	12.477345	-170.106795	11.872622
3.4	-164.436939	10.739015	-165.387341	10.193376
3.5	-157.498841	8.660210	-158.658253	8.212584
	E_1		E_2	

C ΔT の推定

すでに 3.3.1 節で，地球自転の遅れの ΔT について述べた．地球上の観測点から，日食，月食などの時刻を含む現象を予測する場合には，必ずこの ΔT を考慮に入れる必要がある．

しかし困ったことに，地球の自転には，大気の運動，液体核の運動など，ま

だ完全には解明されていないさまざまな現象が影響する．そのため，どのくらい地球の自転が遅れるか，つまり ΔT がどのくらいになるのかを前もってきちんと予測することは困難である．したがって，将来の現象を計算する場合には，ΔT に適当な推定値を使わざるを得ない．

　その ΔT をどうして推定するか．過去の ΔT の値は観測によって得られるから，それを頼りに，将来の ΔT を推定するしかない．ΔT は突然大きく変化するものではないから，それまでの状況をもとに，数年程度の近い将来に対してはかなりの精度で予測ができる．そして，暦はそのような予測値に基づいて計算されている．

図 暦計算に使用された ΔT の予測値

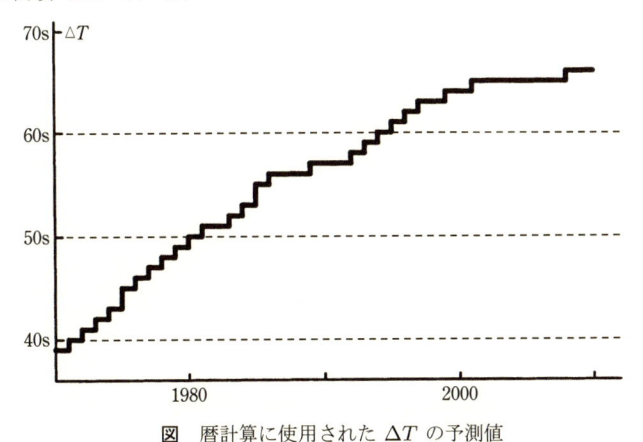

　図に示したものは，過去の暦計算に使用された ΔT 予測値の 1970 年以降の値である．この図から，大略の ΔT の変化がわかる．1990 年頃までは，およそ 1 年に 1 秒ずつくらい ΔT が増加していたが，2000 年以降はその増加の割合が小さくなっている．ただし，今後どのようになるかはわからない．それでも，こんなグラフがあれば，近い将来の ΔT に関し多少の目安はつけられよう．

　いま，ある推定値の ΔT を使って 50 年先の日食計算をおこなったとする．しかし，その日食が近付いたときに，その推定値がかなり狂っていたことがわかるかもしれない．そのときは，より正しいと思われる ΔT による再計算が必要となろう．ΔT とはそういう性格のものなのである．

D 計算試用データ

表　2030年6月1日の金環食のデータ

日時 (TD)	太陽		
	α_s	δ_s	$r_s(\mathrm{AU})$
0^h	$4^\mathrm{h}35^\mathrm{m}54^\mathrm{s}.802$	$22°01'43''.08$	1.013965807
1	36 05 .042	02 03 .57	72319
2	15 .282	24 .03	78823
3	25 .523	44 .44	85318
4	35 .765	03 04 .82	91803
5	46 .008	25 .16	98279
6	56 .251	45 .45	4004746
7	37 06 .495	04 05 .71	11204
8	16 .740	25 .92	17653
9	26 .985	46 .10	24092
10	37 .231	05 06 .23	30522
11	47 .478	26 .32	36944
12	57 .725	46 .38	43356
13	38 07 .973	06 06 .39	49758

日時 (TD)	月		
	α_c	δ_c	$r_m(\mathrm{AU})$
0^h	$4^\mathrm{h}23^\mathrm{m}05^\mathrm{s}.757$	$22°22'27''.71$	0.002715803
1	25 13 .516	24 33 .47	15660
2	27 21 .353	26 32 .96	15508
3	29 29 .264	28 26 .17	15349
4	31 37 .248	30 13 .08	15183
5	33 45 .302	31 53 .68	15009
6	35 53 .423	33 27 .95	14827
7	38 01 .609	34 55 .89	14637
8	40 09 .857	36 17 .48	14440
9	42 18 .164	37 32 .71	14236
10	44 26 .527	38 41 .57	14023
11	46 34 .945	39 44 .05	13804
12	48 43 .414	40 40 .13	13576
13	50 51 .931	41 29 .81	13341

　日食計算を試みてみたい人のために，計算の基になるデータをひとつ提供しておく．上に示したものは，2030年6月1日の金環食前後の太陽と月の視位置である．この位置は，ジェット推進研究所の暦DE405による．ただし引数となっている時刻は力学時である．このまま計算を進めてもよいが，より正しい結果を得るには，引数を世界時に直した方がよい．それには ΔT を考慮して，太陽，月の位置にそれに応じた補間をする必要がある．ΔT の値は各自で推定するとよい．なお，この日食では，北海道で金環食が見られるはずである．

参考文献

　この本を執筆するにあたって，全般的に以下の書籍を参考にした．日本語の参考文献の多くは入手が困難であるが，一般に内容は不十分である．比較的最近に山口大学の藤沢健太氏が「日食の計算」をネット上に公表していることを知った．それは主として本書6章の内容に相当し，一見したところ，なかなか優れた内容のものに思われる．筆者は日常インターネットを使用しないので，それを知ったのは残念ながら本書を書き上げる直前のことであった．したがって，その内容が直接本書に影響を与えていることはない．

　日食計算を始めるためには，「本書を読むにあたって」でも述べたように，太陽と月の暦が必要である．ここに挙げた参考文献で，Standish 他の JPL 暦には，CD-ROM に DE200(1599 Dec.09-2169 Mar.31), DE405(1599 Dec.09-2201 Feb.20), DE406(-3001 Feb.04- +3000 May 06) の3種の暦が収められていて，日食計算に都合がよい．ただし，読み出しにはちょっとしたプログラムを組む必要がある．また，HM Nautical Almanac Office の暦は 2001-2020 年の期間しかないが，太陽は10日ごと，月は1日ごとの位置が表にして示されている．

CHAUVENET,William,
　A Manual of Spherical and Practical Astronomy vol.1,5th edition,
　Chapter X, **Eclipses**,1891,J.B.Lippincott Company,

ESPENAK,Fred,
　Fifty Year Canon of Solar Eclipses:1986-2035,
　NASA Reference Publication 1178,Revised,1987,
　Sky Publishing Corporation,

FIALA,Alan D. and John A.Bangert,

Explanatory Supplement to the Astronomical Almanac,
Chapter 8,**Eclipses of the Sun and Moon**,1992,
University Science Books,

HEAFNER,Paul,J.,
Fundamental Ephemeris Computations for use with JPL Data,
1999,Willmann-Bell,Inc.

中野猿人　『球面天文学』　第十二章　「食及び掩蔽」　1952, 古今書院

MEEUS,Jean,
Mathematical Astronomy Morsels,1997,Willmann-Bell,Inc.

MEEUS,Jean,
Astronomical Tables of the Sun,Moon,and Planets,1983,
Willmann-Bell,Inc.

MEEUS,Jean,
More Mathematical Astronomy Morsels,2002,Willmann-Bell,Inc.

STANDISH,E.M.,X.X.NEWHALL,J.G.WILLIAMS,
and W.M.FORKNER,*JPL Planetary and Lunar Ephemerides*,
1997,Willmann-Bell,Inc.(CD-ROM のみ)

鈴木敬信　『日食計算論』　1949, 天文宇宙物理学彙報第 8 号

渡辺敏夫　『数理天文学』　第十六章　「食」, 増訂四版,1977, 恒星社厚生閣

渡辺敏夫　『日本, 朝鮮, 中国, 日食月食宝典』,1979, 雄山閣

Explanatory Supplement to the Astronomical Ephemeris and the American Ephemeris and Nautical Almanac,Chapter 9,**Eclipses and Transits**,1961,
Her Majesty's Stationery Office

Planetary and Lunar Coordinates 2001-2020,
HM Nautical Almanac Office(CD-ROM 付き),2001,Willmann-Bell,Inc.

あとがき

　本書では日食に関する各種の計算法を述べてきた．皆さんよくご存知のことであろうが，日食は見かけ上月が太陽の前面にきて，太陽を覆い隠すことで起こる．日食とほぼ同じように，月が惑星，恒星などの前面にきてその星を覆い隠す「星食」という現象がある．本書では触れなかったが，太陽の位置に代えて惑星，あるいは恒星の位置をとれば，似たような手順で星食の計算もでき，星食図を描くことができる．この計算は，一般に日食計算よりやや簡単である．さらに月に代えて小惑星をとることで，小惑星による星食の計算にもこの計算法を応用することができる．

　月食の場合は多少条件が異なるが，太陽中心と地球中心を結ぶ直線を基準座標の z 軸にとり，月の距離における地球の影の形を日食の場合の月に代え，太陽に代えて月をとることで，似た形の計算を進めることができる．ただし，地球は上空になるほど薄くなる大気に包まれているので，地球の影の形は周辺の境界が鮮明ではなく，また，その大気によって屈折した太陽の光が内側に入りこむため，食の開始，終了などの時刻をあまり厳密に決めることができない．

　日食計算は，将来に起こる日食を計算するだけでなく，過去の日食に対してもおこなわれる．これは，過去の歴史的記録を検証するのに役立ち，また，記録に残された日食の時刻と計算で得られる時刻とを比較して，当時の地球自転の進み遅れ (ΔT) を知ることができる．これは地球自転を研究する立場からは重要なことである．

　本書は日食図に描かれる各種の線上の点の経緯度を計算することに主たる目標を置いた．しかし，それだけの計算では日食図を描くには不十分である．日食の起こる地域は地図上に重ね描きすることで初めて具体的な意味をもつからである．そして，そのような日食図を描くには，乗り越えなければなら

ないことがまだ二つある．

　そのひとつは，地図を描くのに必要な地図データを手にいれることである．世界地図なら適当な間隔でとった世界の海岸線，国境線上の点の経緯度，日本地図ならやはり適当な間隔でとった海岸線，都府県境界上の点の経緯度といったデータである．これをもとに，重ね描きの地図を描くのである．これらのデータは、インターネットで探せば，多分，ほぼ希望に添うものがあると思われる．

　もうひとつは，それらのデータや計算した日食図上の点の経緯度を，適当な投影法で具体的な平面上の地図に描き表わすことである．投影法にはいろいろのものがあり，描く範囲の広さや個人の好みによって，選ぶ投影法が異なる．投影法だけを説明した書物もあり，投影法自体は日食計算ではないので，本書では一切の説明を省いた．これには異論もあろうが、投影法は各自で勉強してほしい．日食図を描くだけなら簡単な投影法で十分で，特に複雑な投影法を用いる必要はない．

　ここで述べたように，本書にはまだまだ不十分の点がある．それでも，日食計算に関して，お読みになった皆さんになんらかの知見をもたらすことができれば，筆者としてこれ以上の慶びはない．

索 引

あ 行

IAU 楕円体 (1976)　74

位置角　18
緯度　149, 151, 153, 219

円周率　74

か 行

皆既食, 皆既日食　12–15, 17, 25, 32, 34, 35, 38, 50, 53, 56, 60, 63, 165, 166, 189, 191, 214, 216, 217, 232–234, 248
　1963 年 7 月 21 日の—　14
　1981 年 7 月 31 日の—　23
　1999 年 8 月 11 日の—　23, 25
　2009 年 7 月 22 日の—　14
　2017 年 8 月 21 日の—　23
　2035 年 9 月 2 日の—　17, 23, 80, 87, 92, 100, 111, 119, 124, 125, 129, 137, 144, 145, 154, 162, 174, 180, 189, 192, 196, 202, 223, 230, 236, 247, 252, 256, 264
　—の起こる条件　31, 47
回転行列　66–68
回転楕円体　38, 53, 69, 95, 148
ガウス記号　81
角距離
　月, 太陽の—　28, 32, 35, 39
欠け始めの時刻　113, 219, 222, 227, 229, 230, 235, 238

関数の極小値　108, 112
観測者面　163, 182, 183, 187, 191, 199, 207, 208, 210, 214, 220, 229, 233, 249, 251
観測点　167, 198, 219–222, 228, 233, 238, 239, 242, 245, 246, 249, 251–254
基準座標　103, 123, 124, 129, 136, 139, 142, 145, 147–149, 151, 153, 154, 160, 161, 173, 180, 182, 186, 189, 193, 195, 203, 205, 207, 213, 221, 222, 228, 233, 238, 246, 249
　月影軸の—　102
基準座標系　70–73, 82, 84, 131, 148, 189, 239, 242, 254, 255
基準面　71, 85, 95, 103, 109, 110, 113, 115, 116, 118, 125, 127, 131–133, 138, 141, 147, 148, 152, 156, 157, 163, 165, 167, 168, 174, 177, 182, 191, 192, 214, 220, 233
北限界線　57, 60, 62, 63, 65, 116, 133, 134, 137, 174, 180, 185, 186, 189, 190, 192, 195, 196, 207
基本時刻　95, 113, 115, 118, 121, 125, 129, 130, 133, 142, 147, 193, 264
基本点　95, 113, 115, 118, 129, 139, 145, 193, 264
q_1, q_4　176
　—の計算　176

276　　　　　　　　　　　索　引

　　　　―の存在　174
極
　　黄道の―　42, 79
　　白道の―　42
極座標　157, 158
極小値を与える時刻　108
極半径　38, 95
距離
　　太陽と地球の―　28, 29, 49
　　月, 太陽までの―　27, 28, 249
　　月と太陽の―　82, 84
　　月と地球の―　30, 49
金環皆既食　17, 191, 248
金環食, 金環日食　12, 13, 17, 25, 35,
　　　　36, 38, 50, 53, 60, 63, 165,
　　　　166, 189–191, 214, 216, 232–
　　　　234, 248
　　1948 年 5 月 9 日の―　14
　　1958 年 4 月 19 日の―　14
　　2012 年 5 月 21 日の―　14
　　2030 年 6 月 1 日の―　270
　　―の起こる条件　35
金環になる時刻　232
金環の終わる時刻　232
近似多項式　87, 92, 122

繰り返し代入法　17, 104–106, 150,
　　　　151, 153, 159, 160, 199
グリニジ恒星時　72, 85, 86
　　世界時 0 時の―　85
　　平均―　86
グリニジ時角　72, 82, 85, 148
グリニジ平均恒星時
　　世界時 0 時の―　85, 86

経緯度　70, 147–149, 151–154, 157,
　　　　160–162, 205, 219–223, 264
経度　149, 151, 153, 219

合　21
　　月と太陽の―　46
　　―の時刻　114
黄緯　42, 77

黄経　77
黄経, 黄緯
　　月の―　78
降交点　21, 22, 25, 42, 43, 48, 51
恒星時　85
高度　18, 253, 254
黄道　21, 22, 39, 44
黄道傾斜角　78, 81
　　平均―　78, 81, 260
黄道と白道の交角　40, 42, 44, 51

さ　行

最小二乗法　17, 89
最接近距離
　　月と太陽の―　45
最接近時刻
　　月影軸と地球中心との―　99, 101
　　月と太陽の―　45, 46
最大食　57, 64
　　―の条件　170
最大食線　169, 174, 177, 179
最大食同時線　61, 63, 197, 206–208,
　　　　213, 264
最大食分　219, 230, 232
最短距離
　　楕円周までの―　98, 126
　　地球外周楕円までの―　96
サロス周期　22, 23, 25

視位置
　　月, 太陽の―　28
視差
　　太陽の―　241
　　月, 太陽の―　22, 28, 32, 35
視赤経, 視赤緯
　　太陽の―　40
　　月, 太陽の―　19, 26, 27, 76
　　月の―　40
視直径
　　太陽の―　13
　　月の―　13
実半径

索引

月, 太陽の―― 27, 249
視半径
 太陽の―― 32, 35, 39, 74, 250, 255
 月, 太陽の―― 22, 26, 27, 46, 248
 月の―― 32, 35, 250
重心の位置
 月の―― 77
春分点 69
昇交点 21-23, 25, 42, 43, 46, 48, 51
章動
 黄経の―― 259
 黄道傾斜角の―― 78, 81, 259
章動計算 78, 81, 86, 259
初期値 98, 100, 102, 123, 127, 133, 134, 138, 139, 159, 160, 174, 186, 196, 201
食が最大になる条件 141
食の終わりの時刻 113, 219, 222, 227, 229, 230, 235, 238
食分 18, 163, 166, 197, 199, 238, 245, 247
 ――の定義 163, 165, 166
食分が最大になる時刻 225-230, 232, 235, 236, 238
新月 21, 26, 45, 50, 51

正規方程式 89, 91
生光 232
世界時 76, 80, 85, 87, 90
赤緯
 月影軸方向の―― 96, 117, 141, 148
赤道座標
 太陽の―― 83
 月の―― 83
赤道座標系 69
赤道直交座標
 太陽の―― 83
 月から見た太陽の―― 84
 月の―― 83

赤道半径 38, 39, 53, 69, 74, 88, 95, 148, 149, 241
赤経
 月影軸方向の―― 85
赤経, 赤緯 69
 形状中心の―― 80
 太陽, 月の―― 22
 月影軸方向の―― 82, 84
 月の―― 78, 87

測地緯度 243, 245
測地基準系1980 74
測地座標系 69
測地天頂 243, 244
速度成分
 観測点の―― 73, 228

た　　行

第一接触 58, 115, 129
大気差 256
大気の屈折 255
第三接触 60, 115
第二接触 59, 115
タイプ I
 ――の日食 55, 61, 103, 104, 111, 116, 118, 144, 162, 166, 167, 171, 174, 177, 180, 198, 207
 ――の日食図 55, 61, 63, 156
タイプ II
 ――の日食 56, 62, 103, 104, 111, 116, 117, 144, 162, 167, 177, 198, 207
 ――の日食図 56, 61-63, 156
タイプ II_S
 ――の日食 62, 116, 141, 171, 182
 ――の日食図 156
タイプ II_N
 ――の日食 62, 116, 141, 171, 182
 ――の日食図 156
太陽円盤 165

太陽の向き 253
太陽半径 74
第四接触 115
高さ 219–223
多項式近似 88

地球外周楕円 95, 103, 104, 109, 110, 112, 113, 115, 116, 119–122, 125, 126, 129, 131, 133, 138, 152, 156, 157, 162, 169, 174, 177, 193, 195, 207
　　―上の点 116, 127, 147, 170
　　―の短半径 95
　　―の方程式 96, 118, 122, 157, 158
　　―の離心率 96, 104, 135, 177
地球楕円体 113, 148, 185, 187, 198, 202, 208
　　―上の点 154
地球の西縁 55, 58, 59, 61
地球の東縁 55, 60–62
地球半径 28
地球半径単位 84
地球半径に対する月半径の比 39
逐次近似法 98, 104, 119, 121, 125, 126, 133, 142, 171, 203, 208, 210, 221, 224, 226
地心緯度 243, 245
地心距離 76
地心直交座標 148, 149, 153, 154, 221–223, 228, 245
地心天頂 242, 243
地平座標 254–256
地平視差
　　月, 太陽の― 27, 46
地平線 253–255
中心時刻
　　日食の― 114
中心食 121, 189
中心線 57, 59–61, 63, 152–154, 189, 212, 213
直交座標系
　　赤道― 71, 148

地心― 70, 72
地心赤道― 69
地平― 254, 255
　　―の回転 66

月円盤 165
月影軸 70, 114, 121, 122, 124–127, 138, 142, 152, 154, 157, 165, 169, 177, 183, 208, 220, 229, 239, 242, 249–251
月影の後縁 55, 59
月影の前縁 55, 58–61
月と太陽の視半径の比 251, 252
月の位置の補正 77
月の形状中心 77, 80
月の半影 58, 59, 125, 129, 131, 133, 138, 139, 156, 157, 162, 169, 174, 180
　　―の半径 82, 103, 104, 132, 182, 183, 187
月の半影円錐 131
月の本影 85
　　―の半径 82, 191
月半径 74
月半径の地球半径に対する比 74

テイラー展開 98
ΔT 75, 76, 87, 268, 269, 270
展開式
　　離心率 E による― 97
天球 21, 39, 69, 113, 239, 242, 254
天体暦 76
天頂 239, 254
天頂方向角 239, 242, 245, 247
天底 254
天の赤道 69
天の南極 69
天の北極 69, 239–242
天文単位 38, 83, 84
天文単位距離 74

投影法 152
動径 167, 208, 210

東西線曲率半径　70, 149, 220
等食分線　60, 63, 197–206, 264
等方向角線　218
等北極方位角線　218

な　行

夏型　63, 65
南北限界線　60, 63, 116, 131, 134, 182, 183, 185, 186, 189, 193, 198
　　―の端点　192, 194, 204
　　半影の―　264
　　本影の―　192, 194, 264

日食　11, 13
　　1941年9月21日の―　14
　　1943年2月5日の―　14
　　―の起こる条件　51
日食図　17, 23, 53, 55, 60, 66, 145, 152, 167, 198, 206, 214, 219, 264
　　極付近の―　63
ニュートン法　17, 99, 100, 119, 122, 126, 142, 176

は　行

白道　21, 22, 39, 44, 46
はさみうち法　17, 227
　　2次の―　234
半影　13
半影円錐　183
半径
　　太陽, 地球, 月の―　38
半頂角
　　半影円錐の―　82
　　本影円錐の―　82

日の入り帯食　253
日の入りに欠け始める線　57, 61, 63, 117, 118, 155–157, 160, 162, 166, 264

日の入りに食が終わる線　57, 61, 63, 118, 155–157, 160, 162, 167, 264
日の入りに食が最大になる最後の時刻　180
日の入りに食が最大になる線　57, 61, 63, 166, 167, 170, 171, 174, 175, 192, 198, 203, 205, 207, 213, 264
日の出帯食　253
日の出に欠け始める線　57–59, 61, 63, 117, 118, 155–157, 160, 162, 166, 264
日の出に食が終わる線　57, 59, 61, 63, 117, 118, 155–157, 160, 162, 166, 264
日の出に食が最大になる最初の時刻　180
日の出に食が最大になる線　57, 59, 61, 63, 117, 166, 167, 170, 171, 174, 175, 192, 198, 203, 205, 207, 213, 264

部分食, 部分日食　12, 13, 17, 25, 28, 38, 50, 165
　　1639年1月4日の―　25
　　2032年11月3日の―　18
　　3009年4月17日の―　25
　　―の起こる条件　49
冬型　63
分点差　86, 259

平滑化　17, 88, 93
平均角速度
　　太陽の―　40, 41
　　月, 太陽の―　44
　　月の―　40, 41
平均時　85
ベッセル法　66
ベッセル要素　82, 87, 89, 92, 100, 102, 103, 110, 114, 122–124, 127, 129, 135, 139,

　　　　　　　143, 148, 151–154, 159, 160,
　　　　　　　171, 177, 186, 189, 194, 200,
　　　　　　　202, 204, 211, 216, 220, 222,
　　　　　　　228, 238, 246, 251, 259
　　　——の時刻微分　　102, 135, 143,
　　　　　　　171, 177, 186, 194, 200, 202,
　　　　　　　204, 211, 222, 228
偏角　　132, 167, 183, 199, 208, 215,
　　　　216

方位　　254
方位角　　18, 253, 254
方向余弦　　42, 255
包絡線　　109, 112, 131, 180, 183, 198
補助ベッセル要素　　132, 135, 184, 186,
　　　　　　　189, 194
北極方向角　　239–241, 244–246
　　　天頂の——　　243, 245, 247
本影　　13
本影円錐　　13, 32, 35, 53, 189, 191
本影の半径　　214

ま　行

右手系　　69
南限界線　　57, 59, 61, 62, 116, 133,
　　　　　　134, 174, 180, 185, 186, 189,
　　　　　　190, 192, 195, 196, 207

や　行

ユリウス世紀　　78, 86

ら　行

力学時　　76, 80
離心率　　53, 69, 148
　　　地球楕円体の——　　74, 95, 244
輪郭線　　215, 217
　　　本影の——　　214

【著者紹介】
長沢 工（ながさわ こう）
1932年生まれ。栃木県立那須農業高等学校（定時制）卒業。東京大学理学部天文学科を卒業し、東京大学大学院数物系研究科天文コース修士課程修了。理学博士。東京大学地震研究所勤務ののち、1993年定年退官。1993年～2002年国立天文台広報普及室勤務。
主な著書
『流星にむかう』地人書館（1972）
『天体の位置計算』地人書館（1981、増補版1985）
『天体力学入門(上)』地人書館（1983）
『天体力学入門(下)』地人書館（1983）
『地球はどううごくか』岩崎書店（1986）
『流星と流星群』地人書館（1997）
『日の出・日の入りの計算』地人書館（1999）
『天文台の電話番』地人書館（2001）
『宇宙の基礎教室』地人書館（2001）
『軌道決定の原理』地人書館（2003）
『はい、こちら国立天文台』新潮文庫（2005）〔『天文台の電話番』の文庫版〕
主な共著（編）書
『流星Ⅰ』斎藤馨児・長沢工編、恒星社厚生閣（1984）
『流星Ⅱ』斎藤馨児・長沢工編、恒星社厚生閣（1984）
『パソコンで見る天体の動き』長沢工・桧山澄子著、地人書館（1992）
『流れ星の文化誌』渡辺美和・長沢工著、成山堂書店（2000）
主な翻訳書
『天文小辞典』J. ミットン著、北村正利・長沢工他訳、地人書館（1994）
『夜空はなぜ暗い？』E. ハリソン著、長沢工監訳、地人書館（2004）
『望遠鏡400年物語』F. ワトソン著、長沢工・永山淳子訳、地人書館（2009）
『膨張宇宙の発見』M. バトゥーシャク著、長沢工・永山淳子訳、地人書館（2011）

日食計算の基礎
日食図はどのようにして描くか

2011年11月10日　初版第1刷
2012年6月10日　初版第2刷

著　者　長沢　工
発行者　上條　宰
発行所　株式会社　地人書館
　　　162-0835　東京都新宿区中町15
　　　電話　03-3235-4422　FAX　03-3235-8984
　　　郵便振替口座　00160-6-1532
　　　e-mail chijinshokan@nifty.com
　　　URL http://www.chijinshokan.co.jp/
印刷所　モリモト印刷
製本所　カナメブックス

Calculation of Solar Eclipse Phenomena
Copyright ©2011 by Ko Nagasawa
ISBN978-4-8052-0839-7

JCOPY ＜(社)出版者著作権管理機構　委託出版物＞

本書の無断複写は著作権法上での例外を除き禁じられています．複写される場合は，そのつど事前に(社)出版者著作権管理機構（電話03-3513-6969，FAX 03-3513-6979，e-mail:info@jcopy.or.jp）の許諾を得てください．また，本書を代行業者等の第三者に依頼してスキャンやデジタル化することは，たとえ個人や家庭内の利用であっても一切認められておりません．

●好評既刊

軌道決定の原理
彗星・小惑星の観測方向から距離を求めるには

長沢工 著
A5判／二四八頁／二五〇〇円（税別）

彗星や小惑星の軌道決定には、ガウスの時代から様々な方法が考えられているが、そのアルゴリズムが複雑なため、入門者には理解しにくい場合が多い。本書で著者は、高性能になったパソコンの使用を前提として、多少計算量が増えても軌道決定までの道筋が明確な独自の方法を提案し、計算例を示して具体的に解説する。

日の出・日の入りの計算
天体の出没時刻の求め方

長沢工 著
A5判／二六八頁／二五〇〇円（税別）

日の出・日の入りの計算は、球面上で定義された座標を使わなければならないことと、計算を何度も繰り返しながら真の値に近づいていくという逐次近似法のために、わかりにくいものになっている。本書は、天文計算の基本である天体の出没時刻の計算を、その原理から具体的方法まで、くどいほどに丁寧な解説を試みた。

宇宙の基礎教室

長沢工 著
A5判／二〇八頁／一八〇〇円（税別）

宇宙科学に関する疑問一〇五項目について、図表や写真を多用しつつ、Q&A形式により誰にでも理解できるよう簡潔に解説した。好評の『天文の基礎教室』『天文の計算教室』のコンセプトやスタイルを受け継いで編集され、著者の国立天文台での電話質問に応対するノウハウが随所に生かされている。用語解説も充実。

流星と流星群
流星とは何がどうして光るのか

長沢工 著
四六判／二三二頁／二〇〇〇円（税別）

一九七二年一〇月九日未明、大出現があると予想されていた流星雨はその片鱗すら見せることはなかった。流星雨出現を予測する困難さを知った著者は、とりあえずの研究テーマだった流星天文学に深く関わることになる。本書は著者自身の研究遍歴を織り交ぜながら流星に対する科学的なアプローチを紹介する。

●ご注文は全国の書店、あるいは直接小社まで

㈱地人書館　〒162-0835 東京都新宿区中町15　TEL 03-3235-4422　　FAX 03-3235-8984
E-mail：chijinshokan@nifty.com　URL：http://www.chijinshokan.co.jp

●好評既刊

望遠鏡400年物語
大望遠鏡に魅せられた男たち

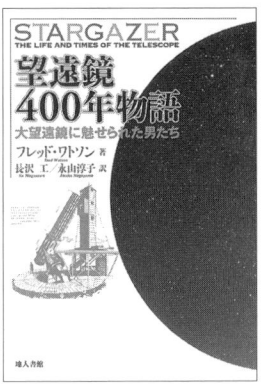

フレッド・ワトソン 著／長沢工・永山淳子 訳
四六判／四〇〇頁／二八〇〇円（税別）

望遠鏡は四〇〇年間の歴史において、眼鏡用の二枚のレンズを取り付けた素朴な筒から、巨大な構造物へと進歩をとげた。各時代の巨大望遠鏡は宇宙観に変革をもたらし、一般の人々にまで普遍的な注目を集めさせ、望遠鏡製作に多くの天才を引き入れた。望遠鏡はその時代の宇宙の謎と最先端技術との狭間に位置している。

膨張宇宙の発見
ハッブルの影に消えた天文学者たち

マーシャ・バトゥーシャク 著／長沢工・永山淳子 訳
四六判／四八〇頁／二八〇〇円（税別）

二〇世紀初め、巨大望遠鏡と天体物理学という新たな手段によって、ヨーロッパに追いつき、追い越していくアメリカ天文学の舞台に現れた登場人物たちは、みな個性的で魅力的と言える。第一次世界大戦を挟んで世界が激動の時代であったわずか三〇年あまりのうちに、人類の宇宙観もまったく革命的に変化したのである。

ケプラー疑惑
ティコ・ブラーエの死の謎と盗まれた観測記録

ジョシュア・ギルダー、アン-リー・ギルダー 著
山越幸江 訳
四六判／三〇八頁／二三〇〇円（税別）

ティコ・ブラーエの突然の死は自然死ではなく、助手のケプラーによる毒殺ではなかったか。ケプラーはティコの四〇年間にわたる精密な観測データを手に入れたかったが、ティコは生前にはそれを決してケプラーに渡そうとしなかった。自らの理論の証明にどうしてもティコのデータが必要だったケプラーは、ついに……。

夜空はなぜ暗い？
オルバースのパラドックスと宇宙論の変遷

エドワード・ハリソン 著／長沢工 監訳
四六判／四〇〇頁／二四〇〇円（税別）

宇宙に果てがなく星が数え切れないほどあるとしたら、空のいたるところ星の光で輝くことにならないのか？ 天文学者は夜空の闇の謎を長いこと考え、数多くの興味深い解答を提示してきた。四〇〇年以上の歳月が経ち、空間や時間、光の性質、宇宙の構造について、広大な範囲が探索された。宇宙の闇の謎は解けたのだろうか？

●ご注文は全国の書店、あるいは直接小社まで

㈱地人書館　〒162-0835 東京都新宿区中町15　TEL 03-3235-4422　FAX 03-3235-8984
E-mail=chijinshokan@nifty.com　URL=http://www.chijinshokan.co.jp

●好評既刊

星雲星団ベストガイド
初心者のためのウォッチングブック
浅田英夫 著／谷川正夫 写真
B5判／一九二頁／一八〇〇円（税別）

初心者向けに厳選を重ねた八〇個の星雲星団を見開き頁で紹介。春夏秋冬の順に収録し、それぞれに写真と見所の解説、見つけ方を表示するチャートが掲載されている。光害を受ける市街地と光害のない山間部との星雲星団の見え方の違いを、望遠鏡口径別にイラストで紹介。これまでにない画期的な工夫が盛り込まれている。

ハーシェル天体ウォッチング
The Herschel Objects and How to Observe Them
ジェームズ・マラニー 著／角田玉青 訳
A5判／二四八頁／二八〇〇円（税別）

星空観望の醍醐味は、星の並びを順に辿りながら目標天体を視野に導く素朴な過程にこそあるといえる。その途中での星空が魅力的なことも少なくない。本書は偉大な眼視観測者であったハーシェルの発見した星雲星団の中から、アマチュアの機材で見やすい天体を、ハーシェル自身の観測コメントと共に紹介する。

誰でも使える天体望遠鏡
あなたを星空へいざなう
浅田英夫 著
A5判／一四四頁／一八〇〇円（税別）

初心者向けに天体望遠鏡の選び方と使い方を解説。取り上げる望遠鏡は、カメラ量販店や望遠鏡ショップで入手できる手ごろな価格の屈折経緯台に限定。天体望遠鏡の基礎を押さえたうえ、失敗しない選び方、組み立て方、望遠鏡で気軽に月・惑星や太陽面、明るい星雲・星団を観望するための方法をわかりやすくガイドする。

誰でも写せる星の写真
携帯・デジカメ天体撮影
谷川正夫 著
A5判／一四四頁／一八〇〇円（税別）

誰もが気軽に夕焼け空に浮かぶ月や、星空と風景、また月面・惑星のアップなどを写せるよう、携帯やコンパクトデジカメ、一般向けデジタル一眼レフを使用した天体の撮影法を紹介。最も簡単な手持ち撮影から三脚を使った固定撮影、望遠鏡を使った拡大撮影まで、初心者を念頭に、作例写真とともにわかりやすく解説する。

●ご注文は全国の書店、あるいは直接小社まで

㈱地人書館　〒162-0835 東京都新宿区中町15　TEL 03-3235-4422　FAX 03-3235-8984
E-mail=chijinshokan@nifty.com　URL=http://www.chijinshokan.co.jp

●好評既刊

エリア別ガイドマップ　月面ウォッチング[新装版]
A・ルークル 著／山田 卓 訳
A4判／二四〇頁／本体四八〇〇円（税別）

月面上のクレーターや山脈といった地形は，小望遠鏡でもかなり細かい部分まで詳しい観察が可能である．本書は月面探索を楽しもうという天文ファンのために地球側の面を76のエリアに分け，それぞれに詳細でリアルな月面図と地形名の由来・解説を見開きで構成した，使いやすく便利な月面用区分地図帳．

エリア別ガイドマップ　星雲星団ウォッチング
浅田英夫 著
B5判／一六〇頁／本体二〇〇〇円（税別）

天体望遠鏡や双眼鏡を使った，楽しみのための星雲・星団観望に，何冊もの星図や解説書を持ち歩くのはあまり似合わない．本書は，これ一冊で肉眼星図から，案内星図，詳細星図と各天体の解説書までを兼ね備えた初心者向けのガイドブック．著者の長年の体験による，その星雲・星団紹介はポイントを衝く．

天文学大事典
天文学大事典編集委員会 編
B5判／八三二頁／本体二四〇〇〇円（税別）

日本を代表する130人の天文学者，天文教育普及関係者によって，約5000項目を解説．簡潔な定義的説明と，重要度と必要性に応じて書き加えられた解説を組み合わせることによって，拡大する天文学各分野の多種多様な成果を紹介する．特に，マスメディアや科学教育の関係者を読者として想定している．

標準星図2000[第2版]　STANDARD STAR ATLAS 2000
中野 繁 著
B4判／一二八頁／本体六〇〇〇円（税別）

最新の星表から作成した2000年分点星図．7.5等以上の恒星25,000個を，見開きB3判28枚の星図に収載．経緯度と天体だけを記載した白星図も収録．星雲星団，二重星，変光星には名前を併記．さらに電波源やX線源を記入し，さまざまなニーズに対応する．位置の読み取り，プロット用の赤経赤緯スケール付き．

●ご注文は全国の書店，あるいは直接小社まで

㈱地人書館　〒162-0835 東京都新宿区中町15　TEL 03-3235-4422　FAX 03-3235-8984
E-mail=chijinshokan@nifty.com　URL=http://www.chijinshokan.co.jp